Comment naissent les espèces

Les spéciations

Biologie, Écologie, Agronomie

Collection fondée par Richard Moreau
et dirigée par Claude Brezinski,

Cette collection rassemble des synthèses, qui font le point des connaissances sur des situations ou des problèmes précis, des études approfondies exposant des hypothèses ou des enjeux autour de questions nouvelles ou cruciales pour l'avenir des milieux naturels et de l'homme, et des monographies. Elle est ouverte à tous les domaines des Sciences naturelles et de la Vie.

Déjà parus

Pierre PAGNEY, *L'incertitude climatique et la guerre*, 2016.
Ignace YAPI AYÉNON, *Approches du vivant. Études d'épistémologie biologique*, 2015.
Isabelle RICHAUD, *L'humanité face au miroir. Réflexions sur une société durable,* 2013.
Quênida DE REZENDE MENEZES, *Le droit international peut-il sauver les dernières forêts de la planète ?,* 2013.
Guy ROLLET, *Les Réseaux de neurones de la conscience. Approche multidisciplinaire du phénomène*, 2012.
Patrick MATAGNE, *Éduquer à la biodiversité pour un développement durable. Réflexions et expérimentations*, 2012.
Elisabeth MATTHYS-ROCHON et Pierre SAVATIER, *Biotechnologies : quelles conséquences sur l'Homme à venir ?*, 2012.
Marcel B. BOUCHÉ, *Pour un renouveau dans l'environnement,* 2012.
Michel GODRON, *Écologie et évolution du monde vivant, vol.3. Les problèmes écologiques réels,* 2012.
Michel GODRON, *Écologie et évolution du monde vivant, vol.2. L'échelle crée le phénomène*, 2012.
Michel GODRON, *Écologie et évolution du monde vivant, vol.1. La vie est une transmission d'information*, 2012.
André MARCHAND, *Filière viande. Propositions pour conjuguer une agriculture rentable et une nourriture saine*, 2011.
Guy JACQUES, *Virer de bord. Plaidoyer pour l'homme et la planète*, 2011.
Maurice BONNEAU, *La forêt de Guyane française*, 2010.
Michel GAUDICHON, *L'homme au miroir de la science*, 2010.
Jacques RISSE, *L'élevage français. Évolutions et perspectives*, 2010.
Louis TSAGUE ; *La Pollution due au transport urbain et aéroportuaire. Caractéristiques et méthodes de réduction*, 2009.

Georges PÉTAVY

Comment naissent les espèces

Les spéciations

L'Harmattan

Illustration de couverture :

À gauche, individualisation de deux espèces amorcée par une divergence initiale (bifurcation).

À droite, spéciation amorcée par l'hybridation de deux espèces (pont), qui déclinent ensuite puis s'éteignent (croix).

Dans le cercle du milieu, représentation très schématique de la transmission d'allèles dans une population pendant six générations.

5-7, rue de l'Ecole-Polytechnique, 75005 Paris

http://www.editions-harmattan.fr

ISBN : 978-2-343-15024-6
EAN : 9782343150246

Je dédie ce livre à Suzanne, pour sa patience,
à François, pour ses conseils pratiques,
à Jules et à Nil, plus évolués que leur grand-père…
mais qui n'en appartiennent pas moins à la même espèce.

Sommaire

Prologue

Les flores et les faunes n'ont cessé de changer au cours des temps géologiques, peu à peu ou par crises. Des espèces ont disparu, d'autres sont nées. Or, les extinctions ont suscité plus d'intérêt que les naissances de nouvelles espèces – les *spéciations*. Et cela surtout au cours du dernier demi-siècle suite à la prise de conscience des menaces qui pèsent sur la survie d'un nombre croissant d'espèces. En comparaison, le thème des spéciations n'est guère traité que par des publications de biologistes destinées à leurs pairs, fort peu en proposent une synthèse accessible au grand public. Ce livre vise à combler ce déficit d'information.

Les spéciations sont à la source de la remarquable diversification du vivant au cours des trois derniers milliards d'années de l'histoire de notre planète. Sans elles, les premières entités vivantes apparues sur Terre auraient proliféré tout en subissant des modifications mineures, mais de nouvelles formes du vivant n'auraient pas émergé, de nouveaux milieux n'auraient pas été colonisés, les interactions entre les individus seraient restées peu variées.

Comment les espèces qui peuplent actuellement la Terre ont-elles émergé, dans quelles conditions et par quels processus ? Contrairement à ce qu'annonce le titre, *L'Origine des espèces*, ces questions sont à peine abordées par Charles Darwin dans son plus célèbre livre[1] : il ne pouvait pas les développer car il ne disposait pas des connaissances nécessaires. La biogéographie était fondée depuis un demi-siècle mais pas encore l'écologie scientifique ni l'éthologie – la science des comportements au sens le plus large. Le naturaliste anglais avait accumulé les données sur les variations au sein des espèces et souligné l'importance de la sélection naturelle[2] mais, ses conceptions sur l'hérédité étant insuffisantes, voire erronées, il ne pouvait concevoir par quels *processus* émergent de nouvelles espèces. Ceux-ci ne furent compris que dans le courant du XXe siècle avec le développement de la génétique évolutive, synthèse des connaissances en génétique des populations et en génétique quantitative.

Dans le présent ouvrage, après des préliminaires destinés aux non-biologistes, les processus de spéciation et leur déterminisme sont analysés, des modèles proposés et validés par des exemples relatifs à de nombreuses espèces vivantes. Et ce, en faisant appel aux connaissances de plusieurs disciplines, en particulier la génétique évolutive, l'éthologie, l'écologie, la biogéographie. Trois thèmes sont ensuite traités. Comment la domestication a-t-elle abouti à l'émergence de nouvelles espèces végétales et animales ? Comment serait-il possible d'enclencher de nouveaux processus de spéciation ? Par quelles mesures et dans quelles conditions pourrait-on favoriser l'émergence de nouvelles espèces ? Dans quelles conditions une nouvelle espèce humaine pourrait-elle s'individualiser ?

Introduction

Le vivant et le « presque vivant » – les virus et les autres corpuscules infectieux – est discontinu, étant constitué d'*individus*, qui se perpétuent en *générations* successives, et font partie d'*espèces* : trois entités à définir ou délimiter.

Définir ce qu'est un individu semble facile au vu de l'étymologie – corps qui ne saurait être divisé sans provoquer la mort – sauf si l'on considère les organismes à structure modulaire comme les plantes ainsi que les unités coloniales issues du développement d'un seul individu chez divers animaux aquatiques.

Délimiter ce qu'est une génération apparaît aisé à qui méconnaît l'emboîtement de deux générations successives pendant une fraction importante du cycle de vie chez certaines espèces d'insectes et de vers plats parasites, ou le chevauchement de deux générations successives, par exemple quand, chez les espèces animales à grande longévité, les mâles âgés inséminent de jeunes femelles.

Définir ce qu'est une espèce apparaît plus difficile : au cours des trois derniers siècles, les biologistes de différentes disciplines en ont proposé plus de 80 définitions[1]. La plupart d'entre elles mettent l'accent sur la ressemblance des individus, la relation de descendance des générations successives et, chez celles qui se reproduisent sexuellement, la capacité des partenaires à engendrer une progéniture viable et fertile. S'y ajoute souvent un autre attribut, celui de la *niche écologique*, expression qui désigne la fonction au sein de la communauté d'espèces, ou *biocénose*, d'un même espace de vie, le *biotope*[2]. Ainsi, appartiennent à la même espèce tous les individus qui se ressemblent plus fortement entre eux qu'à ceux des autres espèces ; qui ont une même ascendance et sont aptes à se reproduire ; qui peuvent engendrer une progéniture viable et fertile ; qui occupent la même place dans le réseau des interactions entre individus des nombreuses espèces constitutives des biocénoses.

Les spéciations, événements singuliers de l'évolution du vivant

Toute espèce vivante s'individualise dans certaines conditions en un lieu et à un moment particuliers, puis change plus ou moins au fil des générations et finit par s'éteindre, le plus souvent de manière spontanée, éventuellement après avoir donné naissance à une ou deux espèces filles distinctes ou s'être hybridée à une espèce proche. « S'individualise » signifie que l'espèce acquiert des caractères qui la distinguent de celles qui lui ressemblent.

De la naissance d'une espèce à son extinction, certains traits restent invariants, ce qui permet de caractériser chaque espèce et de la nommer, d'autres traits changent au fil des générations, modifications qui sont au moins partiellement transmises à la descendance. Ces changements au sein des espèces se font par des mécanismes qui interviennent également lors de la spéciation mais celle-ci introduit une nouveauté, chaque espèce s'engageant dans une aventure singulière dès qu'elle s'individualise. *Aventure* parce que son évolution est imprédictible et la durée de son existence indéterminée. *Singulière* parce que la trajectoire spatio-temporelle de son évolution lui est propre : une fois individualisées, deux espèces sœurs suivent des trajectoires indépendantes, divergent plus ou moins par la morpho-anatomie, la physiologie et la biologie, et se répartissent dans des espaces différents ou occupent des niches écologiques distinctes. Et il en est de même d'une espèce issue d'un changement rapide vis-à-vis de l'espèce mère, ainsi que d'une espèce née d'une hybridation vis-à-vis des deux espèces mères.

Ainsi, les spéciations relancent sur de nouvelles bases les aventures des espèces en diversifiant l'ensemble du vivant. Sans les millions de spéciations qui se sont produites après que les premiers êtres vivants se soient établis sur Terre, l'évolution biologique n'aurait pas eu l'aspect foisonnant de la nature actuelle et de celles qui la précèdent.

Les espèces dans l'arbre du vivant

La structure de l'histoire évolutive du vivant est souvent comparée à celle d'un arbre buissonnant enraciné dans un très lointain passé[3]. Dans cette métaphore, les feuilles représentent les espèces vivantes, les rameaux les lignées d'espèces, avec de nombreuses bifurcations au niveau de nœuds. Cet arbre est gigantesque, avec plusieurs millions de rameaux dont beaucoup sont morts – les lignées d'espèces disparues – et un nombre indéterminé de feuilles : aux quelque deux millions d'espèces vivantes recensées à ce jour il faut ajouter au moins trois fois plus d'espèces à découvrir.

Cette structure arborescente, souvent représentée dans les livres et publications de biologie, est en fait trompeuse car elle est construite par la réitération de bifurcations, chacune d'elle correspondant à une spéciation alors que l'arbre présente des anastomoses entre rameaux. D'abord près de sa base, quand, il y a plusieurs centaines de millions d'années, les cellules de certaines espèces intégrèrent dans leur cytoplasme des micro-organismes d'autres lignées et acquirent ainsi, grâce à cette endosymbiose, de nouvelles fonctions. Mais aussi, à une autre échelle, chaque fois qu'une nouvelle espèce s'individualise suite à l'hybridation de deux espèces proches.

La structure de cet arbre ne nous informe en rien des *processus* par lesquels apparaissent de nouvelles espèces et de nouvelles lignées d'espèces – *processus* étant pris au sens de *succession des modifications au fil des générations*, ce qui les détermine ou relève du hasard. Ce livre a pour but de combler ce déficit d'information en décrivant comment sont nées les espèces actuelles.

Des processus difficiles à étudier

Selon les modalités des spéciations, la période de transition entre le déclenchement des processus et l'individualisation de nouvelles espèces bien intégrées dans les biocénoses s'étend, dans les conditions naturelles, sur une large gamme de générations : de quelques dizaines à plusieurs dizaines de milliers. Les biologistes ne peuvent guère repérer quand une spéciation se déclenche et, même s'ils le pouvaient, il leur serait souvent difficile de suivre les processus tout du long de la période de transition. Aussi reconstruisent-ils l'histoire du déroulement des processus de spéciation en inférant les événements à partir d'étapes observées dans la nature. Autre handicap : le recours à l'expérimentation est limité et les biologistes éprouvent les plus grandes difficultés à créer de nouvelles espèces qui soient à la fois bien individualisées et durablement intégrées dans les biocénoses naturelles. Ne sont bien sûr décrites ici que les spéciations réussies, toutes celles qui ont avorté au cours des processus restent inconnues.

Une autre difficulté réside dans notre ignorance vis-à-vis des conditions dans lesquelles les spéciations se sont produites pendant les premiers âges du vivant, il y a près de quatre milliards d'années.

Aussi, seuls les processus relatifs aux spéciations à l'origine des espèces actuelles sont-ils traités ici.

Des processus inégalement étudiés dans l'ensemble du vivant et du « presque vivant »

Les spéciations ont surtout été étudiées chez les plantes à fleurs et les animaux, fort peu chez les champignons, les macroalgues et les espèces du monde microscopique. Et ce, alors que les champignons et les micro-organismes constituent plus de la moitié de la biomasse métaboliquement active de la biosphère et présentent de fortes disparités structurales, fonctionnelles et de mode de reproduction. Aussi, très peu d'exemples de spéciations dans ces deux mondes sont-ils présentés.

Plan général

Comprendre les processus de spéciation exigeant un niveau minimum de connaissances en biologie évolutive, celles-ci sont présentées dans le Chapitre 1. Les questions relatives à la définition des espèces, à leur degré d'ouverture vis-à-vis de celles qui leur sont proches, sont exposées dans le Chapitre 2. Les méthodes permettant de reconstruire l'histoire des espèces aux premières générations qui suivent la spéciation sont traitées dans le Chapitre 3. Les processus de spéciation et leurs conséquences sont exposés dans les Chapitres 4 à 7. Les hypothèses relatives à la cospéciation d'espèces en étroite interaction sont traitées dans le Chapitre 8. La création de nouvelles espèces suite à certaines domestications est exposée dans le Chapitre 9. Enfin, trois questions sont abordées dans le Chapitre 10 : Pouvons-nous créer de nouvelles espèces ? Pouvons-nous favoriser l'émergence de nouvelles espèces ? Une nouvelle spéciation peut-elle se produire à partir de notre espèce ?

Les figures servent de support aux explications de certaines parties du texte plutôt qu'à l'illustrer. Les espèces mentionnées, leur biologie et leur répartition géographique, sont décrites dans l'encyclopédie en ligne *Wikipédia* en introduisant leur nom, que celui-ci soit en français ou en latin.

Dans les encadrés comme dans le texte, les nombres en exposant envoient aux notes et aux références bibliographiques qui, très nombreuses mais pas indispensables à la compréhension du texte, sont reportées à la fin du texte. Le glossaire final reprend les termes techniques définis dans le cours du texte.

Chapitre 1

Les espèces vivantes entre constance et variations

Les connaissances exposées dans ce chapitre sont indispensables à la compréhension de la suite du texte. Les personnes familières des concepts de la biologie évolutive peuvent se contenter d'une lecture rapide.

Déterminer à quelle espèce appartient un animal ou une plante en se servant des clés de faunes ou de flores permet de reconnaitre deux attributs de toutes les espèces : les caractères décrits présentent une certaine constance tout en étant plus ou moins variables. Si la constance était parfaite, décrire et diagnostiquer seraient facilités mais, en l'absence de variations, tous les individus d'une espèce auraient, à chaque génération, les mêmes chances de survivre et de se reproduire. Ce qu'infirment toutes les observations, en particulier celles relatives aux effets de la sélection naturelle. Non seulement les espèces présentent une variabilité entre individus de la même génération mais elles sont sujettes à des variations au fil des générations. D'autres variations existent entre les individus de la même espèce vivant dans des espaces distincts, surtout chez les espèces à large répartition géographique.

La constance permet de dénommer les espèces (Encadré 1) puis de les situer dans une classification (Encadré 2).

Encadré 1

Dénommer les espèces

Les naturalistes contemporains reconnaissent plusieurs des espèces décrites par Aristote il y a près de 24 siècles mais ils ne le peuvent pour nombre de plantes et d'animaux dont la description est restée ambiguë jusqu'au XVIIIe

siècle. Carl von Linné a codifié en 1753 et en 1758 ce qu'avaient proposé d'autres naturalistes : désigner chaque espèce par un *binom* en latin, le premier étant celui du *genre*, qui commence par une majuscule, le second de l'*espèce*, en minuscules. Exemple : l'espèce « lion » est dénommée *Panthera leo*, *Panthera* désignant le genre, *leo* l'espèce. Sont placées dans le même genre les espèces qui se ressemblent par plusieurs caractères, comme le lion, le tigre (*P. tigris*), le jaguar (*P. onca*) et le léopard, ou panthère (*P. pardus*) – le nom du genre, ici *Panthera*, est réduit à son initiale à partir de la deuxième espèce de cette série. Le critère de ressemblance étant plus ou moins subjectif, les genres sont susceptibles d'être modifiés en rapport avec l'avancement des connaissances.

Dans les publications de systématique, le *binom* est suivi du nom de la personne qui a décrit l'espèce en premier – en caractères romains et souvent en abrégé – et de la date de la publication. Exemple : l'espèce de mouche la plus utilisée par les généticiens est *Drosophila melanogaster* Meig. 1830 – Meig. est l'abrégé du nom de l'entomologiste allemand Johann Wilhelm Meigen, qui l'a décrite en 1830. Dans la suite du texte seul le binom sera utilisé.

Quand le nom d'espèce est inconnu, le nom du genre est suivi de l'abréviation « sp. ». Si l'on veut désigner toutes les espèces d'un même genre, on écrit « spp. » après celui-ci.

Un *trinom* est employé pour désigner des *sous-espèces* d'animaux – exemple : les criquets migrateurs africain *Locusta migratoria migratorioides* et malgache *L. migratoria capito* – ou des *variétés* de plantes – exemple : le séneçon le plus commun en Europe continentale, *Senecio vulgaris* var. *vulgaris*, « var. » pour « variété ».

Par convention, les hybrides d'espèces sont dénommés les noms des espèces mères séparés par le signe « × » Exemple : avant d'être dénommé *Platanus* × *acerifolia*, ou *Platanus* × *hispanica*, l'hybride naturel du platane oriental (*P. orientalis*, aire de répartition allant de la Grèce à l'Asie centrale) et du platane occidental (*P. occidentalis*, aire couvrant l'est des États-Unis) fut dénommé *Platanus* × *hybrida*.

Cette convention, étendue aux fossiles, s'est imposée pour les publications scientifiques et les textes législatifs relatifs à la chasse, la pêche, la protection des espèces menacées. Dans le texte qui suit, la nomenclature en latin sera utilisée en l'absence de nom vernaculaire ou s'il y a un risque d'ambiguïté. Le binom latin est utile pour la recherche sur Internet d'illustrations et de compléments.

Plusieurs commissions internationales d'experts, dont une pour les plantes et une autre pour les animaux, gèrent la codification et l'accession au répertoire des nouvelles espèces venant d'être décrites.

Encadré 2

Situer les espèces dans une classification

Plusieurs naturalistes du XVIIIe siècle, Linné en particulier, ont proposé une classification hiérarchique des espèces. Les espèces qui se ressemblent par plusieurs traits sont regroupées dans un même genre, puis l'opération est continuée en allant du particulier au général : famille, puis ordre, puis classe, etc., ces catégories s'emboîtant jusqu'à englober la totalité du vivant et de ce qui a vécu. Ainsi, l'espèce « mésange charbonnière » (*Parus major*) appartient au genre *Parus*, à la famille des Paridés, à l'ordre des Passériformes, à la classe des Oiseaux, etc., chacun des termes *Parus*, Paridés, Passériformes, Oiseaux, etc. – la majuscule sera désormais évitée, sauf pour le genre en latin –, étant un *taxon*. L'espèce, seule catégorie naturelle, est un taxon à part. Les autres catégories, le genre compris, sont créées par les systématiciens en se basant à la fois sur la ressemblance de nombreux traits de la morphologie et de l'anatomie et sur les dissemblances des mêmes ou d'autres traits.

Les noms donnés aux taxons, en général fixés par l'usage, sont susceptibles d'être modifiés par de nouvelles conventions. Ainsi, toutes les familles des plantes à fleurs étant maintenant dénommées en référence avec un genre type, les crucifères sont devenues des brassicacées (genre *Brassica*, les choux au sens large), les ombellifères des apiacées (g. *Apium*, les céleris), les papilionacées des fabacées (g. *Faba*, les fèves), les labiées des lamiacées (g. *Lamium*, les lamiers), les composées des astéracées (g. *Aster*, les asters), les graminées des poacées (g. *Poa*, les pâturins).

Les espèces étant des entités évolutives, cette nomenclature issue d'une conception fixiste du vivant apparaît inadéquate. Mais, comme elle a été appliquée pendant deux siècles et demi à toutes les espèces décrites et classifiées, elle reste valide tant qu'un système pratique et performant ne l'évincera pas.

Des génomes aux individus

Nous caractérisons les individus du vivant et du « presque vivant » à la fois par leur phénotype – tout ce que nous pouvons observer d'eux, à l'œil nu, à la loupe ou au microscope (photonique ou électronique), de l'extérieur et/ou en les disséquant, ainsi que les multiples traits de leur biochimie et de leur physiologie (type de métabolisme, sécrétion de substances particulières) (Encadré 3), par des traits du comportement au sens le plus large – rythme de vie, cycles saisonniers ; vie solitaire, en couple, en groupe, ou vie sociale ;

émission de signaux sonores, lumineux ou chimiques ; construction d'un nid, d'un abri, d'un piège, etc.[1] –, par le type de milieu de vie naturel et par les particularités de la reproduction.

Encadré 3

Les grands ensembles du vivant et du « presque vivant »

Tout ce qui a une organisation cellulaire et un métabolisme propre est vivant, le « presque vivant » désigne les virus et d'autres corpuscules infectieux qui ne peuvent se reproduire qu'aux dépens de cellules hôtes.

1) Il existe deux types d'organisation cellulaire, celle *procaryote* et celle *eucaryote*. La première est caractérisée par la rareté ou l'absence de membranes internes au cytoplasme, le chromosome baigne directement dans celui-ci. La seconde est complexe : le cytoplasme est compartimenté par un système de membranes, dont une double membrane percée de pores qui entoure la chromatine, de même composition que les chromosomes mais avec une structure relâchée ; des organites ressemblant à des bactéries sont inclus dans le cytoplasme, en particulier des mitochondries, siège de la respiration cellulaire, et des chloroplastes dans les cellules aptes à la photosynthèse.

– L'organisation procaryote est propre aux *bactéries* et aux *archées*. Ces micro-organismes vivent isolés ou groupés en colonies dans quasiment tous les milieux de la biosphère. Les bactéries présentent une large gamme de métabolismes, dont la photosynthèse et divers types de chimiosynthèse, d'où leur opportunisme écologique. Les archées, qui diffèrent des bactéries par de nombreux caractères, ont un métabolisme moins diversifié mais certaines sont seules à pouvoir vivre dans des conditions extrêmes de température et de pression.

– L'organisation eucaryote caractérise d'autres micro-organismes, les protistes, et tous les organismes constitués de nombreuses cellules.

* Les protistes, isolés ou groupés en colonies, libres, parasites ou symbiotiques, comprennent les *microalgues* aptes à la photosynthèse, les *protozoaires*, aux modes de vie très diversifiés, et des espèces parfois considérées comme des champignons simples.

* Les organismes pluricellulaires sont constitués, soit d'un petit nombre de types cellulaires – les *macroalgues*, de plus ou moins grande taille et aptes à la photosynthèse, et les *champignons*, qui en sont incapables –, soit de plusieurs types différenciés – les *plantes*, presque toutes aptes à la photosynthèse, et les *animaux* (dont nous-mêmes), qui en sont incapables[1]. Les lichens sont des organismes composites, une trame de filaments d'un champignon entourant des bactéries ou des microalgues symbiotiques.

2) Les corpuscules infectieux les plus structurés sont les *virus* : hors de l'hôte, chaque virion est constitué d'une capsule protéique entourant un filament pelotonné, l'ensemble étant revêtu d'une enveloppe dérivée de la membrane de la cellule hôte chez certains virus ; tous les organismes cellulaires sont susceptibles d'être infectés par des virus[2]. Les *virusoïdes* et les *viroïdes* sont réduits à de simples filaments, les premiers associés à l'infection par certains virus, les seconds provoquent des maladies à diverses plantes cultivées. Les *prions*, également réduits à de simples filaments, sont les agents de maladies dégénératives du système nerveux de mammifères.

Tout processus de reproduction exige que soit transmise une *information*. En biologie, celle-ci est portée par des polymères dont les éléments constitutifs – les monomères – sont en général les nucléotides d'un acide nucléique – acide désoxyribonucléique (ADN) pour tous les êtres cellulaires et certains virus, acide ribonucléique (ARN) pour d'autres virus, les virusoïdes et les viroïdes –, exceptionnellement les acides aminés des protéines prions[2].

L'information, qualifiée de génétique, est définie pour les acides nucléiques par l'ordre séquentiel des quatre bases azotées, elle est donc à quatre « lettres », alors que pour les protéines prions, elle est de l'ordre d'une vingtaine de « lettres », les acides aminés. Elle permet la réalisation du phénotype et des traits du comportement, qui s'effectue par l'expression d'unités d'information génétique, les *gènes*, et ce, en interagissant avec l'environnement intracellulaire et celui extracellulaire[3]. Les gènes présentent des variations, le terme *allèle* désignant tous les variants d'un même gène.

Qu'il s'agisse d'un individu ou d'une espèce, on désigne par *génome* l'ensemble des gènes agencés selon un ordre défini. La combinaison singulière des allèles d'un individu est son *génotype*. Le génome d'une espèce est une constellation de génotypes. Pris au sens large, le terme génome désigne la totalité de l'ADN d'une espèce : celui de la totalité des gènes plus de l'ADN qui ne s'exprime pas.

Chez les bactéries et les archées, les gènes sont localisés sur le *chromosome* de structure assez simple, plus éventuellement sur de petites structures du cytoplasme, les *plasmides*. Chez les eucaryotes, la plupart des gènes sont localisés sur la *chromatine* du noyau, les *chromosomes* quand celle-ci est condensée en une structure complexe (génome nucléaire), d'autres gènes sont sur le chromosome simple des mitochondries (génome mitochondrial), ainsi que sur celui des chloroplastes (génome chloroplastique) dans les cellules qui en sont pourvues. Le terme *caryotype* est réservé à l'assortiment des chromosomes du génome nucléaire.

Les gènes sont transmis au fil des générations avec une grande fidélité, la plupart des erreurs étant corrigées. Le niveau de fidélité est supérieur pour les génomes ADN comparés à ceux à ARN de certains corpuscules infectieux. Les erreurs non corrigées sont des *mutations*. Ne se transmettent au fil des générations que les mutations qui, vis-à-vis de la survie et la fertilité des individus, sont favorables ou ont peu d'effets.

Chez les êtres cellulaires, l'information génétique portée par l'ADN est dupliquée par un processus complexe, la *réplication*, qui consomme de l'énergie chimique et dans lequel participent des protéines particulières, dont des enzymes. Chacun des deux brins de séquence complémentaire de la double hélice d'ADN sert de matrice à la construction, nucléotide par nucléotide, d'un brin de séquence complémentaire.

Le génome des corpuscules infectieux est répliqué en exploitant la cellule hôte, qui fournit les nucléotides, les protéines et l'énergie chimique. La nature et les conformations des polymères génomiques sont diversifiées. La réplication du génome des virus à ADN s'effectue selon des modalités comparables à celles des êtres cellulaires. Les virus à génome ARN diffèrent par la manière dont leur génome est répliqué. Chez certains, l'ARN est répliqué directement en utilisant d'autres enzymes, et il en est de même du génome ARN des virusoïdes et des viroïdes. Chez d'autres virus à ARN, les *rétrovirus*, le génome ARN sert d'abord de matrice à la synthèse d'un ADN de séquence complémentaire qui, à son tour, sert de matrice à la synthèse de multiples copies de génome ARN. Les prions se multiplient dans les neurones de mammifères par modification de la conformation d'une protéine naturelle, celle-ci s'accumule alors dans le cytoplasme, d'où la pathologie.

L'expression de l'information génétique

La synthèse de protéines spécifiques, enzymes comprises, est la première étape de cette expression. Les protéines cellulaires, de conformations tridimensionnelles très diverses, sont constituées, soit d'un seul polypeptide, soit de quelques-uns associés de manière définie.

Chez les êtres cellulaires, l'information de chaque gène est portée par une séquence spécifique, dite *codante*, d'un des deux brins de la double hélice d'ADN. Cette séquence sert de matrice à la synthèse d'une séquence complémentaire d'ARN lors du processus de *transcription*, qui est catalysé par des enzymes particulières. Les ARN transcrits diffèrent par la taille, la structure et la fonction. 1° Certains s'associent à des protéines en formant des *ribosomes*, unités d'assemblage des acides aminés en polypeptides. 2° D'autres ARN, au nombre d'une vingtaine de types, portent chacun un site qui se fixe spécifiquement à un acide aminé, celui-ci étant transféré sur les ribosomes lors de la synthèse des polypeptides. 3° Enfin, des ARN portent l'information des gènes nécessaire à la synthèse de polypeptides, ils s'associent brièvement aux ribosomes sur lesquels s'effectue la *traduction* de la séquence des quatre « lettres » des nucléotides en une séquence de la vingtaine de « lettres » des acides aminés[4]. Une règle quasi générale à tous les êtres vivants, le *code génétique*, régit cette traduction, chaque acide aminé étant spécifié par un triplet de nucléotides de cet ARN, le *codon*, dont la séquence est complémentaire de celle d'un triplet de l'ARN de transfert, l'*anticodon*.

Les processus décrits sont transposables, avec quelques variantes, aux gènes des virus qui encodent les enzymes et les protéines de la capsule virale, la transcription et la traduction s'effectuant aux dépens de la cellule hôte.

Ainsi, trois ensembles de macromolécules sont liés par des transferts d'informations, celui des gènes (*génomes*), celui des ARN transcrits (*transcriptomes*), celui des protéines (*protéomes*).

Les génomes ne peuvent plus être définis comme des ensembles de gènes susceptibles d'être activés ou réprimés. En effet, alors que la quasi-totalité de l'ADN ou l'ARN des virus est exprimée, que l'ADN du chromosome des bactéries et des archées est en grande partie codant, l'ADN nucléaire des eucaryotes comporte une fraction, plus ou moins importante selon les espèces, de séquences qui ne s'expriment pas. Cette fraction apparaît disparate : aux gènes devenus inactifs après mutation (*pseudogènes*) s'ajoutent des séquences de longueurs variées qui sont répétées de 200 à plus d'un million de fois. Cet ADN répétitif, à conformation plus condensée que l'ADN codant et d'abord considéré comme un résidu des processus évolutifs (ADN « poubelle »), serait en fait nécessaire au fonctionnement normal des cellules[5]. D'autre part, les génomes des êtres cellulaires ont intégré des *éléments génétiques mobiles*, ou *transposables*, dont certains hautement répétés[6]. D'où la difficulté de définir ce qu'est un gène et de discriminer dans les génomes d'une espèce ce qui est codant de ce qui ne l'est pas.

Les transcriptomes et les protéomes, caractérisés par des techniques particulières, n'ont de sens que rapportés au contexte dans lequel vivent les cellules et au déroulement chronologique des processus vitaux : développement, croissance, reproduction, sénescence. Les variations du protéome enzymatique jouent un rôle déterminant dans les changements au fil du temps du métabolisme cellulaire.

Ainsi, alors que chaque espèce peut être caractérisée par son ou ses génomes, reproduits avec peu ou très peu de variations au fil des générations, ses transcriptomes et ses protéomes changent plus ou moins au cours du cycle de vie.

La régulation de l'expression des gènes

Un gène ne s'exprime que dans certaines conditions et/ou à un certain moment de la vie de la cellule ou de l'organisme. Cette expression est surtout régulée par diverses protéines cellulaires activatrices ou répressives de la transcription, elles-mêmes encodées par des *gènes régulateurs*. D'abord analysée sur quelques espèces de bactéries, la régulation de l'expression des gènes a été étudiée chez diverses espèces d'eucaryotes. Elle y est apparue plus complexe, faisant intervenir des ARN particuliers, dits *commutateurs*, pendant la phase finale de la transcription et le début de la traduction sur les ribosomes, ainsi que des ARN *interférents* qui modulent l'expression des gènes[7].

Quel que soit son degré de complexité, un organisme se construit par l'expression de gènes du développement en interaction avec l'environnement (milieu intra- et/ou extracellulaire, facteurs du milieu extérieur)[8]. Analysée au cours du développement de diverses espèces, cette expression suit un ordre chronologique et s'effectue selon une structure hiérarchique, signe qu'elle est régulée. Par exemple, un gène *A* encode une protéine P_1, qui interagit avec une séquence R_1 du génome, ce qui déclenche – par activation ou levée d'inhibition – l'expression d'un deuxième gène *B*. Celui-ci encode l'un des trois types de protéines P_2, P_3 ou P_4. P_2 agit comme P_1 en déclenchant la transcription d'un troisième gène *C*, aussi P_1 et P_2 sont-elles dénommées *facteurs de transcription.* P_3 interagit avec R_1 en bloquant la transcription du gène *A*, il s'agit d'une *rétroaction négative.* P_4 interagit avec des substances du cytoplasme et/ou de la membrane plasmique et déclenche une *cascade de réactions intracellulaires*[9]. Chez les animaux et les plantes, l'activation de « *gènes maîtres* » et de « *gènes architectes* » situés en amont de telles cascades assure le contrôle du développement. Le graphe qui représente les activations, répressions et interactions ressemble par sa complexité à ceux de la cybernétique, avec des réseaux d'activation ou d'inhibition et des boucles de rétroaction (Encadré 4). Les processus d'activation ou de répression des gènes régulateurs sont déclenchés par l'interaction de couples de « *gènes d'horloge* », eux-mêmes activés par certains facteurs intrinsèques et/ou de l'environnement, ils se déroulent selon un ordre et un *tempo* caractéristiques de chaque espèce.

C'est toujours par *l'interaction entre son génome et son environnement* que sont déterminés les traits du phénotype d'un individu[3]. Il en est de même des caractéristiques innées de son comportement au sens large et de celles de sa reproduction.

Complication supplémentaire : certains gènes sont modifiés, au moins temporairement, sans que leur séquence nucléotidique soit changée. Cette *hérédité épigénétique* sera évoquée plus loin.

Encadré 4

La programmation génétique du phénotype

Depuis les années 1980, la conjugaison de plusieurs techniques – en particulier la mutagenèse suivie d'un criblage des mutants, et l'utilisation de sondes moléculaires couplées à des colorants spécifiques – a permis d'analyser les modalités de l'activation des gènes et de leur expression phénotypique au cours du développement de plusieurs espèces d'eucaryotes pluricellulaires.

Chez les animaux, le développement de l'embryon commence à partir d'une cellule initiale – zygote ou gamète femelle vierge si parthénogenèse – plus ou moins riche en nutriments et hétérogène, des ARN et des protéines spécifiques ayant été mises en place dans l'organisme maternel. Souvent réparties selon des gradients de concentration, ces substances confèrent une double polarité : avant et arrière, face dorsale et face ventrale.

– Lors de la multiplication cellulaire du très jeune embryon, ces substances d'origine maternelle sont inégalement réparties entre les cellules filles ; certaines agissent alors comme facteurs de transcription, activant un ou quelques gènes.

– Puis les gènes zygotiques (maternels + paternels) s'expriment, avec des activations géniques en cascade et des rétroactions inhibitrices par le biais de facteurs de transcription. Après qu'elles se soient multipliées, les cellules commencent à se différencier par la forme, la structure, le métabolisme, la mobilité puis l'adhésivité aux cellules contiguës.

– La morphogenèse de l'embryon et la différenciation de ses cellules se poursuivent par l'activation de gènes dits « maîtres » ou « architectes », qui déterminent la mise en place du plan d'organisation caractéristique de l'espèce, et ce, selon un ordre spécifique. Chez les drosophiles par exemple, certains gènes zygotiques sont activés dans les cellules antérieures et/ou postérieures de chacun des futurs segments, ceux-ci n'étant visibles qu'à partir d'un certain stade. Sont ensuite activés des gènes *sélecteurs*, en particulier les gènes *homéotiques* dont l'expression définit l'identité future de chacun des segments de la future larve et, ultérieurement, de la future mouche : les îlots de cellules indifférenciées du corps des larves se développent au cours de la métamorphose en structures définitives : tête avec yeux, antennes et pièces buccales – thorax avec pattes, ailes et balanciers – abdomen avec pièces génitales. Ainsi, deux phénotypes distincts sont exprimés par un même génome, celui-ci étant reprogrammé au cours de la métamorphose.

– Des gènes *homéotiques*, d'abord mis en évidence chez les drosophiles puis chez d'autres arthropodes, existent chez divers animaux, y compris ceux non segmentés comme les cnidaires. Leur nombre et leur mode d'expression diffèrent selon les taxons ; chez les vertébrés par exemple, ils contrôlent en partie la morphogenèse précoce du squelette céphalique et des vertèbres antérieures, de la région postérieure du cerveau et de la moitié antérieure de la moelle épinière[1].

Chez les plantes, le mode d'expression de certains gènes au cours du développement de la tige feuillée et, chez les plantes à fleurs, des inflorescences et des pièces florales, ressemble à celui des gènes homéotiques des animaux avec diverses particularités du fait qu'interviennent des hormones et d'autres facteurs endogènes[2].

D'autres gènes que ceux qualifiés de « maîtres » ou d'« architectes » s'expriment en modifiant le tempo de la succession des phases du développant, en accélérant certaines, en retardant d'autres. Ces gènes, dits « d'horloge », sont encore mal caractérisés.

La diversité des régimes de reproduction

Les individus des différentes espèces se reproduisent dans une large gamme de modalités, avec deux extrêmes : la reproduction monoparentale exclusive et celle biparentale exclusive.

La reproduction biparentale exclusive

Cette modalité, apparue tardivement au cours de l'évolution du vivant, apparaît très diversifiée[10]. C'est celle de divers protistes, de la plupart des espèces de champignons et de plantes, de très nombreux animaux, nous compris.

Deux phases alternent au cours du cycle de vie, celle *haploïde* (haplophase) où les cellules n'ont qu'un jeu de chromosomes et celle *diploïde* (diplophase) où les cellules ont deux jeux, l'un venant de la mère, l'autre du père. L'ensemble des chromosomes de chaque jeu est un *caryotype*, caractérisé par plusieurs traits à l'examen microscopique lors de la division cellulaire (*mitose*) : le nombre haploïde ou diploïde des chromosomes, la taille, la position du *centromère* (zone très dense), la forme (un seul bras, ou deux bras égaux ou non) de chacun d'eux, l'éventuelle disparité selon le sexe. Ainsi, le caryotype diploïde humain comprend 22 paires d'*autosomes* semblables dans les deux sexes et une paire d'*hétérochromosomes* dissemblables, deux X (sexe féminin) ou un X et un Y (s. masculin). La paire d'hétérochromosomes est de deux Z (s. masculin) ou d'un Z et d'un W (s. féminin) chez d'autres espèces, par exemple les papillons et les oiseaux.

Le passage de l'haplophase à la diplophase s'effectue lors de la *fécondation* : les chromosomes maternels et paternels des *gamètes* sont réunis dans le noyau du *zygote*, chacun avec son propre jeu d'allèles. Le sexe est déterminé, soit dès la fécondation avec l'assortiment des hétérochromosomes – par exemple, $XX \rightarrow$ femelle et $XY \rightarrow$ mâle –, soit au cours du développement, parfois sous l'influence de certains facteurs externes (Encadré 5). Les allèles des autosomes homologues et de la paire d'hétérochromosomes sont, soit semblables (*homozygotie*), soit différents (*hétérozygotie*) – dans ce cas, soit l'expression d'un allèle A est bien plus forte que celle de l'autre *a*, *A* est dit dominant, *a* récessif, soit *A* et *a* s'expriment à égalité.

Encadré 5

Quelques particularités de la sexualisation des organismes

1) Les cellules germinales, à l'origine des gamètes, se ségrègent de celles du reste du corps, dites somatiques, à des moments variés du cycle de vie, soit plus ou moins tôt dans l'embryon – nématodes, arthropodes, mollusques, vertébrés –, soit peu de temps avant la formation des gamètes – d'autres taxons d'animaux et les plantes à fleurs. Chez ces dernières, une seule cellule de méristème cultivée *in vitro* sur milieu nutritif stérile supplémenté en hormones de croissance est apte à se développer en une plante entière, fleurs fertiles comprises.

2) Chez les espèces à reproduction biparentale, le sexe est déterminé selon des modalités variées, soit dès la fécondation, soit après un délai plus ou moins long.

– La détermination par un ou deux *hétérochromosomes* est fréquente. Ceux-ci ne diffèrent que pour le mâle *XY*, la femelle étant *XX*, chez la plupart des mammifères, des lézards, des grenouilles, certains poissons, de nombreux insectes dont les drosophiles, des crustacés, des nématodes, et certaines plantes comme le ginkgo et le lychnis dioïque (*Silene latifolia*, caryophyllacée). C'est le contraire chez d'autres animaux dont la femelle est *ZW*, le mâle *ZZ* : les oiseaux, les vipères, les varans, les tritons et salamandres, certains poissons, des crustacés, des insectes comme les lépidoptères. Les mâles des sauterelles, grillons et criquets, ainsi que ceux de certaines punaises, ont un seul hétérochromosome, la femelle en est dépourvue. Le ou les hétérochromosomes se distinguent souvent à l'examen au microscope mais, pour certaines espèces, seule l'analyse génétique permet de les discriminer.

Le système de détermination du sexe a été analysé chez plusieurs espèces, y compris la nôtre : plusieurs gènes s'expriment de manière séquentielle, en cascade, après l'activation d'un gène déclencheur : le gène SRY du chromosome *Y* des mammifères, son homologue DMRT1 sur le *Z* et les deux gènes FET1 et ASW sur le *W* du poulet. Le système diffère chez les insectes hyménoptères à déterminisme haplodiploïde du sexe[1]. Le sexe des fleurs du melon est déterminé par trois gènes, *G*, *M* et *A* : dans les fleurs mâles, *G* est exprimé et a inhibé l'expression de *M* ; dans celles femelles, *M* est exprimé et a inhibé l'expression de *G* ; dans celles hermaphrodites, *A* a subi une mutation ayant pour effet d'entraîner le développement des étamines dans les fleurs qui, de ce fait, sont femelles[2].

– Le processus de sexualisation fait intervenir des hormones chez les embryons de vertébrés alors que, chez d'autres animaux, dont les insectes, c'est le caryotype de chaque cellule[3].

Chez certaines espèces, le sexe est déterminé par des facteurs du milieu, en particulier la température. Ainsi, les œufs fécondés de la chélydre serpentine, une tortue d'eau douce d'Amérique du Nord, se développent en mâles s'ils sont incubés entre 22 et 26 °C, en femelles aux températures un peu plus basses ou plus élevées.

Dans les populations d'autres espèces, le *sex ratio* est modifié par des facteurs du milieu.

* Les températures élevées pendant le développement ont pour effet de diminuer la proportion de mâles chez plusieurs espèces de tortues, de femelles pour certains lézards, les crocodiles et les alligators. Chez certaines espèces de lézards australiens, le sexe, déterminé par des chromosomes aux températures moyennes, est modifié quand celles-ci s'élèvent, la proportion de femelles augmente[4].

* L'élévation de la photopériode (durée relative du jour et de la nuit) au printemps augmente la proportion de mâles chez certains crustacés.

* La détermination du sexe de plusieurs espèces de nématodes parasites de plantes ou d'insectes dépend de la densité des larves. Plus celles-ci pullulent sur ou dans l'hôte, plus la nourriture se fait rare, plus le rapport des sexes est biaisé à l'avantage des mâles.

* Chez beaucoup de plantes des régions arides, la sécheresse du sol augmente la proportion de fleurs ne produisant que du pollen. Un phénomène analogue est connu pour certaines espèces d'arbres, par exemple l'érable à sirop d'Amérique du Nord : selon qu'une graine germe sur un sol riche ou pauvre, l'arbre qui en est issu produira des fleurs mâles ou femelles.

3) Dans certaines populations de plusieurs espèces de nématodes et d'arthropodes – insectes, crustacés et acariens –, de minuscules bactéries du genre *Wolbachia* sont hébergées par les cellules somatiques et/ou germinales des individus. Leurs effets sont en général bénins mais, dans certaines conditions, elles modifient la sexualisation de l'hôte.

– Chez des cloportes, en particulier *Armadillidium vulgare*, les mâles sont féminisés, les *Wolbachia* inhibant le développement des glandes qui sécrètent l'hormone masculinisante. Il suffit d'empêcher la multiplication des bactéries par un traitement antibiotique pour que les mâles réapparaissent dans les élevages, et ce, dans la même proportion que celle existant dans les populations non infectées[5].

– Les œufs non fécondés de certaines microguêpes, dont les trichogrammes, se développent en femelles s'ils hébergent des *Wolbachia* alors que, sains, ils se développeraient en mâles (haplodiploïdie). C'est ainsi qu'apparaissent des lignées de femelles parthénogénétiques se perpétuant tant que dure l'infection.

– L'apparition d'une incompatibilité entre gamètes d'animaux de même espèce mais issus de populations distinctes est plus difficile à expliquer. Alors que, chez les femelles infectées, les *Wolbachia* sont hébergées dans le cytoplasme des ovocytes, elles transforment les spermatozoïdes des mâles, peut-être en modifiant les protéines de la chromatine. Après la fécondation, l'incompatibilité entre gamètes se manifeste dans un seul sens ou dans les deux. Dans le premier cas, le développement avorte très tôt si le spermatozoïde est transformé par l'infection et l'ovocyte indemne, alors qu'il est normal dans les autres cas, y compris quand le spermatozoïde est indemne et l'ovocyte infecté, ou quand les deux gamètes sont infectés par des *Wolbachia* de même type[6]. Dans le second cas, l'incompatibilité se manifeste quand le spermatozoïde modifié par un type de *Wolbachia* entre en contact avec un ovocyte hébergeant un autre type de cette bactérie : un isolement reproductif se met alors en place.

Le passage de la diplophase à l'haplophase s'effectue lors de la *méiose*, processus complexe au cours duquel un certain nombre de segments de chromosomes maternels sont échangés avec leurs homologues paternels, puis recombinés. Ces *recombinaisons homologues* sont plus ou moins aléatoires. Plus les gènes sont proches sur un chromosome, moins il est probable qu'ils soient échangés ; ils constituent un *haplotype* quand, en dépit des méioses, ils restent adjacents au fil des générations et ne se recombinent pas. En fin de méiose, les chromosomes – ayant subi ou non un ou plusieurs échanges de segments – d'un seul jeu sont répartis au hasard dans les cellules haploïdes.

Dans le noyau du zygote, les allèles des autosomes maternels et paternels, que ceux-ci soient recombinés ou non, la distribution s'effectue au hasard.

La reproduction biparentale est donc caractérisée par un *brassage génétique plus ou moins important à chaque génération*, d'une part à chaque méiose, d'autre part à la fécondation quand les chromosomes des deux gamètes s'associent. En résulte une immense diversité des combinaisons alléliques diploïdes, ce qui représente un avantage sélectif quand les conditions du milieu sont défavorables. Mais cette modalité est coûteuse car elle exige que soient réunis les gamètes de deux partenaires lors de la fécondation.

La durée et l'importance de chaque phase diffèrent beaucoup selon les taxons. Chez les animaux, l'haplophase correspond aux gamètes (ovocytes, spermatozoïdes), la diplophase aux organismes issus des fécondations ; ceux-ci sont mâles ou femelles, ou hermaphrodites et pratiquant la fécondation croisée. Chez la plupart des animaux, notre espèce comprise, le génome mitochondrial des spermatozoïdes n'est pas transmis car il est détruit par des enzymes dans le cytoplasme du zygote[11]. La plupart des plantes feuillées sont diploïdes, l'haplophase étant fort réduite chez les fougères et les taxons proches, encore plus chez les conifères et les plantes à fleurs. Les mousses et les taxons proches font exception, les cellules des plantes feuillées étant haploïdes, la diploïdie caractérisant des structures productrices de spores qui poussent sur la plante. Chez la plupart des plantes, le génome mitochondrial des gamètes mâles n'est pas transmis, mais le zygote de certaines espèces contient les génomes mitochondriaux des deux gamètes, ou des seuls gamètes paternels. Quant au génome chloroplastique, il est en général transmis par le seul gamète femelle, mais avec des exceptions, comme chez certaines plantes à fleurs.

Divers hermaphrodites se reproduisent selon le mode biparental exclusif, l'autofécondation étant empêchée. Par exemple, les gamètes mâles et femelles de chaque individu mûrissent en même temps mais ne peuvent se rencontrer du fait d'obstacles mécaniques ou d'incompatibilités comme chez de nombreuses plantes à fleurs[12]. Ou la maturation des gamètes mâles et femelles est séquentielle, les individus produisent des gamètes mâles qu'ils emmagasinent, puis des gamètes femelles, et s'inséminent réciproquement (lombrics, sangsues, escargots et limaces).

La reproduction monoparentale exclusive

Cette modalité caractérise les virus et les autres corpuscules infectieux (virusoïdes, viroïdes et prions), les bactéries et les archées, divers protistes, certains champignons simples, des plantes, peu d'animaux. Chaque individu mature est apte à se reproduire sans partenaire, ce qui permet un taux élevé de multiplication quand les conditions du milieu sont favorables.

Les corpuscules infectieux se reproduisent en dévoyant à leur avantage le métabolisme des cellules dans lesquelles ils ont pénétré. Les organismes cellulaires de tous les taxons sont susceptibles d'être parasités par des virus[13] alors que la plupart des viroïdes se reproduisent dans les plantes à fleurs. Quant aux prions, ils se reproduisent dans les neurones de mammifères où ils modifient des protéines.

La reproduction monoparentale exclusive est considérée comme primitive chez les bactéries et les archées. La plupart se reproduisent par fission binaire. Le volume cellulaire s'accroît, de même que la membrane plasmique et la paroi cellulaire, puis le chromosome se duplique, si bien que la cellule en contient deux similaires avant de se diviser en deux cellules filles par la constriction d'un anneau de fibres protéiques du cytoplasme périphérique. Les deux individus se séparent ou restent adhérents, s'associant par deux, en files ou en amas, souvent réunis par une gaine ou un mucilage, ou formant des films denses sur divers substrats. D'autres modalités existent : fragmentation, bourgeonnement, production de spores par divisions successives à l'extrémité de filaments.

Plusieurs espèces de protistes ne se reproduisent que par mitose, les cellules filles héritant de leur mère la même garniture de chromosomes. Selon les espèces, la fission du corps cellulaire est longitudinale, commençant par un sillon localisé à l'avant ou à l'équateur, ou transverse. Chez certaines espèces, la cellule mère bourgeonne une série de cellules filles ; d'abord de petite taille, celles-ci grandissent ensuite.

La reproduction monoparentale exclusive apparaît dérivée de celle biparentale dans divers taxons. Certaines espèces de levures se reproduisent indéfiniment par fission transverse ou par bourgeonnement répété de cellules filles. La reproduction sexuée n'a jamais été observée dans un ensemble hétérogène de quelque 15 000 espèces de champignons comme les *Aspergillus* et les *Penicillium*, qui produisent par mitoses successives de nombreuses spores à l'extrémité de filaments, celles-ci se disposant en longues files avant de se détacher et d'être dispersées.

L'autofécondation est systématique chez certaines espèces hermaphrodites. C'est le cas des fleurs fermées des violettes, du ténia dit « ver solitaire » (*Taenia solium*) car il n'a pas de partenaire sexuel.

La parthénogenèse, reproduction de femelles vierges, est exclusive et indéfinie dans certains taxons animaux, aucun mâle n'ayant jamais été observé dans la totalité de l'espace de répartition de ces espèces[14]. De nombreuses plantes se reproduisent par parthénogenèse, en particulier des fougères et des plantes à fleurs. Chez ces dernières et selon les espèces, soit la pollinisation est nécessaire à la formation des fruits mais sans que les gamètes femelles soient fécondés – donc pas de graines (parthénocarpie) –, soit sans pollinisation et selon plusieurs variantes. Ces diverses modalités existent chez plusieurs espèces de rosacées (certains sorbiers, églantiers, potentilles, alchémilles, ronces) et d'astéracées (les pissenlits, des épervières et des antennaires)[16].

La large gamme des autres modalités de reproduction

De nombreux intermédiaires existent entre les deux extrêmes cités, seuls les plus représentatifs sont cités. Dans tous les cas, l'existence de la reproduction biparentale dans le cycle de vie ou par épisodes garantit le brassage génétique.

Certaines plantes hermaphrodites pratiquent l'autofécondation dans certaines régions, la fécondation croisée dans d'autres, ou les deux modalités coexistent dans la même région mais en proportions variables selon les conditions du milieu.

La parthénogenèse coexiste avec la reproduction biparentale chez diverses espèces. Dans l'espace de répartition de plusieurs espèces animales, certaines populations comprennent, soit des individus des deux sexes, soit uniquement des femelles parthénogénétiques. Dans 15 taxons d'arthropodes, surtout des acariens et des insectes, les femelles fécondées inséminent ou non les ovocytes. Ces derniers sont à l'origine de femelles (diploïdes) dans le premier cas, des mâles (haploïdes, mais leurs cellules somatiques sont diploïdisées) dans le second. Cette *haplodiploïdie* est répandue chez les hyménoptères, dont les fourmis, les guêpes et les abeilles[16]. Le cycle annuel d'autres animaux, surtout des arthropodes – daphnies, pucerons, microguêpes cynipidés, moucherons cécidomyiidés –, est caractérisé par la succession de générations parthénogénétiques, suivies d'une génération de reproduction biparentale survenant en général avant que les conditions du milieu ne se dégradent.

Chez diverses espèces, une phase de reproduction sexuée alterne avec une ou plusieurs phases de multiplication asexuée. Chez d'autres, cette dernière vient en complément ou en substitut de la reproduction sexuée. Les organes en croissance, souterrains ou aériens, de nombreuses plantes terrestres, se séparent de la plante mère après s'être enracinés à une certaine distance d'elle – rhizomes, tubercules, bulbilles, stolons ou drageons – ou des plantules entières se séparent de la plante mère. Chez divers animaux aquatiques, surtout marins, soit le corps se fragmente en plusieurs unités qui se dispersent – fréquent chez les spongiaires, les polypes de nombreux cnidaires, certains vers plats, des annélides marins –, soit il bourgeonne plusieurs individus qui se séparent ensuite de lui – les polypes ou les méduses d'autres cnidaires, des vers plats, des annélides, divers animaux marins coloniaux.

Les deux modalités reproductives exclusives présentent chacune des avantages et des inconvénients. Celle monoparentale assure un taux élevé de multiplication en l'absence des coûts et des contraintes de la reproduction biparentale – pas de production de mâles, pas d'exigence de synchronisation de la rencontre des gamètes ni de reconnaissance réciproque des partenaires, d'attraction du mâle par la femelle puis de son acceptation par celle-ci – mais l'uniformité génétique des individus nuit à leur capacité d'adaptation quand les conditions du milieu se dégradent. C'est l'inverse pour la reproduction biparentale, le brassage génétique à chaque génération permettant une plus rapide adaptation aux changements environnementaux, mais le coût est plus élevé et la vitesse de multiplication souvent moindre.

Clones et populations

Sur le seul plan génétique, les individus d'une même espèce diffèrent plus ou moins entre eux selon le régime de reproduction.

Un *clone* est un ensemble d'individus issus d'un même ancêtre après un ou plusieurs multiplications monoparentales. Celles-ci étant exclusives, aucun brassage génétique ne se produit en l'absence de méiose et de fécondation, aussi les individus d'un même clone se ressemblent-ils beaucoup. Par contre, ceux de clones distincts diffèrent plus ou moins, à la fois dans un même espace – en rapport avec les différences entre les ancêtres – et dans les divers espaces où ils vivent, qui diffèrent par les ancêtres et par les conditions de l'environnement. L'absence de processus sexué n'exclut pas l'existence de remaniements chromosomiques. Chez des bactéries, cela se produit après *conjugaison* de deux individus *A* et *B*, qui s'unissent temporairement par un étroit tube. Une partie de longueur variable du chromosome de *A* est transférée dans *B* par ce tube. Des segments homologues du chromosome de *B* et de ce qui a été transféré de celui de *A* se recombinent ; *A* meurt, *B* est prêt à se multiplier, sa descendance formant un clone dit *recombinant*. Chez diverses bactéries et certaines archées, le transfert de segments chromosomiques homologues suivi de recombinaison se fait surtout par deux processus : la *transformation*, des segments du chromosome d'individus *A* morts en grand nombre sont incorporés dans le génome d'individus *B* vivants ; la *transduction*, des virus ayant intégré plusieurs gènes d'individus *A* infectent des individus *B* qui les incorporent, l'infection virale ne leur étant pas létale.

Une *population* est un ensemble d'individus issus de reproductions biparentales, exclusives ou non, et se reproduisant eux-mêmes par le même mode, et ce, dans un même espace. Selon les espèces, les individus sont, soit d'un seul sexe, en général mâle ou femelle, soit hermaphrodites et recourant à la fécondation croisée. Dans une même population, du fait du brassage génétique à la méiose et à la fécondation, les individus de chaque sexe diffèrent plus ou moins entre eux, tant à une génération donnée que d'une génération à la suivante. Quant aux individus qui vivent dans des espaces distincts, ils diffèrent entre eux d'autant plus que les populations dont ils font partie sont distantes et/ou isolées.

Les causes des variations au sein des espèces

Le phénotype et les traits du comportement d'un individu se réalisent en grande partie par l'expression de son génotype en interaction avec le milieu. Mais pas seulement comme le montre ce qui suit.

Les variations dues aux aléas du développement

Les causes de ces variations sont multiples. Certains gènes s'expriment plus ou moins au cours du développement, de manière aléatoire et sans nuire à la viabilité. Les polypeptides encodés par un même gène prennent des conformations plus ou moins variées et se lient ou s'associent à des molécules différentes. Les interactions entre macromolécules ne se font pas avec une aussi forte spécificité que ce qui a longtemps été supposé. Dans le même milieu de culture, les bactéries ou les levures d'un clone ne synthétisent pas le même nombre de copies d'une protéine. L'expression des gènes des nombreux noyaux d'une même fibre musculaire n'est pas synchrone. Dans les cas de gémellité, les nouveau-nés issus du même zygote et s'étant développés dans les mêmes conditions ne sont pas identiques. Ces variations aléatoires sont comparables au « bruit » qui se superpose au déroulement déterministe de divers processus physico-chimiques[17].

Les interactions entre génotypes et environnement

Divers facteurs du milieu, tant interne qu'externe, modulent l'expression des gènes lors du développement, aussi les phénotypes individuels montrent-ils de nombreuses différences. Cela est très net dans le cas où les individus d'un même clone se développent dans des conditions différentes. Cette *plasticité phénotypique* se manifeste de manière continue ou discontinue, le plus souvent à la génération en cours, parfois seulement à celle qui suit. Les plantes offrent les plus spectaculaires exemples. Après la dispersion des spores ou des graines d'un même individu sur un territoire hétérogène par l'ensoleillement, l'exposition au vent, la nature du sol et de la végétation avoisinante, etc., les plantes qui en sont issues diffèrent par la vitesse et le mode de croissance, le phénotype des tiges feuillées, le moment de la reproduction. Chez certaines espèces, les plantes diffèrent tellement par la physiologie que, selon le climat, les feuilles sont caduques ou persistantes, trait déterminé par la synthèse d'une hormone. Chez les animaux, la plasticité se manifeste souvent par la succession sur deux ou plusieurs générations successives de phénotypes tellement dissemblables qu'ils ont d'abord été pris pour des espèces distinctes. Ce *polyphénisme* est fréquent chez les insectes, avec plusieurs variantes, dont celle de plusieurs espèces de criquets : selon qu'ils vivent dispersés ou groupés, ils diffèrent fortement par la forme, la coloration, la taille, la physiologie et le comportement.

La plasticité phénotypique est analysée par des expériences où des individus de même génotype ou de génotypes proches sont cultivés ou élevés dans des milieux qui diffèrent par un seul facteur (température, humidité, luminosité, particularité des aliments, présence d'un prédateur par exemple). L'interaction entre le génotype et les conditions du développement n'est décelée que par ses effets globaux, qui intègrent les actions directes ou indirectes d'un ou de quelques facteurs du milieu sur l'expression d'un nombre indéterminé de gènes. L'ampleur de la variation d'un caractère donné diffère d'un génotype à l'autre. Le degré de la plasticité du phénotype serait donc sous contrôle génétique : selon les conditions du milieu, certains gènes de régulation interagissent de manière variable avec les gènes qui encodent des protéines, enzymes comprises. Pour une espèce donnée, chaque trait du phénotype ne peut varier qu'entre certaines limites, distantes pour certains, rapprochées pour d'autres. Aussi le diagnostic des espèces à partir de l'examen des phénotypes se fait-il sur ceux qui sont les moins variables.

La plasticité phénotypique présente souvent un caractère adaptatif, la réactivité aux variations environnementales des individus d'une même génération ou de celle qui suit leur assurant une survie suffisante et une bonne fécondité[18]. Mais cela n'est que transitoire, contrairement aux changements adaptatifs déterminés par ceux des génotypes.

Les mutations, sources des variations héritables

Toute modification génomique brusque et imprédictible par sa nature, sa localisation et ses effets, est une mutation. Source élémentaire de variation, elle n'importe sur le plan évolutif que si elle est transmise à la descendance, aussi les mutations létales et/ou empêchant la reproduction ne sont-elles pas traitées.

Les génomes sont susceptibles de muter à chacun des niveaux d'organisation : du nucléotide à une séquence plus ou moins longue d'acide nucléique et, pour les eucaryotes, jusqu'à la totalité du caryotype.

1) Les mutations par *modification d'un seul nucléotide*, qualifiées de *ponctuelles*, modifient la séquence des gènes, ce qui crée de nouveaux allèles. Elles sont surtout dues au défaut de réparation des erreurs qui se produisent spontanément lors de la réplication de l'acide nucléique génomique. Les types les plus fréquents sont la *substitution* d'un nucléotide par un autre, l'*insertion* d'un nucléotide, la *délétion* d'un nucléotide.

Les effets de ces mutations sont nuls ou minimes dans les quatre cas suivants. 1° La séquence étant non codante, les processus de transcription et de traduction ne sont pas altérés, sauf si la structure de la chromatine est modifiée à proximité d'une région codante. 2° La séquence encode l'un des types d'ARN mais cela ne concerne pas un site essentiel ni la conformation générale de l'ARN. 3° La séquence encode une protéine mais, certains codons étant synonymes, la séquence polypeptidique reste la même. 4° La substitution d'un nucléotide entraîne celle d'un acide aminé par un autre présentant le même type de radical latéral, si bien que les interactions entre les régions du polypeptide et leur milieu intracellulaire ne sont guère modifiées, la structure et la fonction de la protéine non altérées ou très peu.

Dans les trois cas suivants, une seule mutation ponctuelle suffit à rendre la protéine inapte à assurer sa fonction. 1° La substitution d'un acide aminé par un autre à radical latéral d'un type différent, par exemple hydrophobe au lieu d'hydrophile, ou vice-versa, provoque un changement important de la conformation de la protéine[19]. La délétion ou l'insertion d'un seul nucléotide décale la succession trois par trois des codons lors de la traduction. 3° La mutation d'un nucléotide fait apparaître un codon de terminaison, la synthèse du polypeptide s'interrompt prématurément.

Les effets de certaines mutations ponctuelles sont à peine discernables, et ce, pour deux raisons. 1° Les protéines, dont les enzymes, ont des structures tellement diversifiées qu'il est difficile de prédire qu'un changement *local* de la séquence des acides aminés altèrera leur fonction, sauf si une région critique est trop modifiée, par exemple le site actif d'une enzyme. 2° Le métabolisme cellulaire étant organisé en réseau, le blocage en un site dû à l'altération d'une enzyme peut entraîner un report vers d'autres voies. Les gènes devenus inopérants suite à ces mutations subsistent plus ou moins dans le génome, ces pseudogènes étant détectés par le séquençage de celui-ci.

Tous les génomes sont le siège de mutations ponctuelles. Chez les eucaryotes, les mutations du génome mitochondrial ne sont pas transmises par les gamètes mâles des animaux et de la plupart des plantes, celles du génome chloroplastique sont transmises en général par les gamètes femelles des plantes.

Certaines mutations ponctuelles sont à l'origine d'innovations génomiques. C'est le cas des mutations du codon d'initiation de la transcription : le polypeptide qui en résulte se replie en une protéine susceptible d'assurer une nouvelle fonction. Cela permet de diversifier la nature des protéines produites à partir d'une seule séquence nucléique originelle. D'autres mécanismes, plus complexes, sont invoqués pour expliquer comment la séquence de certains gènes est apparue à partir de celle d'autres gènes[20].

2) Les mutations par *modification de séquences génomiques* ont parfois lieu lors des méioses quand les chromosomes homologues s'apparient. En général, les brins d'ADN homologues qui se recombinent le font au nucléotide près, des protéines, dont des enzymes, corrigeant les erreurs. Plusieurs types de modifications peuvent se produire quand cette correction est imparfaite, en

particulier le transfert d'une séquence d'un brin à son homologue : si la séquence est courte, il s'ensuit une *conversion génique* ; si elle est plus longue, cela se traduit par une *délétion* sur un brin, une *duplication* sur l'autre. Quand le processus se répète sur un grand nombre de générations, les séquences dupliquées d'ADN se suivent en tandem (orientées dans le même sens) ou sont plus ou moins dispersées sur la même région chromosomique. Les duplications sont à l'origine d'innovations, du métabolisme par exemple[21], et de diverses variations intraspécifiques[22].

3) Les mutations *au niveau des chromosomes* des eucaryotes sont, au contraire des précédentes, décelables au microscope. La structure et l'organisation d'un ou de quelques chromosomes étant modifiées, ces mutations sont susceptibles de provoquer une différenciation entre populations d'une même espèce, voire d'enclencher des spéciations[23].

Les *délétions* et *duplications* de segments chromosomiques résultent d'échanges inégaux entre génomes maternel et paternel au cours de la méiose, segments bien plus longs que ceux décrits pour la duplication des gènes. Les cellules ayant un chromosome avec un segment dupliqué sont souvent viables, au contraire de celles dont un chromosome a subi une délétion.

Les *inversions* de segments d'un chromosome sont de deux types : *paracentrique* si le segment inversé ne comprend pas le centromère, *péricentrique* si celui-ci y est inclus. Au début de la méiose, une boucle se forme, les gènes du segment inversé et leurs homologues du segment normal se disposant en vis-à-vis. Si une recombinaison après échanges s'effectue à l'intérieur de cette boucle, les cellules issues de la méiose ne sont pas viables, et ce, pour des raisons distinctes. 1° Si l'inversion est paracentrique, certaines cellules haploïdes ont un chromosome sans centromère et déficient en un certain nombre de gènes, d'autres deux demi-chromosomes avec centromère mais déficients en d'autres gènes. 2° Si l'inversion est péricentrique, les cellules haploïdes ont un chromosome à la fois déficient en certains gènes et porteur d'autres gènes en double exemplaire.

Les *translocations* résultent de transferts de segments entre deux chromosomes non homologues. Cela suppose que des coupures simultanées d'au moins deux de ces chromosomes s'effectuent dans un même noyau. Les translocations viables et fertiles sont plus fréquentes chez les plantes que chez les animaux. 1° Les translocations *réciproques* se reconnaissent au début de la méiose des hétérozygotes par des figures en croix, en cercle ou en forme de 8. Les cellules issues de la méiose ne sont viables que si elles n'ont pas subi de délétion de gènes. La longueur relative des bras des deux chromosomes ayant subi la translocation est modifiée mais pas le nombre des chromosomes. 2° Les translocations *robertsoniennes* se font entre deux chromosomes non homologues ayant un seul bras, dits *acrocentriques*, le centromère étant tout près d'une extrémité. Les coupures et transferts aboutissent, d'une part à un minuscule chromosome, quasiment réduit au centromère et éliminé sans dommage pour la cellule, d'autre part à un chromosome dit *métacentrique* car pourvu de deux bras, l'un qui lui est propre, l'autre provenant de la presque totalité de l'autre chromosome. Le caryotype a diminué d'une unité sans qu'aucun gène n'ait été perdu, et un chromosome s'est agrandi en devenant métacentrique.

4) Les mutations *au niveau de la totalité du caryotype* des eucaryotes se présentent sous de multiples formes.

Dans un premier cas, un des chromosomes du caryotype diploïde est présent à plus de deux exemplaires suite à une anomalie mitotique ou méiotique. Ayant un chromosome en moins l'une des cellules filles meurt, l'autre reste viable avec un chromosome en plus. C'est ainsi que sont produits des gamètes, puis des zygotes, dont le caryotype comprend un *chromosome surnuméraire*, voire plusieurs. Ces mutations sont viables et compatibles avec la fertilité chez diverses plantes et des animaux, ce qui n'est pas le cas des trisomies humaines (anomalies et stérilité partielle ou totale comme dans le syndrome de Down ou « mongolisme »).

Dans d'autres cas, le nombre des chromosomes du caryotype est un multiple de celui diploïde, il y a *polyploïdie*. Quand la méiose s'effectue sans réduction du nombre de chromosomes, les gamètes sont diploïdes. 1° Si l'un d'eux s'unit à un gamète normal (haploïde) du partenaire, le zygote est *triploïde*, situation viable ou létale selon les espèces. Même si le développement s'effectue normalement, l'organisme est stérile du fait d'anomalies lors des méioses – la triploïdie, corrélée à la stérilité, est exploitée en arboriculture pour produire de gros fruits, les arbres étant multipliés par bouturage, en ostréiculture pour produire des huîtres toute l'année, en élevage de poissons salmonidés pour accroître la productivité (économie de la production des gamètes). 2° Si deux gamètes diploïdes s'unissent, le zygote *tétraploïde* se développe en un individu viable. Celui-ci est souvent peu fécond car les chromosomes déjà dédoublés en chromatides ont une forte probabilité de ne pouvoir se disposer en vis-à-vis au début des méioses ; mais si ses descendants sont avantagés par la sélection naturelle, la fréquence des tétraploïdes augmente dans la population au fil des générations, ce qui se produit surtout chez les plantes (Chapitre 5).

Les mutations ont plusieurs causes : intrinsèques comme les erreurs non réparées lors de la réplication génomique ou l'insertion d'un élément génétique mobile ; extrinsèques comme après exposition à des agents mutagènes – certaines substances chimiques, rayonnements ionisants ou ultraviolets. Ne sont traitées ici que les mutations spontanées, celles intrinsèques au génome et celles extrinsèques endogènes – surtout dues aux radicaux libres du métabolisme, ainsi qu'au potassium et au sodium radioactifs présents dans l'organisme. Elles se produisent à des taux à peu près constants au fil des générations d'une même espèce. Leur fréquence est évaluée par deux paramètres suivants : le taux de mutations (leur probabilité d'occurrence par génération) pour l'espèce considérée ; la fréquence de telle ou telle mutation pour un clone ou une population[24].

À l'échelle du nucléotide et par cycle de réplication, les taux de mutation des virus à génome ARN sont les plus élevés, la réparation des erreurs lors de la réplication des ARN étant moins efficace que pour l'ADN : de l'ordre d'un dix-millième (10^{-4}) par nucléotide et par réplication. Cela explique le haut taux de fréquence des virus grippaux, à génome ARN. Les taux de mutation des virus à génome ADN sont environ 300 fois plus faibles. Les taux de mutation du génome des chromosomes bactériens sont de l'ordre du milliardième (entre 10^{-8} et 10^{-10}) par nucléotide et par réplication, ceux du génome nucléaire des protistes et des levures du même ordre de grandeur. Chez les eucaryotes pluricellulaires, les mutations viables de ce génome s'accumulent au fil des mitoses successives de chaque lignée cellulaire, y compris celle à l'origine des gamètes ; les cycles mitotiques étant plus nombreux chez les mâles, un gamète mâle a une plus grande probabilité qu'un femelle de porter de nouvelles mutations. Le taux de mutation des génomes mitochondriaux et chloroplastiques est de 3 à 10 fois plus élevé que celui du génome nucléaire, probablement à cause d'une moindre efficacité du système de réparation des erreurs pendant la réplication de l'ADN de ces organites.

À l'échelle du gène, les valeurs sont bien plus faibles que les précédentes, mais tout de même conséquentes quand on considère de grands effectifs. Ainsi, un clone de bactéries d'effectif moyen comprend au moins un mutant pour chacun des gènes. Pour les eucaryotes pluricellulaires, l'exemple des spermatozoïdes humains est parlant : un sur 50 000 est porteur d'une nouvelle mutation responsable de l'hémophilie de type *A*, l'un des graves défauts de la coagulation sanguine ; le gène étant localisé sur le chromosome *X*, la mutation – transmise par les femmes – ne se manifeste que chez les garçons ; comme un éjaculat contient en moyenne 350 millions de spermatozoïdes, un sur 7 000 porte cet allèle.

Les mutations en retour, ou *réverses*, sont rares du fait que, selon les lois des probabilités sur les événements indépendants, la probabilité de restauration de la situation antérieure à la mutation est le produit de la probabilité de cette dernière par celle de la mutation réverse, donc extrêmement faible. Elles n'importent que si on considère ces mutations à l'échelle de grands effectifs et sur de nombreuses générations.

La probabilité de muter n'est pas constante tout du long de l'acide nucléique génomique, certains sites ayant un taux de mutation plus élevé. D'abord mis en évidence chez des virus et des bactéries[25], ces « points chauds » ont été caractérisés chez d'autres espèces, y compris la nôtre.

Il est souvent difficile de préciser quelles sont les relations entre l'expression des mutations et les conditions du milieu. C'est le cas de nombreuses maladies humaines, avec une gamme continue entre deux extrêmes, certaines se manifestant quel que soit l'environnement alors que d'autres ne le font que dans certaines conditions. La composante génétique a été démontrée pour plusieurs d'entre elles, mais il est bien trop simpliste de prétendre qu'a été caractérisé « le » gène responsable de telle ou telle pathologie. Le plus souvent, ce sont les allèles de *plusieurs* gènes qui *prédisposent* à ces maladies, et ce, dans certaines conditions du milieu au sens le plus large[26].

La relation de causalité entre une mutation et ses effets est souvent difficile à établir, de nombreuses mutations s'exprimant par des effets multiples qui ne résultent pas des expressions en cascade d'un seul gène muté, ce que l'on désigne par le terme *pléiotropie*. Exemples : la mutation « agouti » de la souris s'exprime par une coloration particulière du pelage, une obésité prononcée, une fréquence élevée de tumeurs et d'autres particularités ; la mutation « frisée » du poulet s'exprime par une déformation des plumes, un métabolisme plus intense, une meilleure résistance aux températures élevées, une baisse de fécondité, des altérations du cœur, des reins, de la rate.

Les expressions des modifications épigénétiques

Chez les eucaryotes, certaines modifications sont transmises des parents à leur progéniture, plus rarement aux quelques générations suivantes, sans que cela relève de mutations, ni des effets d'un même environnement, ni d'interactions entre les deux. Cette hérédité, dite *épigénétique*, ne se substitue nullement à celle génétique, elle s'y superpose. Elle est le plus souvent due à des modifications locales de la chromatine qui inhibent ou ralentissent la transcription d'un ou de plusieurs gènes, et ce, *sans changement de leur séquence nucléotidique* : 1° au niveau de l'ADN, méthylation (fixation du radical $-CH_3$ sur le cycle carboné) de la cytosine ou de l'adénine, ou fixation d'ARN non codants de petite taille sur certains sites du génome ; 2° au niveau des protéines associées à l'ADN, en particulier de certaines protéines de la chromatine, les histones, méthylation ou acétylation (fixation du radical $-C_2H_5$ sur le radical latéral de certains acides aminés, surtout la lysine).

Ces « épimutations » sont transmises au fil des générations chez divers eucaryotes pluricellulaires à reproduction monoparentale. La chromatine reprenant son état initial, soit pendant la formation des gamètes, soit chez le très jeune embryon, la transmission est plus rare chez les espèces à reproduction biparentale[27], mais pas impossible – au moins pendant quelques générations – comme le montrent des expériences effectuées sur diverses espèces, en particulier des mammifères[28].

Chez une plante à fleurs comme l'arabette (*Arabidopsis thaliana*, brassicacée), les changements épigénétiques par méthylation de certains gènes modifient deux traits complexes du phénotype, la croissance de la racine axiale et la chronologie de la floraison, variations transmises sur au moins huit générations[29].

Certains de ces changements apparaissent après des variations brusques du milieu et modifient l'expression de plusieurs gènes à la fois, et ce, à des fréquences de 10 000 à 100 000 fois plus élevées que celles des mutations, ce qui permet à plusieurs individus de la population de s'adapter rapidement aux nouvelles conditions du milieu. Aussi l'hérédité épigénétique peut-elle jouer indirectement un rôle dans l'évolution[30].

Qu'elles soient transmises ou non au-delà de quelques générations, les modifications épigénétiques permettent d'analyser le mode d'expression des gènes, en particulier chez les organismes dont le sexe est déterminé par des hétérochromosomes.

Au cours du développement de la femelle des mammifères, l'un des deux chromosomes *X* est inactivé à divers degrés, sauf dans les cellules de la lignée germinale[31].

Chez plusieurs espèces à reproduction biparentale – plantes à fleurs, insectes et mammifères vivipares (l'ornithorynque et les quatre espèces d'échidnés, ovipares, sont exclus) –, seul s'exprime l'un des deux allèles de certains gènes autosomiques, l'expression de l'allèle hérité de l'autre parent est réprimée, c'est l'*empreinte parentale*[32]. Les recherches effectuées sur la souris, le porc et l'homme montrent que la répression allélique, qui commence lors de la formation des gamètes et se poursuit après la fécondation, est due au blocage de la transcription de ces gènes suite à la méthylation locale de la séquence d'ADN dite « promotrice » qui précède celle génique. L'empreinte parentale explique l'absence de parthénogenèse chez les mammifères, certains allèles apportés par le spermatozoïde fécondant étant nécessaires au développement normal de l'embryon puis du fœtus. Elle rend compte aussi du fait que les phénotypes des hybrides interspécifiques diffèrent souvent selon le sens du croisement : les mules et les mulets (âne × jument) sont bien distincts des bardots (étalon × ânesse), et il en est de même des ligres (lion × tigresse) et des tigrons (tigre × lionne) produits en parc zoologique. D'après une étude effectuée sur des clones de cellules humaines en culture, il apparaît que, sur environ 4 000 gènes autosomiques, plus de 300 sont caractérisés par l'expression d'un seul des deux allèles parentaux, soit maternel, soit paternel[33].

Au-delà du génétique et de l'épigénétique

Chez diverses espèces d'oiseaux et de mammifères, certains traits du comportement sont très variables et transmis à la progéniture, sans que cela relève de mutations ni de modifications épigénétiques. Cela permet une évolution rapide, souvent à caractère adaptatif, mais non durable si se rompt le lien entre parents et jeunes et/ou entre jeunes et adultes du groupe. Cela existe au plus haut point dans notre espèce, caractérisée en plus par la transmission symbolique de nombreux traits, dont le langage.

Les variations au fil des générations

Ces variations au sein des espèces s'effectuent selon des modalités distinctes et à des vitesses différentes selon qu'il s'agit de clones ou de populations.

Dans les *clones*, les modifications dues aux mutations à effet neutre se perpétuent plus ou moins longtemps. Celles à effet négatif sont éliminées au fil des générations, et ce, d'autant plus vite qu'elles sont plus délétères. Celles à effet positif, même mineur, se répandent dans le clone et contribuent à avantager celui-ci quand il se trouve en concurrence pour les ressources avec un autre clone proche dans l'espace, contigu ou partageant le même milieu. Ainsi, l'avantage est aux clones dont les individus sont les mieux adaptés aux conditions de l'environnement, survivant mieux et présentant la plus grande fécondité – définition même de la *sélection naturelle*. L'augmentation de la résistance de nombreuses bactéries pathogènes aux antibiotiques est due à une telle sélection suite à l'usage abusif de ces derniers. Signalées moins de 10 ans après les premiers excès, les résistances se sont ensuite tellement amplifiées qu'elles posent de redoutables problèmes, tant dans les élevages que dans les hôpitaux, surtout dans les cas de multirésistance : chaque année en France, 15 000 personnes développent une infection provoquée par une bactérie pathogène résistant aux antibiotiques, 12 500 en meurent (données de l'Institut de veille sanitaire, 2015). Et la recherche de nouveaux antibiotiques n'arrive pas à suivre le rythme d'apparition de nouvelles résistances[34]. La plupart des gènes de résistance sont localisés sur l'ADN des plasmides du cytoplasme et non sur le chromosome bactérien. Que la résistance préexiste ou qu'elle apparaisse suite à une ou quelques mutations, elle se répand du fait de l'avantage sélectif des bactéries porteuses. Compte tenu des taux de multiplication très élevés des bactéries, les effectifs de leurs colonies sont énormes, et il suffit d'un individu résistant sur plusieurs millions pour que celui-ci engendre un clone résistant.

Dans les *populations*, l'évolution est plus complexe du fait que deux allèles, similaires ou non, coexistent pour chaque gène autosomique pendant la diplophase et qu'un brassage génétique plus ou moins important a lieu à chaque génération. Que deviennent les nouveaux allèles créés par les mutations à effet positif ou neutre ? Vont-ils disparaître en quelques générations, se maintenir à une certaine fréquence, finir par se substituer à l'allèle dont ils sont issus ? Comment cela va-t-il s'exprimer au niveau des phénotypes individuels ? La génétique évolutive apporte des réponses à ces questions après avoir inventé des techniques, créé des concepts, élaboré des modèles théoriques, validé ces derniers sur des exemples. La génétique des populations étudie les variations au fil des générations des fréquences alléliques et génotypiques relatives à un, deux ou quelques gènes[35]. La génétique quantitative élargit ces analyses aux nombreux traits des phénotypes dont l'expression est sous le contrôle de plusieurs gènes[36].

Les facteurs de changement dans les populations qui vont être décrits agissent tout autant pendant les spéciations qu'avant et après. Les spéciations ayant été surtout étudiées sur des espèces à reproduction biparentale, exclusive ou non, la suite de ce chapitre traite surtout de l'évolution des populations.

Quatre facteurs de variation sont susceptibles d'intervenir dans l'évolution des espèces à reproduction biparentale, exclusive ou non, et au cours des processus de spéciation : la *sélection naturelle*, la *sélection sexuelle*, la *dérive génétique aléatoire*, les *migrations*.

Les variations dues à la sélection naturelle

Depuis que Charles Darwin a souligné son importance, la sélection naturelle a suscité tellement de malentendus que des définitions s'imposent. La *pression de sélection* désigne le ou les facteurs de l'environnement qui, en s'exerçant sur les individus, modifient leur aptitude à survivre et à se reproduire. La *valeur sélective* des individus exprime leur capacité différentielle de survie et de reproduction d'une génération à la suivante, et ce, dans le même environnement. Cette capacité dépendant en grande partie du génotype des individus, les variations la valeur sélective au fil des générations traduisent celles des fréquences alléliques et génotypiques chez les individus diploïdes dans les populations.

La valeur sélective des individus diploïdes des populations dépend de trois paramètres conjugués, et ce, dans le même milieu et à la même génération : 1° la viabilité, du zygote à la fin de la période reproductive ; 2° la fertilité des individus (leur aptitude à produire des gamètes viables) ; 3° leur fécondité (le nombre de zygotes viables qu'ils engendrent). La viabilité et la fertilité sont propres à chaque individu alors que la fécondité dépend du ou des partenaires sexuels.

La viabilité, la fertilité et la fécondité des individus ne sont pas déterminées par les seuls génotypes mais par les conditions du milieu et par les interactions entre ce dernier et les génotypes.

La sélection naturelle ne s'exerce plus sur les individus ayant cessé de se reproduire et de protéger et/ou prendre soin de leur progéniture, mais elle le fait indirectement s'ils aident à la survie et à la reproduction de leurs petits-enfants, cas de notre espèce.

1) Pour les individus dont les génotypes diffèrent par *un ou quelques allèles d'un seul gène*, la sélection naturelle a été étudiée par des modèles déterministes, régis par des équations.

Si les gamètes, haploïdes, diffèrent par la viabilité et l'aptitude à féconder selon qu'ils portent un allèle A_1 ou un A_2 d'un gène autosomique A, l'allèle de moindre valeur sélective finit par disparaître au fil des générations après le déclin de sa fréquence, et ce d'autant plus tôt qu'est forte la différence de ces valeurs. Si les individus diploïdes diffèrent par la viabilité, la fertilité et la fécondité selon que leur génotype est A_1A_1, A_2A_2 ou A_1A_2, les effets sont suivis en calculant les fréquences des trois génotypes au fil des générations, une *valeur sélective relative* W étant attribuée à chacun d'eux : W_{11} pour A_1A_1, W_{22} pour A_2A_2, W_{12} pour A_1A_2. Dans le modèle le plus simple, ces valeurs sont considérées comme constantes au fil des générations. Elles sont exprimées dans une gamme allant de zéro à un : zéro pour un génotype provoquant la mort des préadultes ou la stérilité des adultes, un pour le génotype ayant la plus forte valeur sélective. Les exemples suivants illustrent les deux principaux cas.

Si $W_{11} = W_{12} = 1$ et W_{22} inférieur à 1, l'allèle A_1 est avantagé du fait qu'il est présent dans deux génotypes, tous les deux avec la plus forte valeur sélective ; aussi sa fréquence augmente-t-elle au fil des générations, et ce, d'autant plus vite qu'est large l'écart entre W_{22} et les deux autres W. La sélection aboutit à la fixation de l'allèle A_1, donc à la disparition de l'allèle A_2, après un nombre de générations qui dépend des conditions initiales et de la valeur de l'écart. Cette sélection *directionnelle* fait donc disparaître le polymorphisme du gène A dans la population. Elle est responsable de la disparition de nombreux allèles délétères au fil des générations dans les populations, qui en sont peu à peu « purgées ».

Si les hétérozygotes ont une valeur sélective supérieure à celle de chacun des homozygotes, par exemple W_{11} = 0,8, W_{12} = 1 et W_{22} = 0,2, les fréquences génotypiques se stabilisent après un certain nombre de générations. Il s'agit d'une *surdominance sélective*, le polymorphisme du gène *A* est maintenu de manière indéfinie tant que les valeurs des *W* ne changent pas. Un cas particulier est celui où les individus de génotype A_2A_2 meurent précocement ou sont stériles : W_{22} est nul. Avec les valeurs précédentes W_{11} = 0,8 et W_{12} = 1, le polymorphisme du gène *A* est maintenu aux valeurs approchées de 0,69 pour A_1A_1, 0,28 pour A_1A_2 et 0,03 pour A_2A_2. Mais les individus non viables ou stériles A_2A_2 étant engendrés à chaque génération, il s'agit d'un « fardeau génétique ». Ainsi, certains allèles délétères sont maintenus au fil des générations.

Des modèles ont été construits afin de prédire ce qu'il advient du polymorphisme génétique dans les deux cas suivants : cycle de vie se déroulant dans deux, voire dans trois milieux exerçant sur eux des pressions sélectives distinctes ; changement des conditions du milieu au fil des générations, soit par variation continue d'un facteur biotique ou abiotique, soit par fluctuation cyclique, par exemple au rythme de saisons.

De nombreuses observations effectuées dans la nature – en trois décennies, plusieurs se sont ajoutées à celles recensées en 1986 par John Endler[37] – et les résultats des expériences en conditions contrôlées valident les modèles de sélection venant d'être présentés.

Les effets de la sélection *directionnelle* ont été étudiés sur les populations de plusieurs espèces suite à des changements écologiques d'origine anthropique. Ainsi, pour plusieurs espèces d'insectes, la fréquence d'individus de couleur foncée s'est accrue dans certaines régions du monde à mesure qu'augmentait l'émission de suies produites par la combustion du charbon. Le déterminisme génétique de ce mélanisme dit « industriel » a surtout été étudié en Angleterre sur les phalènes du bouleau (*Biston betularia*) qui, avant de s'envoler le soir, se posent sur ces arbres où pondent les femelles, les chenilles broutant les feuilles. Rarissimes jusqu'au milieu du XIXe siècle, les phalènes de couleur foncée, dites *mélaniques*, devinrent de plus en plus fréquentes dans le centre industriel de l'Angleterre : autour de Manchester et de Birmingham, on y recensait une mélanique pour 300 claires en 1848, 50 générations après, en 1898, la proportion s'élevait à près de 95 %. Ce changement était fortement corrélé au noircissement des écorces par le dépôt de suies et à la disparition des lichens, organismes sensibles à l'émission d'oxydes de soufre. Les principaux prédateurs des phalènes sont des passereaux insectivores. Dans les régions non polluées, les phalènes claires étant peu visibles sur les écorces des bouleaux, elles sont bien moins soumises que les mélaniques à la pression de sélection exercée de ces oiseaux ; c'est l'inverse dans les régions polluées, les phalènes foncées étant peu visibles sur les écorces souillées de suie et dépourvues de lichens[38]. Les deux phénotypes correspondent à trois génotypes *CC*, *Cc* et *cc*, *C* et *c* étant deux allèles d'un gène autosomique avec *C* dominant sur *c* (les phalènes *CC* et *Cc* sont mélaniques, celles *cc* claires) ; la *sélection directionnelle* avantage fortement les *cc* dans les campagnes non polluées (valeurs sélectives relatives : 1 pour *cc*, 0,55 pour *CC* et *Cc*) alors qu'ils sont défavorisés dans les habitats pollués (0,43 pour *cc*, 1 pour *CC* et *Cc*). Le déterminisme est en fait plus complexe : ce mélanisme est contrôlé par *plusieurs allèles* C_1, C_2, ... C_i, C_j d'un même gène, dont les degrés de dominance ont auraient varié au cours du XIXe siècle[39] – un élément transposable aurait été inséré vers 1820 dans le premier intron du gène *cortex*, modifiant son expression en protéine[40].

Un autre exemple est la résistance aux pesticides de ravageurs des cultures, de vecteurs de parasites, d'animaux jugés nuisibles comme les rats, s'est accrue peu après la mise en service de ces substances de synthèse. Le déterminisme a surtout été étudié pour les moustiques[41] et les rats[42].

Le modèle de *surdominance sélective*, remarquable par le fait qu'il maintient du polymorphisme génétique dans les populations, a aussi pour effet de créer un fardeau génétique à chaque génération quand l'homozygote W_2W_2 n'atteint pas l'état adulte ou est stérile. La résistance au paludisme des humains hétérozygotes de génotype *HbA/HbS* en est l'exemple type. L'hémoglobine des globules rouges étant constituée de deux paires de polypeptides, celle de ces sujets comporte une paire d'anormaux[19] encodés par l'allèle *S*, et une paire de fonctionnels encodés par l'allèle *A*, ce qui assure un transfert normal du dioxygène tant que sa pression partielle est proche de 20 % tout en conférant une bonne résistance au parasite du paludisme. Par contre, les sujets homozygotes *HbA/HbA* sont très sensibles à ces parasites, d'où une faible valeur sélective dans les régions impaludées. Quant aux sujets homozygotes *HbS/HbS*, ils présentent une anémie chronique grave dès l'âge de 2-3 mois et diverses autres pathologies, d'où une faible probabilité de survie jusqu'à l'âge de procréer. En dépit du coût de ce « fardeau génétique », la fréquence moyenne de l'allèle *HbS* est de 9 % en Afrique de l'Ouest, et atteint même 14 % dans certaines populations du Nigeria, de l'Angola, de l'Inde et de l'est de la péninsule Arabique. Calculées en 1975 sur les données d'un échantillon de plus de 12 000 Yorubas du Nigeria, les valeurs sélectives relatives des génotypes étaient les suivantes, 1 étant choisi pour *HbA/HbS* : 0,84 pour *HbA/HbA* et 0,14 pour *HbS/HbS*.

Plus complexe est le cas de la mucoviscidose. Fréquente dans les populations européennes et dans celles qui en sont issues, cette maladie génétique récessive aux effets délétères ne devrait y être présente qu'à un très faible taux, la sélection directionnelle étant contrebalancée par les nouvelles mutations du gène. Or, un nouveau-né sur 2 500 est atteint dans ces populations, et un individu sur 25 est hétérozygote, donc porteur. Cette forte proportion s'expliquerait par le fait que les individus hétérozygotes seraient plus résistants au choléra : leur fréquence dans la population aurait augmenté après chaque épidémie[43].

2) Les effets de la sélection naturelle sur les individus dont les génotypes diffèrent par les *allèles de deux ou quelques gènes* compliquent le modèle d'évolution des fréquences génotypiques, le degré de complexité s'accroissant vite avec le nombre d'allèles : 27 génotypes distincts pour trois gènes autosomiques *A*, *B* et *C* ayant chacun deux allèles !

Soit deux gènes *A* et *B* présentant chacun deux allèles, respectivement A_1, A_2 et B_1, B_2. Supposons que la valeur sélective *moyenne* des neuf génotypes de la population – égale à la moyenne *pondérée* des valeurs sélectives de chaque génotype, c'est-à-dire la moyenne des produits de chaque valeur sélective par sa fréquence –, d'une part s'accroît quand la fréquence de A_1 augmente (sélection directionnelle), d'autre part passe par un maximum pour la fréquence 0,4 de B_2 et décline pour les fréquences inférieures et supérieures à 0,4 (surdominance sélective). Afin de représenter les variations de la valeur sélective moyenne de la population en fonction des fréquences des allèles A_2 et B_2, on porte leurs valeurs sur un diagramme à trois axes de coordonnées – deux pour les fréquences alléliques, le troisième pour la moyenne pondérée des valeurs sélectives – puis on réunit les points en une surface. Celle-ci est qualifiée d'*adaptative* pour la population considérée. Dans cet exemple, la forme de cette surface est celle d'une tuile romaine inclinée. Elle serait plus complexe dans le cas où l'évolution irait vers la fixation de l'un ou de l'autre allèle d'un des deux gènes. Et encore plus dans les cas d'*interactions entre gènes*, la surface prenant alors un relief complexe, avec plusieurs « sommets » correspondant chacun à un maximum assez stable de la valeur sélective moyenne de la population, séparés par des « cols », des « plateaux », des « vallées », etc., d'où la métaphore de *paysage adaptatif*.

Chez les organismes à reproduction biparentale, la probabilité de recombinaison entre gènes lors des méioses étant d'autant plus faible que ceux-ci sont proches sur le même chromosome, toute sélection d'un des génotypes au niveau d'un gène se manifeste sur les génotypes correspondant aux gènes qui lui sont contigus ou très proches. Soit une population dans laquelle, à la génération G_0, chacun des trois gènes contigus *B*, *C* et *D* a deux allèles (*B* et *B*', *C* et *C*', *D* et *D*'), les génotypes correspondants ayant la même valeur sélective. Si une mutation (*) se produit en *C* à la génération G_0 et si les individus à génotypes comprenant *C** ont la plus forte valeur sélective, non seulement la fréquence de l'allèle *C** croît au fil des générations G_1, G_2... G_i du fait de la sélection directionnelle, mais aussi celle des allèles des gènes *B* et de *D* neutres vis-à-vis de la sélection du fait qu'ils se trouvent associés aux génotypes comprenant *C**. Cet effet est désigné par l'expression *auto-stop génétique*.

Au fil des méioses, les effets venant d'être décrits s'atténuent à mesure que se succèdent les générations, et ce d'autant plus vite qu'est grande la distance des gènes par rapport à *C* et qu'est élevé le taux de recombinaison entre eux. Mais, étant discernables au cours des générations qui suivent les mutations, ils permettent de reconstruire leur histoire dans la population considérée.

3) Les effets de la sélection naturelle sur les individus dont les génotypes diffèrent par *les allèles de plusieurs gènes* sont analysés par les modèles de la génétique quantitative[36]. Les variations de nombreux traits du phénotype déterminées par plusieurs gènes, indépendants ou interagissant entre eux dans un certain environnement, sont surtout étudiées par l'analyse statistique des valeurs du trait considéré chez un grand nombre d'individus de la population pendant deux générations successives. La forme graphique de la distribution des valeurs à chaque génération s'approche d'autant plus du profil d'une cloche que

l'échantillon est grand. Dans cette courbe, dite « normale », le maximum correspond à la moyenne arithmétique, le degré d'étalement exprime la variance, qui mesure le degré de variabilité du trait considéré dans certaines conditions du milieu. Si l'on néglige les variations aléatoires lors du développement, difficiles à évaluer, les traits du phénotype apparaissent déterminés par les génotypes, par le milieu (intra- et extracellulaire) et par les interactions entre les deux. Ces données permettent de mesurer l'héritabilité, définie comme la part de la variance phénotypique due à la variance génétique dite additive car exprimant les effets conjugués de plusieurs gènes[36].

La première interprétation de la distribution « normale » est que la valeur du trait étudié serait déterminée par les allèles de nombreux gènes, chacun ayant un effet mineur et s'exprimant de manière additive. La technique de *cartographie chromosomique des QTL* (pour *Quantitative Trait Loci*), qui permet de localiser les gènes intervenant dans l'expression de tel ou tel trait du phénotype, montre que ce n'est pas aussi simple. En effet : 1° le nombre de ces gènes varie beaucoup selon le trait considéré ; 2° l'expression phénotypique des allèles de certains gènes est bien plus forte que celle des autres ; 3° certains gènes s'expriment de manière indépendante, additive, alors que d'autres interagissent ; 4° les allèles d'un même gène peuvent être exprimés par plusieurs traits, simultanément ou lors de phases distinctes du cycle de vie.

Trois types de sélection sur des traits déterminés par plusieurs gènes sont connus : la sélection directionnelle et celle stabilisante, les plus fréquentes dans la nature, et la sélection disruptive, plus rare.

La sélection *directionnelle* contribue à mieux et plus vite favoriser l'adaptation au fil des générations des individus d'une population.

Considérons une population d'une plante herbacée annuelle *H* qui pousse dans une forêt de feuillus. Les graines de *H* germent en avril, mais un mois plus tard les pousses sont soumises à une forte concurrence pour la lumière par le feuillage des arbres, qui s'étale en mai. Les individus de *H* à croissance rapide H_R produisant plus de graines que ceux à croissance lente H_L, leurs descendants sont avantagés si la vitesse de croissance est héritable. Les généticiens définissent deux paramètres dont ils mesurent la valeur : 1° le *différentiel de sélection DS*, ici l'écart entre les vitesses de croissance de H_R et de H_L, qui exprime l'intensité de la sélection ; 2° la *réponse à la sélection R*, ici l'écart entre les vitesses de croissance des H_R et des

*H*L d'une génération à la suivante. Ils montrent que *R* est égal au produit de *DS* par l'héritabilité[36].

Ce type de sélection a été analysé pendant plusieurs générations sur une population d'une des espèces de « pinsons de Darwin », *Geospiza fortis*, sur l'île Daphné (*Isla Daphne Mayor*) de l'archipel des Galápagos. Le bec de ces oiseaux est très fort, ce qui leur permet de s'alimenter de fruits à coque et/ou de graines à tégument coriace dont la taille et l'abondance dépendent du climat, en général chaud et humide de janvier à mai, plus froid et sec le reste de l'année. Suite à un long épisode de sécheresse en 1976-1977, les semences se raréfièrent d'un facteur cinq, les survivantes ayant une enveloppe plus dure. Le taux de mortalité de ces oiseaux fut plus élevé chez les jeunes et les femelles, les mâles adultes devinrent cinq fois plus nombreux qu'elles, la taille des survivants augmenta de 4 %. Les mesures effectuées permirent d'évaluer l'héritabilité (Hér) et le différentiel de sélection (DS) de chacun des traits cités, puis de calculer la réponse à la sélection (R) à la génération suivante, *R* étant égal au produit de *Hér* par *DS*. La valeur de *Hér* pour la taille du bec est élevée : 0,8, ce qui rend compte de la forte réactivité de ce trait à la sélection. Compte tenu de l'intensité de celle-ci pendant la sécheresse, les valeurs du *DS* furent positives et proches de 0,5 pour tous les paramètres de taille, atteignant 0,6 pour le poids corporel et la hauteur du bec à la base[44].

La sélection est *stabilisante* quand, dans une population vivant dans un milieu donné, les individus les plus viables et les plus féconds sont ceux dont la valeur du trait du phénotype avoisine la moyenne. Dans ces conditions, ceux qui présentent les valeurs extrêmes, en deçà ou au-delà, sont désavantagés à chaque génération : la variance phénotypique du trait se restreint (la courbe en cloche devient plus resserrée en largeur) avant de se stabiliser à une valeur limite. Ce type de sélection a surtout été étudié sur des traits de taille corporelle. Une statistique effectuée au début des années 1950 dans une grande maternité londonienne a montré que, sur un effectif de près de 14 000 naissances à terme, la plus faible mortalité néonatale coïncide à peu près avec la moyenne du poids des nouveau-nés : 3,5 kg. La mortalité s'accroît d'autant plus que le poids s'écarte de cette valeur, tant vers les petites tailles que vers les grandes, et ce pour de multiples raisons[45]. D'autres exemples de sélection stabilisante ont été analysés, les effets de deux pressions antagonistes s'annulant à chaque génération[46].

La sélection est *disruptive* quand, à chaque génération, sont avantagés les individus qui présentent les valeurs extrêmes du trait considéré. La courbe en cloche commence par s'étaler au fil des générations, puis la distribution des valeurs du trait finit par prendre une forme en double bosse avec deux catégories d'individus plus ou moins séparées, et très peu d'individus entre les deux, voire aucun. Les exemples de sélection disruptive sont rares, celui de la forme du bec d'un pinson africain, *Pyrenestes ostrinus*, est souvent cité. La longueur du bec et sa largeur à la base ont été mesurées sur un échantillon de 2 700 oiseaux qui, après capture, mesures, baguage et recapture, ont permis d'évaluer la viabilité préadulte dans cette population. Chez les jeunes et les adultes, les valeurs de la largeur du bec à sa base se répartissent en deux courbes séparées, sans intermédiaire, et il en est de même des valeurs de la longueur du bec des adultes, mais pas des jeunes où elles se distribuent selon une courbe proche de celle en cloche. Une forte pression de sélection s'exerce sur les jeunes à l'avantage de ceux qui sont pourvus, soit d'un bec court et étroit, soit d'un bec long et large à la base, les valeurs de ces paramètres de taille et de forme déterminant le taux de réussite pour le décorticage des semences[47]. Une telle spécialisation pour deux types d'aliments dans la même population est-elle susceptible d'amorcer une spéciation ?

La sélection peut avantager les individus les plus rares. Dans la plupart des populations naturelles, on trouve des individus à phénotype singulier en faible proportion, celle-ci se maintenant au fil des générations. Des études menées sur plusieurs espèces ont montré qu'il ne s'agit pas de nouveaux mutants, ni de cas de surdominance sélective ou d'individus minoritaires ayant échappé à une sélection directionnelle. Ces individus sont avantagés par leur rareté même dans les populations, et ce, surtout dans certaines conditions du milieu. C'est le cas des femelles de *Papilio dardanus* (famille des papilionidés) en Afrique orientale où elles présentent deux caractéristiques : 1° une grande diversité de la forme et des motifs colorés des ailes (une trentaine de variants répertoriés) ; 2° un mimétisme vis-à-vis des papillons d'une autre famille, celle des danaïdés. À chacun des phénotypes mimétiques correspond un haplotype, ensemble de plusieurs gènes très proches sur le même chromosome, si bien qu'ils subissent rarement des recombinaisons lors des méioses. Les mimes pourraient être consommés par les prédateurs, surtout des oiseaux, mais ceux-ci les évitent car les modèles ont un goût répugnant. Une telle protection n'est efficace que si chacun des phénotypes mimétiques est rare dans les populations de *P. dardanus*, cette rareté étant sélectionnée tant qu'ils coexistent avec les danaïdés modèles : en effet, les prédateurs seraient moins efficacement leurrés si les mimes étaient trop nombreux par rapport aux modèles[48].

Les variations dues à la sélection sexuelle

Alors que Charles Darwin s'était interrogé sur certaines modalités de sélection corrélées à la sexualité[49], les recherches dans ce domaine n'ont repris qu'à partir des années 1960[50].

Chez de nombreuses espèces à reproduction biparentale, des *asymétries sexuelles* existent à plusieurs niveaux : 1° celui des phénotypes au sens large, qui présentent un dimorphisme plus ou moins accusé ; 2° celui des ressources en nature et en quantité qui sont allouées par les individus de chaque sexe à la reproduction.

1) La sélection sexuelle est fréquente chez de nombreuses espèces animales à forte asymétrie sexuelle. Le succès reproducteur des femelles est limité par le nombre et la qualité des ovocytes qu'elles produisent, par le nombre de gestations qu'elles mènent à terme si elles sont ovovivipares ou vivipares, ainsi que par le nombre de jeunes protégés et éventuellement nourris si elles sont vivipares. Le sperme étant généralement produit en excès, le succès reproducteur des mâles dépend surtout du nombre de femelles qu'ils peuvent inséminer, l'accès aux femelles aptes à la reproduction est le facteur limitant. Le sexe femelle étant le plus « demandé » et le sexe mâle le plus « demandeur », naît un conflit latent entre les mâles matures. Si les adultes de chaque sexe sont en même nombre dans les populations, situation la plus fréquente, cela conduit les mâles et les femelles à adopter des comportements bien différents pendant la phase de rapprochement des sexes. Les femelles ont intérêt à être exigeantes dans le choix des partenaires, la qualité de ceux-ci étant importante du fait qu'elles investissent plus dans la reproduction – la qualité d'un mâle dépend de sa fertilité, de sa capacité à être compétitif vis-à-vis des autres mâles et, chez diverses espèces, à coopérer avec leur partenaire pour la construction du nid et/ou les soins aux jeunes. Les mâles, eux, cherchent à inséminer le maximum de femelles fertiles et, de ce fait, entrent en compétition avec d'autres mâles… mais ils sont

moins actifs dans cette compétition s'ils doivent participer à la protection des œufs et/ou aux soins et au nourrissage des jeunes, et encore moins si cette fonction leur incombe.

La compétition entre mâles se manifeste de différentes manières. Certaines apparaissent surprenantes car elles diminuent la probabilité de survie des mâles adultes, en particulier de ceux que préfèrent les femelles : ils prennent plus de risques, leur mortalité est plus élevée mais, s'ils inséminent un plus grand nombre de femelles que leurs concurrents ou compétiteurs, leur succès reproducteur sera supérieur, de même que la valeur sélective du génotype qui détermine cet avantage.

Une des modalités les plus communes de la compétition sexuelle est l'affrontement entre mâles adultes afin d'accéder en priorité aux femelles matures. Alors que la taille des femelles des nombreuses espèces ovipares et ovovivipares est supérieure à celle des mâles, c'est l'inverse chez toutes celles où les mâles matures s'affrontent, le dimorphisme étant d'autant plus prononcé que la compétition est intense. Selon les espèces, soit quelques mâles s'allient pour évincer tous les autres, soit un seul mâle parvient à le faire, quitte à être blessé au cours des combats. Dans le premier cas, la sélection favorise les mâles à la fois les plus forts et/ou les plus coopératifs ; dans le second, sont sélectionnés les mâles les plus grands et puissants, les plus adroits et agressifs, les mieux armés par la taille des bois, cornes ou défenses chez les mammifères, des mandibules ou excroissances de la tête et/ou du thorax chez divers insectes coléoptères. Toutefois, chez certaines de ces espèces, des mâles plus petits et moins bien armés, donc hors-jeu en apparence, arrivent à inséminer des femelles en trompant la vigilance des mâles dominants[51]. D'autres variantes existent, dont celle qui consiste à délimiter un territoire exclusif, éventuellement après un combat, et à en interdire l'accès aux autres mâles adultes en signalant les limites par des marques chimiques ou des vocalisations.

Chez plusieurs des espèces où la conjonction des gamètes exige une copulation, existe une compétition spermatique, avec diverses variantes : 1° éjection au moins partielle du sperme émis par un prédécesseur ; 2° séparation de la femelle inséminée après obturation temporaire de ses voies génitales ; 3° inhibition de la réceptivité de la partenaire à d'autres mâles ; 4° émission de sperme bien plus abondant en présence de rivaux qu'en leur absence, ce qui est coûteux pour les mâles en termes métaboliques[52].

Une troisième modalité est l'infanticide et/ou l'avortement des femelles gravides inséminées par d'autres mâles, comportement de fréquence variable selon les populations de plusieurs espèces de mammifères, dont des carnivores (lion, lycaon) et des primates (langur gris, gorille, chimpanzé)[53].

La sélection sexuelle par le fait que les femelles préfèrent certains mâles aux autres, tout autant répandue que les modalités précédentes, prend elle aussi des formes variées.

Les mâles de certaines espèces d'insectes prédateurs rivalisent en présentant aux femelles une proie qu'ils ont capturée. Selon la taille et l'aspect du « cadeau », la femelle accepte ou non de copuler Chez certaines espèces de mouches prédatrices de la famille des empididés, le cadeau est un insecte mort enveloppé d'un cocon de soie, voire un cocon vide, qui leurre la partenaire[52].

Les mâles de plusieurs espèces d'insectes et d'oiseaux paradent devant les femelles, et ce, souvent sur des aires dégagées dénommées *leks*. Les femelles choisissent de s'accoupler aux mâles qui ont paradé le plus longtemps et de la manière la plus convaincante en déployant au mieux des ornementations spécifiques. Les mâles qui expriment la plus grande résistance et arborent les « signaux de séduction » les plus voyants étant sélectionnés, ces traits se renforcent au fil des générations successives par un processus qui s'emballerait s'il ne présentait pas à la longue des dangers pour la survie des mâles.

Ce processus a été analysé chez une mouche d'Asie du Sud-Est, *Cyrtodiopsis whitei*, dont les yeux sont situés à l'extrémité d'une paire d'expansions latérales de la tête, bien plus longues chez les mâles, surtout les plus grands : alors que l'espace interoculaire des femelles est inférieur à la longueur du corps, il est bien supérieur chez les plus grands mâles, atteignant 11 mm pour une longueur corporelle de 8,25 mm. Compte tenu de l'encombrement d'une tête aussi large, les mâles sont d'autant plus handicapés pour la survie qu'ils sont grands, mais ce sont les plus grands mâles aux yeux les plus écartés que préfèrent les femelles : le handicap est contrebalancé par l'avantage d'inséminer un plus grand nombre de femelles. Aussi, tant que l'écart entre les yeux ne représente pas un trop fort handicap, la valeur sélective des mâles à yeux très écartés est-elle supérieure à celle des mâles à yeux plus rapprochés. La preuve en est que, par sélection artificielle disruptive sur 13 générations successives, ont été obtenues des lignées dans lesquelles les femelles préfèrent, soit des mâles aux yeux peu écartés, soit des mâles aux yeux très écartés, la taille du corps des mâles présentés aux femelles vierges étant la même[54]. Par une série d'expériences, les chercheurs ont montré que, d'une part l'écartement des yeux rapporté à la taille corporelle des mâles, d'autre part la préférence des femelles pour les mâles aux yeux très écartés, sont des caractères *héritables* et *génétiquement corrélés.* Aussi toute sélection sur l'un des deux traits, par exemple sur la préférence des femelles, entraîne-t-elle une réponse sur l'autre, dans ce cas sur l'écartement des yeux des mâles. Dans le passé et pour une raison inconnue, les femelles ayant préféré les mâles aux yeux les plus écartés, ceux-ci ont eu une progéniture plus abondante, dont les filles ont hérité de cette préférence. Au fil des générations, l'évolution s'est traduite par une augmentation de la fréquence des mâles aux yeux les plus écartés.

Les mécanismes invoqués dans cet exemple ont abouti, chez les mâles adultes de certaines espèces, aux ornementations qui apparaissent dangereuses pour la survie : couleurs vives et contrastées de divers poissons ; plumage brillant, très coloré (faisans, paradisiers), rectrices de la traîne du paon, etc. Une autre interprétation a été proposée selon laquelle ces ornementations, par le coût métabolique de leur développement, leur encombrement et leur handicap vis-à-vis des prédateurs, signaleraient que les mâles qui arborent les plus vives et les plus voyantes sont les plus vigoureux et/ou les plus résistants aux parasites et aux germes pathogènes[55]. Cette interprétation est confirmée pour les mâles des hirondelles de l'espèce *Hirundo rustica* : les femelles préfèrent ceux dont les deux rectrices externes de la queue sont les plus longues ; or, ces mâles sont moins parasités par des mallophages (insectes proches des poux) que ceux à rectrices externes plus courtes, si bien qu'ils contaminent moins leur partenaire. De plus ils transmettent à leur progéniture cette résistance aux parasites[56]. Tout se passe comme si les ornementations et d'autres traits qui nous semblent exagérés, ainsi que les parades nuptiales complexes et mettant les mâles en danger, affichaient une qualité supérieure de ces mâles, en particulier de leur génotype. En les préférant à ceux plus ternes, les femelles assureraient de meilleurs génotypes à leur progéniture et, ces traits du phénotype mâle – morphologie et comportement – étant héritables, leurs fils seraient eux-mêmes préférés des femelles à la génération suivante.

2) Moins étudiée chez les plantes que chez les animaux, la sélection sexuelle existe chez les espèces de plantes à fleurs dont les émetteurs de pollen sont distincts des producteurs des graines et dont la pollinisation croisée est assurée par des animaux, en général des insectes. Dans ces conditions, l'asymétrie sexuelle est celle de l'investissement métabolique, bien inférieur pour la production pollinique que pour le développement et l'accumulation de réserves dans les fruits et/ou les graines. La sélection sexuelle est susceptible d'émerger et d'évoluer quand les plantes ayant la plus grande valeur sélective sont celles dont les fleurs émettrices du pollen attirent le plus fortement les pollinisateurs[57].

La ravenelle (*Raphanus raphanistrum*), espèce proche du radis cultivé, a des fleurs hermaphrodites mais, leurs ovules ne pouvant être fécondés par leur propre pollen du fait d'une incompatibilité, la fécondation croisée est nécessaire ; elle est assurée par des abeilles, des bourdons et des papillons. Dans plusieurs populations naturelles, coexistent des plantes dont les pétales sont, soit blancs, soit jaunes, la coloration étant déterminée par les allèles d'un seul gène autosomique : l'allèle *W* étant dominant, le phénotype blanc exprime les génotypes *WW* et *Ww*, le jaune le génotype *ww*. L'évaluation du succès reproducteur de chaque type se fait directement pour la production des semences, indirectement pour l'émission du pollen : la progéniture d'une plante à fleurs jaunes (*ww*) ne sera à fleurs jaunes que si elle est fécondée par du pollen provenant d'un plante *ww* ; par contre, elle sera à fleurs blanches et *Wv* si elle l'est par du pollen d'une plante de génotype *WW*. Aussi peut-on connaître le génotype du pollen paternel en semant les graines de plantes à fleurs jaunes puis en cultivant jusqu'à la floraison. Dans une population expérimentale où les plantes de chaque couleur florale sont dans les mêmes proportions, les ravenelles à pétales jaunes reçoivent les trois-quarts des visites des insectes pollinisateurs et leur pollen insémine plus des deux tiers de toutes les plantes de la population. Toutefois, les plantes à fleurs blanches produisent autant de fruits et de graines que celles à fleurs jaunes, le succès reproducteur qui correspond à cette production étant proportionnel au nombre de ravenelles de chaque type[58]. Ainsi, chez les plantes qui dépendent d'animaux pour la pollinisation, le facteur limitant du succès reproducteur mâle est bien moins la capacité à produire de nombreux gamètes que celle d'atteindre les gamètes femelles par le pollen émis.

La sélection sexuelle a abouti à avantager les espèces de plantes à fleurs unisexuées pollinisées par des insectes qui présentent les caractéristiques suivantes : fleurs femelles pourvues des plus gros organes reproducteurs ; fleurs mâles plus attractives que celles femelles vis-à-vis des insectes floricoles[59]. Comme pour les animaux à sexes séparés, l'évolution de ces fleurs unisexuées vers une plus forte attractivité des pollinisateurs a eu plus d'effet sur le succès reproducteur mâle que sur celui femelle.

Les variations dues à la dérive génétique aléatoire

Examinons l'évolution des fréquences p et q des deux allèles A_1 et A_2 d'un gène autosomique A dans plusieurs populations ne recevant aucun migrant et ayant toutes un petit effectif N de géniteurs des deux sexes, ceux-ci en proportions égales. Pour simplifier, supposons que N reste constant pendant de nombreuses générations, et qu'à celle G_n les deux allèles A_1 et A_2 ont la même fréquence dans chacune des populations. Aux générations G_{n+1}, G_{n+2}, G_{n+3},…, comme la ségrégation des deux allèles à la méiose puis leur réassortiment à la fécondation se font au hasard, la réalisation de chaque génotype zygotique est comparable au résultat des lancers d'une pièce de monnaie. Or, tout comme la probabilité d'obtenir le même nombre de piles et de faces après 2 000 lancers est plus élevée qu'après 50, la probabilité de maintenir les fréquences des deux allèles proches de 0,5 au fil des générations dépend du nombre de zygotes produits, donc de l'effectif N. Les conséquences de cette situation sont triples. 1° D'une génération à la suivante de chacune des populations, les fréquences p et q fluctuent au hasard vers 0 ou vers 1 avec une amplitude d'autant plus grande que N est petit. 2° La probabilité pour que l'un des deux allèles disparaisse de la population est d'autant plus élevée que N est petit (zygotes en petit nombre) et que les fréquences alléliques à la génération G_n sont dissemblables (la probabilité de coexistence de A_1 et A_2 est plus grande pour p et $q = 0{,}5$ que pour $p = 0{,}1$ et $q = 0{,}9$ par exemple). Quand l'un des deux allèles a disparu, l'autre est dit *fixé* : la population n'est plus polymorphe pour le gène considéré. 3° À une génération donnée, les fréquences p et q diffèrent d'autant plus d'une population à l'autre que N est petit. De ce fait, les populations dérivent les unes par rapport aux autres au fil des générations, et ce, de manière aléatoire – aussi le processus est-il étudié par des mathématiques probabilistes qui servent à élaborer des algorithmes pour les simulations informatiques. D'où l'expression *dérive génétique aléatoire*, souvent abrégée en *dérive génétique*[35].

Le même raisonnement s'applique à plusieurs allèles d'un même gène et à ceux de plusieurs gènes. Ainsi, plus l'effectif des populations est petit, plus elles divergent entre elles par leurs fréquences alléliques au fil des générations, et plus vite chacune d'elles va vers la fixation de certains allèles, donc la perte d'autres, ces allèles différant d'une population à l'autre. Il s'ensuit à la fois un appauvrissement général de la diversité allélique, d'où une baisse de la proportion d'hétérozygotes, et un accroissement des différences génétiques entre les populations au fil des générations.

Ce qui précède est compliqué par les faits suivants. 1° Une mutation réverse peut faire réapparaître un allèle perdu, mais la probabilité en est très faible compte tenu des petits effectifs dans les populations considérées. 2° Le nombre des reproducteurs dans une population est inférieur à celui de tous les individus, certains étant immatures, stériles et en arrêt reproductif. 3° Certains mâles accaparent plusieurs femelles alors que les autres n'y ont pas accès ou très peu, biais très prononcé chez les espèces animales où se forment des harems en début de période reproductive. 4° Dans toute population, la progéniture viable et fertile de certains couples est plus nombreuse que celle des autres. 5° Les effectifs des populations varient au fil des générations, passant par des phases d'expansion et d'autres de contraction démographique ; quelles qu'en soient les causes, toute réduction d'effectif a pour effet de favoriser la dérive génétique.

Les généticiens des populations ne considèrent pas les effectifs globaux mais les *effectifs génétiques*, ou *effectifs efficaces*, qui se rapportent à des populations théoriques dans lesquelles la réduction du taux d'hétérozygotie sous l'effet de la dérive se ferait à la même vitesse que dans les populations réelles. Dans la plupart de ces dernières, l'effectif génétique varie, selon les espèces, de 25 à 90 % de celui global. Le calcul de l'effectif génétique sert aux études des populations d'espèces animales à structure en harem – gallinacés, éléphants de mer par exemple – et aux politiques de préservation de la diversité génétique au sein des espèces sauvages et domestiquées à faible effectif ; par exemple, les programmes zootechniques tiennent compte du fait que l'insémination artificielle abaisse fortement l'effectif génétique.

Une importante dérive se produit après l'établissement de quelques migrants dans un nouvel espace où l'espèce était jusqu'alors absente. Les génotypes de ces pionniers ne constituant qu'un petit échantillon de ceux présents dans la population dont ils proviennent, leur population est d'autant plus pauvre en allèles que leur effectif initial est faible. À cet *effet de fondation* s'ajoute le fait que la dérive continue au fil des générations tant que l'effectif de la colonie reste faible.

Supposons que, dans une population d'organismes diploïdes d'effectif génétique *constant* N, apparaissent des mutations à effet neutre, c'est-à-dire n'altérant ni la viabilité ni la fertilité des individus. Dans ces conditions : 1° la probabilité d'apparition d'un nouvel allèle par mutation est d'autant plus élevée que N est grand ; 2° la probabilité d'accroissement de la fréquence de chaque nouvel allèle sous l'effet de la dérive, puis de sa fixation, est d'autant plus grande que la dérive est forte, donc que N est petit. Le traitement mathématique de ce cas montre que ce nouvel allèle aura une forte probabilité d'être fixé au bout de quatre fois N générations[35]. Or, avant que sa fixation ait lieu, une ou plusieurs mutations distinctes de la précédente ont pu apparaître sur le même gène, et ce, avec une probabilité d'autant plus élevée que l'effectif N est grand. L'analyse de ce processus a permis à Motoo Kimura d'élaborer la théorie neutraliste de l'évolution moléculaire[60] et de proposer une méthode d'estimation de la vitesse d'évolution des mutations à effet neutre, traduite par l'expression *horloge moléculaire*.

Plus l'effectif génétique d'une population à reproduction biparentale est petit, plus la probabilité de reproduction entre individus apparentés augmente, même s'ils s'apparient au hasard. Apparaissent alors les effets de la *consanguinité*, terme qui date de l'époque où le sang était considéré comme le support de l'hérédité. Deux exemplaires d'un gène sont dits *identiques par descendance* s'ils sont les copies d'un même gène ancestral. Au niveau des individus dont la généalogie est connue, le *coefficient de parenté* de deux individus est la probabilité pour qu'un exemplaire d'un gène autosomique tiré au hasard chez l'un soit identique par descendance à un exemplaire du même gène tiré au hasard chez l'autre, le *coefficient de consanguinité F* d'un individu est la probabilité pour que les deux exemplaires d'un gène autosomique quelconque soient identiques par descendance. Au niveau d'une population, le coefficient *moyen* de consanguinité *mF* de celle-ci est égal à la *moyenne* des coefficients *F* de chacun des individus féconds qui la constituent. Pour un gène autosomique *A* ayant deux allèles A_1 et A_2 aux fréquences respectives *p* et *q*, la population évolue vers un *déficit en hétérozygotes* égal au produit *2mFpq* et un gain en chacun des homozygotes égal à *mFpq*. Si, par exemple, *p* est égal à 0,4 et *mF* égal à 0,1 dans la population, les fréquences des génotypes A_1A_1, A_2A_2 ou A_1A_2 seront respectivement 0,184, 0,384 et 0,432, et non 0,160, 0,360 et 0,480 s'il n'y avait pas de consanguinité. Dans une population à petit effectif génétique, le coefficient *mF* augmente d'autant plus vite que l'effectif est petit. Mais la relation n'est pas linéaire : par exemple, dans le cas d'une petite population théorique dont l'effectif génétique reste constant à 50, sans consanguinité à la génération zéro, il faudrait 70 générations pour que *mF* soit de 0,50, 70 autres pour qu'il passe de 0,50 à 0,75, et encore autant pour qu'il atteigne 0,825, etc.[35]

Si une grande population est fragmentée en deux ou plusieurs populations de petit effectif génétique et si celles-ci restent isolées les unes des autres, les effets conjugués de la dérive et de la consanguinité se manifestent dans chacune d'elles. Il en est autrement si des individus, même en petit nombre à chaque génération, migrent d'une population à une autre et y font souche : chaque immigrant apportant de nouveaux allèles, il en résulte une augmentation transitoire de l'hétérozygotie et de la diversité génétique dans les petites populations en cours de différenciation.

Supposons que, dans une population, survienne une mutation (*) au niveau d'un gène autosomique ayant deux allèles *A* et *a*, *A* étant dominant sur *a*, et qu'elle ait un effet délétère. Si cette mutation concerne *A*, la fréquence des génotypes *A**A*** et *A**a* diminue au fil des générations, celle du génotype *aa* augmente. Par contre, si elle concerne *a*, l'effet délétère n'apparaît que chez les individus à génotype *a**a*** ; mais si, en plus, le taux de consanguinité – ou d'autofécondation – est élevé dans cette population, les hétérozygotes *Aa*** se raréfient et il s'ensuit une baisse globale de la viabilité et/ou une moindre fertilité. Cette *dépression de consanguinité* est connue depuis longtemps chez les plantes cultivées, les animaux domestiques, ceux des laboratoires et des parcs zoologiques, ainsi que dans notre espèce[61].

Les variations dues aux migrations

La plupart des populations naturelles sont ouvertes, des flux migratoires ayant lieu dans un seul sens ou dans les deux, et dans ce cas souvent prédominant dans l'un d'eux. Les immigrants y faisant souche, de nouveaux allèles sont introduits ; quant aux émigrants, ils exportent leurs allèles. D'où l'expression *flux géniques*. Ces flux se font de multiples manières, les allèles d'une population passant dans une autre par des *diaspores* haploïdes (gamètes, spores haploïdes) ou diploïdes (spores diploïdes, grains de pollen, graines, œufs embryonnés, larves ou jeunes, adultes). Chez les plantes sans graines, les spores ont un fort potentiel de dispersion, et il en est de même pour le pollen des plantes à graines, alors qu'il varie beaucoup d'une espèce à l'autre pour les semences de ces dernières. Chez les animaux aquatiques dont les adultes sont fixés, les migrants sont les œufs embryonnés et/ou les larves.

Comment modéliser les effets de ces flux entre populations ? Certains modèles ne considèrent que des populations d'espaces insulaires au sens large – îles vraies, et îles d'habitat (oasis, mares et étangs, parcs urbains, grottes, reliefs isolés, sources hydrothermales océaniques profondes) –, les migrations se faisant dans un seul sens ou dans les deux, et dans ce dernier cas avec une plus forte intensité du « continent » vers l'« île » qu'en sens inverse. D'autres modèles considèrent des populations contiguës dans lesquelles l'intensité des flux varie en fonction des distances qui les séparent, que ce soit dans un espace à deux ou à trois dimensions.

Les effets des flux géniques sont de trois ordres : 1° tous les gènes sont concernés ; 2° les allèles introduits dans la population accroissent sa variabilité génétique ; 3° les flux tendent à homogénéiser les génotypes au fil des générations, et ce d'autant plus vite qu'ils sont importants.

L'intensité des flux géniques entre populations peut être caractérisée par des indices numériques. Exprimés par des valeurs entre 0 et 1, ils sont d'autant plus petits que les flux géniques entre populations sont importants, d'autant plus grands que les populations sont plus isolées.

L'excès d'homozygotes – qu'il soit consécutif à la dérive génétique, à l'homogamie (partenaires aux phénotypes et/ou génotypes proches), à l'autofécondation et/ou à la consanguinité –, se manifeste par des effets délétères du fait de la présence dans toute population de nombreux allèles délétères récessifs, donc inapparents chez les hétérozygotes. L'intensification des flux migratoires entre populations contrecarre ces effets, les allèles et/ou leurs fréquences différant chez les immigrants et les indigènes. Qu'il s'agisse de flux dans un seul ou dans les deux sens, de migrations des individus des deux sexes ou d'un seul, de flux entre populations de même effectif ou entre une petite et une très grande, ces processus sont bénéfiques pour les populations faiblement polymorphes car ils apportent de nouveaux allèles et modifient les fréquences alléliques préexistantes.

Un exemple d'homogénéisation en cours relatif à notre espèce[35] est présenté dans l'Encadré 6.

Encadré 6

Les flux géniques, homogénéisateurs des fréquences alléliques

Du fait de l'augmentation des flux migratoires, une certaine homogénéisation des fréquences alléliques est en cours dans notre espèce, surtout dans les populations urbaines. Trois études ont été faites aux États-Unis afin de tester la validité d'un des modèles relatifs aux flux géniques se faisant dans un seul sens[1]. Elles comparent les fréquences de plusieurs allèles dans de grands échantillons de trois populations actuelles : les indigènes (Afr) des régions d'Afrique occidentale qui furent soumises à la traite des esclaves ; les Afro-américains (AfrAm) descendants des victimes de la traite ; les descendants des colons européens (Eur). La particularité des échantillons des communautés AfrAm est qu'y sont inclus les métis issus d'unions, le plus souvent forcées, entre hommes Eur et femmes Afr puis AfrAm, surtout dans les États du Sud ; aussi une fraction de la population AfrAm a-t-elle subi un flux d'allèles venant de la population d'hommes Eur pendant une dizaine de générations (très peu de métis étaient nés d'unions entre hommes AfrAm et femmes Eur).

Pour l'allèle *HbS*, responsable de la drépanocytose à l'état homozygote, la fréquence dans les populations d'AfrAm est environ deux fois moindre que dans les populations d'Afr.

Pour le groupe sanguin *MN*, la fréquence de l'allèle *M* est de 0,474 pour les Afr, de 0,484 pour les AfrAm d'un comté de la Géorgie, de 0,507 pour les Eur du même comté. Le fait que la valeur pour les AfrAm soit intermédiaire entre celles des Afr et des Eur traduit une homogénéisation des fréquences de ces allèles : à chaque génération, en moyenne 3,5 % des allèles de la communauté Eur de cette région ont migré dans celle des AfrAm.

L'allèle R_0 du système rhésus est très rare dans les populations européennes : 0,028, fréquent dans celles africaines : 0,630. En 1953, sa fréquence était de 0,446 dans de grands échantillons d'AfrAm, valeur intermédiaire entre celles des Afr et des Eur. Le flux génique a été évalué à 3,6 %, valeur très proche de celle de l'exemple précédent.

Les variations spatiales

À deux dimensions sur les terres, à trois dans les lacs et les mers, l'espace de répartition des espèces diffère beaucoup, depuis celui limité des endémiques jusqu'à celui très vaste des quasi-cosmopolites. Cette disparité s'explique par la conjonction de plusieurs facteurs, en particulier le potentiel de dispersion des diaspores et leur capacité à établir de nouvelles colonies, l'adaptabilité des individus à des conditions biotiques et abiotiques variées, le degré d'hétérogénéité des milieux[62].

Au cours de l'expansion géographique des espèces à reproduction biparentale, les individus des générations successives colonisent des milieux qui diffèrent plus ou moins par les conditions biotiques et abiotiques. La nature et l'intensité de la pression de sélection varient d'autant plus que l'espace présente une forte hétérogénéité. Qui plus est, les petites populations pionnières sont soumises aux effets de la dérive génétique aléatoire. En conséquence, les populations locales se différencient par les génomes – de l'échelle du gène à celle du caryotype –, les phénotypes au sens large, les comportements compris, et/ou les niches écologiques : l'espèce est alors dite *structurée* dans l'espace. Le degré de différenciation génétique des populations locales est souvent exprimé par des indices numériques comparables à ceux qui caractérisent l'intensité des flux géniques[35].

La structuration spatiale peut être graduelle, s'exprimant par des *clines*, ou discontinue et, dans ce cas, on emploie les termes *variétés* et *races géographiques*, sous-entendu *naturelles*, pour désigner les populations locales différenciées, et celui de *sous-espèces* quand la divergence est plus grande. Cette structuration apparaît d'autant plus forte que les populations sont isolées, distantes et vivent dans des milieux différents. Elle se manifeste aussi à de petites échelles spatiales chez les espèces à faible capacité de dispersion et/ou vivant dans des milieux proches mais très contrastés.

La structuration spatiale se fait également chez les espèces à reproduction monoparentale exclusive. Les recombinaisons génétiques étant rares ou absentes et les flux géniques inexistants, les clones se différencient sous l'effet de la sélection naturelle ; leurs individus sont soumis à des pressions de sélection d'autant plus variées en nature et en intensité que l'hétérogénéité spatiale est grande, tant pour les conditions biotiques que pour celles abiotiques.

Comme nous le verrons dans les chapitres qui suivent, toutes les variations évolutives venant d'être présentées interviennent dans les processus de spéciation. Ces variations sont potentiellement plus ou moins réversibles alors que les processus qui conduisent à l'émergence de nouvelles espèces ne le sont pas. D'autre part, les spéciations accroissent la biodiversité à un niveau bien supérieur à celui dû aux variations intraspécifiques, celui de la richesse en espèces des taxons et, partant, celui des biocénoses.

Chapitre 2

Les espèces vivantes : dimensions, définitions, délimitation

Comme il est exposé dans le précédent chapitre, les espèces vivantes présentent des variations, plusieurs de leurs caractéristiques changeant au fil du temps et/ou dans l'espace : autant de difficultés pour définir l'entité espèce[1].

Les dimensions des espèces vivantes

Toute description d'une espèce mentionne un certain nombre de traits. Mais plus ceux-ci varient, moins ils sont utilisables pour le diagnostic.

La dimension phénétique

Elle concerne tout ce qui se rapporte aux phénotypes individuels. Font partie de cette dimension les différences sexuelles et/ou sociales, ainsi que les phénotypes des formes immatures, surtout quand elles diffèrent fortement de celles adultes. Même en tenant compte de la plasticité phénotypique, les variations de la dimension phénétique au fil des générations apparaissent plus ou moins découplées de celles génomiques : par exemple, comparé à celui de plantes actuelles, le phénotype de la même espèce dont les individus sont issus de la germination de semences congelées dans un pergélisol pendant 30 millénaires n'a pas changé alors que les génomes des plantes ont évolué pendant ce temps dans la nature[2].

La dimension générative

Elle concerne la manière dont les individus d'une génération engendrent ceux de la suivante : reproduction exclusivement mono- ou biparentale, ou les deux types conjugués ou alternés. Ces modalités conditionnent l'expression de la variabilité génétique. Celle-ci est surtout inter-clonale pour individus des clones, elle est à la fois intrapopulationnelle et intergénérationnelle pour les individus des populations.

La dimension génétique

Elle se rapporte au génome et aux modalités de son expression. Pour les corpuscules infectieux, nature et organisation de la protéine (prions) ou de l'acide nucléique (virus, virusoïdes et viroïdes), modes d'infection et de multiplication. Pour les organismes cellulaires, génome nucléaire et génome(s) cytoplasmique(s), les particularités de ceux-ci et des gènes, expression de ces derniers. Pour les eucaryotes, organisation des chromosomes et du caryotype, expression des gènes pendant le développement et la vie adulte. Au fil des générations d'une même espèce, les variations restent limitées ; pour les bactéries par exemple, des expériences montrent que les génomes d'individus vivants issus de plusieurs dizaines de milliers de générations sous contraintes sélectives ont certes varié mais sont restés proches de ceux témoins congelés au début de l'expérimentation[3].

La dimension relative au cycle de vie

Elle comprend de nombreux paramètres : mode de vie uniforme tout du long, ou vie libre suivie ou précédée d'une relation intime avec un hôte d'une autre espèce (parasitisme, symbiose) ; développement avec succession des formes larvaires ; période reproductive plus ou moins longue ; de la naissance à la mort, un seul cycle de reproduction ou plusieurs ; effectif et viabilité de la progéniture – tous les intermédiaires entre les extrêmes suivants :progéniture très abondante et forte mortalité, en particulier des jeunes ; progéniture limitée, bonne viabilité des jeunes, grande longévité des adultes – ; activité et métabolisme continus ou interrompus par une ou plusieurs phases d'arrêt ; dispersion limitée ou non, migrations saisonnières, etc. Plusieurs de ces paramètres sont susceptibles de varier au fil des générations : changement d'espèce partenaire, symbiose évoluant en parasitisme, modifications des capacités reproductives, des cycles d'activité et de dispersion.

La dimension éthologique

Elle concerne tout ce qui se rapporte au comportement au sens le plus large : degré d'affinité pour les divers facteurs du milieu ; réactivité aux congénères et aux autres êtres vivants ; caractéristiques des signaux physiques et/ou chimiques émis dans chaque situation du cycle de vie ; éventuellement particularités des constructions (abris, nids, pièges, etc.)[4]. Certains de ces traits varient peu au fil des générations et dans l'espace de répartition, en particulier ceux du comportement instinctif, d'autres changent dans le temps et l'espace.

La dimension écologique

Elle concerne : 1° le type d'habitat – ouvert ou fermé, milieu aquatique ou aérien, plus ou moins éclairé ou obscur, permanent ou temporaire au cours du cycle de vie, variant peu au fil du temps ou soumis aux fluctuations journalières et/ou saisonnières ; 2° les conditions du milieu de vie, tant biotiques qu'abiotiques, qui permettent le développement, la survie et la reproduction des individus ; 3° la niche écologique[5] et les types de relations des individus avec ceux des autres espèces de la communauté : concurrence, compétition ou coopération – commensalisme, amensalisme, mutualisme, interactions parasitaires ou symbiotiques, et ce, dans chaque cas, directement ou non, en permanence ou à un certain moment du cycle de vie, de manière généraliste ou avec une certaine spécialisation entre partenaires[6]. Selon les espèces, ces paramètres restent constants ou changent plus ou moins au fil des générations et entre populations distantes.

La dimension biogéographique

Elle concerne, d'une part l'espace de répartition de l'espèce à un moment donné de son histoire, y compris en tenant compte des changements saisonniers pour les animaux migrateurs, d'autre part la distribution spatiale des individus : soit dispersés régulièrement ou au hasard, soit plus ou moins densément agrégés, et dans chaque cas, de manière permanente ou à un certain moment du cycle de vie. Selon les espèces, ces paramètres restent constants ou changent plus ou moins au fil des générations. Ils sont susceptibles de fortement varier en quelques générations chez les espèces à fort potentiel de dispersion.

Toutes ces dimensions entrent en ligne de compte pour définir les espèces et pour analyser les processus de spéciation.

Des conceptions bien distinctes des espèces

L'entité espèce n'est pas considérée de la même manière par les biologistes des différentes disciplines.

Les conceptions des systématiciens

Pour ces spécialistes, une espèce est définie par un ensemble de caractères dits diagnostiques, différenciable de l'ensemble des caractères d'autres espèces. Dans les cas où les espèces sont proches, les analyses biométriques permettent de lever les ambiguïtés[7].

Les conceptions des biologistes

Selon leur spécialité, les biologistes considèrent les espèces sur différents plans, en particulier : le degré d'isolement reproductif, la compatibilité sexuelle entre partenaires, la cohésion génétique et phénétique, le niveau et la nature de la diversité génétique, l'aptitude à la dispersion et à l'intégration dans de nouvelles communautés, la structuration spatiale des clones ou des populations.

Les conceptions des phylogénéticiens

Ces spécialistes caractérisent l'espèce par l'ascendance commune de tous ses individus (concept d'ancêtre commun) et son indépendance vis-à-vis des espèces proches qui lui sont contemporaines. L'espèce est considérée comme un sous-ensemble de l'immense arbre représentant tout ce qui a vécu et vit sur Terre : ce sous-ensemble est délimité par la spéciation initiale et, ultérieurement, soit par une extinction, soit par une spéciation, auquel cas la branche de l'arbre ne s'interrompt pas. Cette conception, exprimée de différentes manières[8], permet de conférer le statut d'espèce à de tels sous-ensembles, qui diffèrent entre eux par plusieurs caractéristiques.

Les conceptions des systématiciens et des phylogénéticiens n'informent guère sur les processus de spéciation, aussi seront-elles peu évoquées dans ce livre – au contraire des conceptions des biologistes, qui proposent plusieurs définitions pour les espèces.

Les définitions biologiques des espèces

Les espèces présentent une certaine variabilité, et certaines sont susceptibles de s'hybrider naturellement à des espèces proches. D'où la diversité des définitions.

Comment définir les espèces à reproduction biparentale ?

La plupart des espèces d'eucaryotes pluricellulaires se reproduisant selon ce type, au moins par intermittence, la dimension générative est privilégiée.

La définition biologique la plus usitée de l'espèce a été ébauchée au XVIIIe siècle par Georges Buffon, formalisée par Theodosius Dobzhansky en 1935 puis Ernst Mayr à partir de 1942. Elle considère l'espèce comme un ensemble de populations *naturelles* dont les individus sont effectivement ou potentiellement interféconds et isolés pour la reproduction de ceux des autres ensembles de même nature. Selon cette définition, l'espèce est une *communauté reproductive fermée*[9].

L'isolement reproductif, qui est déterminé par de nombreux facteurs, en particulier la non-attractivité entre partenaires, l'incompatibilité sexuelle et/ou la stérilité des hybrides, et ce, soit dès la première génération F_1, soit à la seconde F_2, se vérifie aisément dans les situations de *sympatrie* – dans le même espace géographique – et quand l'habitat est partagé. Mais cet isolement est difficile à prouver pour les populations *allopatriques* – dans des espaces distincts–, à moins de prélever dans chacune plusieurs individus vierges des deux sexes, de tester leur aptitude à se reproduire en conditions optimales et, si cela réussit, de vérifier si la descendance est viable et fertile, opérations longues et coûteuses à réaliser.

Très féconde pour les recherches sur l'évolution au sein des espèces et les processus de spéciation, cette définition rend compte de la dualité décrite dans le précédent chapitre : constance et variations. Mais elle ne peut être appliquée aux lignées issues d'une multiplication clonale stricte et indéfinie, ni aux espèces dont l'isolement reproductif s'avère imparfait comme de nombreuses espèces de plantes.

Plusieurs définitions visent à élargir le champ d'application de la précédente en considérant d'autres dimensions que celle générative.

– Pour certains biologistes, l'espèce est un ensemble d'individus qui, pour l'une ou l'autre des dimensions *génétique et phénétique*, ne présente pas d'intermédiaire, ou très peu, quand il est en contact avec d'autres ensembles de même nature[10]. Cette définition, qui considère d'autres facteurs d'isolement que celui reproductif, par exemple ceux écologiques, s'applique aux hybrides d'espèces et aux espèces à reproduction non exclusivement biparentale. Mais, appliquée à la lettre, elle conduit à considérer chaque clone d'organismes à reproduction exclusivement monoparentale comme une espèce distincte.

– Une autre définition met l'accent sur les mécanismes, très variés et souvent complexes, qui assurent *in fine* la reconnaissance entre gamètes des deux sexes puis leur conjonction ou, chez les plantes à graines, la compatibilité entre les grains de pollen et les tissus floraux sur lesquels ils sont déposés[11].

– Des biologistes définissent l'espèce en considérant les mécanismes qui, quel que soit le mode de reproduction, maintiennent la *cohésion génétique et phénétique* des individus d'un clone ou d'une même population locale, cohésion qui n'empêche pas l'intégration d'éventuels immigrants à cette population, ceux-ci étant interchangeables avec les indigènes sur les plans génétique et démographique[12]. Les individus d'une même population d'une espèce à reproduction biparentale partagent donc un même système conduisant à la fécondation.

– Une autre définition met l'accent sur les dimensions *génétique et écologique*. L'espèce est définie à la fois par son « système génétique » – tout ce qui détermine les capacités des individus à trouver un partenaire sexuel et à émettre des gamètes au moment opportun – ainsi que par son cycle de vie et ses relations avec le milieu au sens large[13]. Cette conception apparaît suffisamment souple pour s'appliquer aux divers modes de reproduction des plantes.

– Les dimensions *écologique et généalogique* sont mises en avant par certains biologistes : une espèce comprend une ou plusieurs lignées d'individus dont l'habitat et la niche écologique diffèrent de ceux des autres lignées, chaque lignée évoluant indépendamment des autres[14]. Bien que la variabilité de la dimension écologique et la multiplicité de ses facettes rendent son utilisation délicate, cette définition s'applique bien à de nombreuses espèces de plantes, en particulier à celles arborescentes.

Comment définir les espèces à reproduction monoparentale exclusive ?

Comme cela a été signalé, plusieurs des définitions citées s'appliquent à ces espèces, en particulier ce qui concerne les dimensions génétique, phénétique et écologique. Les individus ne se reproduisant que de manière clonale, on pourrait considérer chaque clone comme une espèce mais cette conception est invalidée par les données relatives à ces dimensions, les ressemblances entre clones justifiant leur appartenance à une même espèce.

Sont en général considérés comme appartenant à la même espèce les clones dont les individus présentent de grandes similitudes du phénotype, du caryotype, du comportement, du cycle de vie, de l'habitat et de la niche écologique. Cela peut être compliqué par l'expression de la plasticité phénotypique, difficulté levée après culture ou élevage en conditions contrôlées. La comparaison de séquences d'acides nucléiques, du ou des génomes entiers, ou de polypeptides, permet de confirmer le statut d'espèce attribué sur d'autres critères à plusieurs clones ressemblants.

– Le cas des espèces de bactéries et d'archées. Ces micro-organismes sont en général caractérisés par le phénotype (taille, morphologie, structure cellulaire, mobilité), le type métabolique, la réactivité à des colorants et/ou des immun sérums, l'interaction avec un hôte – symbiose ou parasitisme, et, dans ce cas, espèce(s) d'hôte(s) et pathogénicité.

Quand elle est faisable, la culture *in vitro* sur milieux dits « sélectifs » – à composition bien définie et ne convenant en principe qu'à une seule espèce – permet d'attribuer le statut d'espèce à l'ensemble des clones d'aspect similaire obtenus sur le même milieu.

Plusieurs techniques de biologie moléculaire permettent de valider ou non le statut d'espèce attribué à des clones par les méthodes classiques. Le séquençage automatisé et à haut débit de l'ADN se généralisant depuis 2005, les espèces de bactéries et les archées sont de plus en plus caractérisées par la séquence de segments génomiques de grande longueur, ou mieux de la totalité de l'ADN du chromosome, certaines espèces différant fortement par la niche écologique alors que leurs nucléotides sont identiques à plus de 94 %, valeur critique admise pour discriminer des espèces proches – c'est le cas de certaines lignées de trois espèces du genre *Bacillus* : *B. anthracis*, agent pathogène du charbon, *B. cereus*, responsable d'intoxications alimentaires, *B. thuringiensis*, biopesticide utilisé contre divers insectes nuisibles.

Ces données montrent les limites du séquençage des génomes et l'importance de la niche écologique des espèces de bactéries et d'archées. Par ailleurs, il reste souvent difficile de concilier deux impératifs, celui de définir chaque espèce par des invariants et celui de la concevoir comme une entité évolutive.

– Le cas des corpuscules infectieux. Conférer le statut d'espèce à ces entités macromoléculaires est problématique, surtout pour les corpuscules qui évoluent vite et/ou changent aisément d'espèce hôte. Les virus sont caractérisés par la taille, la forme et la structure des virions, la nature de l'acide nucléique (ARN ou ADN) et son organisation (double brin ou simple brin), la présence ou l'absence d'une enveloppe, la réactivité aux immun sérums, les modalités de la multiplication, ainsi que par tout ce qui concerne l'hôte ou les hôtes, les modalités de l'infection, le degré de pathogénicité. Les autres types de corpuscules sont caractérisés par le génome – ARN (virusoïdes et viroïdes) ou protéine (prions) –, le type d'hôte, ou l'espèce hôte, et la pathogénicité. Le recours au séquençage automatisé et à haut débit du génome est de plus en plus utilisé pour définir des espèces, analyser leurs variations et reconstruire leur histoire évolutive. Cette dernière tâche est ardue pour les virus, surtout ceux à ARN dont le génome change vite par mutation, les virus grippaux en étant un bel exemple.

Vers une définition universelle des espèces ?

Tout en reconnaissant l'absence d'une définition qui soit à la fois universelle et opérationnelle, les biologistes s'accordent sur ce qui caractérise toutes les espèces à reproduction biparentale, constante ou intermittente : ce sont l'*interfécondité*, la *ressemblance* des individus (au moins ceux du même sexe), la *descendance* au fil des générations sans amples variations. Pour celles à reproduction monoparentale exclusive, ce sont la *ressemblance* et la *descendance*. La relation de descendance détermine en partie celle de ressemblance. Quant à la relation d'interfécondité, elle est conditionnée par l'aptitude qu'ont les génomes de deux partenaires à coopérer, aptitude régie par la relation de ressemblance au niveau moléculaire. Les variations au fil des générations introduisent le dilemme de la *permanence* et de la *transformation* ; *s'il n'existait pas une certaine constance dans les lignées au fil du temps, nous ne pourrions concevoir ce qu'est une espèce.*

Les espèces, communautés reproductives fermées ou plus ou moins ouvertes

Après qu'elles se soient bien individualisées à la suite de spéciations, certaines espèces restent totalement fermées alors que d'autres sont plus ou moins ouvertes aux espèces qui leur sont proches, s'hybridant avec elles quand leurs individus cohabitent, et ce, spontanément – les hybridations effectuées par les humains en conditions artificielles ne sont pas considérées dans ce chapitre.

Qu'entend-on par espèces proches ?

En systématique classique, sont regroupées dans le même genre des espèces qui apparaissent proches par plusieurs de leurs dimensions. Celle phénétique étant la plus souvent considérée, sont dénommées espèces *jumelles* celles qui se ressemblent beaucoup par le phénotype externe mais que l'on peut discriminer par certains traits de la morphologie et/ou ceux de la biochimie, de la physiologie, du comportement, le degré d'isolement reproductif. Les particularités du génome, du protéome et/ou du comportement de certaines espèces jumelles permettent de discriminer celles qui sont dites *cryptiques*.

Si l'on considère les relations de parenté entre espèces (prochain chapitre), on juge que les espèces sont d'autant plus proches que leur ancêtre commun hypothétique est plus récent. Deux espèces sont dites *sœurs* quand elles ont le même ancêtre hypothétique récent.

Les multiples facteurs d'isolement reproductif des espèces

Que la reproduction biparentale des espèces soit exclusive ou intermittente, ces facteurs sont à la fois diversifiés, d'efficience variable, avec la possibilité de se renforcer, par exemple en se conjuguant.

La fécondation représentant une étape critique du cycle biologique, considérons tout ce qui peut se passer avant et après la conjonction des gamètes de deux espèces proches *Y* et *Z*. Si les gamètes mâles de l'une fécondent ceux femelles de l'autre et si les zygotes se développent en hybrides F_1 viables mais stériles à cause de dysfonctionnements entre les génomes parentaux, cela représente un gaspillage, surtout si les coûts sont élevés – ceux de la production des gamètes, en particulier par les femelles, ceux du rapprochement des partenaires sexuels, éventuellement ceux de la gestation et/ou des soins aux jeunes. Et il en est de même si la stérilité apparaît à la génération suivante F_2. Aussi, sous l'effet de la sélection naturelle, les génotypes dont l'expression fait obstacle à la production de zygotes hybrides sont-ils avantagés. Ces *barrières prézygotiques* sont très diversifiées. Le gaspillage subsiste quand les zygotes hybrides sont à l'origine d'adultes stériles du fait de dysfonctionnements déterminés par des *barrières post-zygotiques.*

De nombreux facteurs d'isolement reproductif, tant pré- que post-zygotiques, se manifestent quand les individus de *Y* et ceux de *Z* vivent dans le même espace mais pas dans le même biotope au moment de la reproduction (isolement par l'habitat) ou parce que leur maturité sexuelle est plus ou moins décalée dans le temps (isolement temporel). S'il s'agit de plantes à fleurs pollinisées par des insectes, ceux qui le font pour les fleurs de *X* appartiennent à une autre espèce que les pollinisateurs de *Y*. Une autre éventualité est celle où des hybrides F_1 viables et fertiles sont produits mais qu'ils n'arrivent pas à s'insérer dans une biocénose, et ce, pour une ou plusieurs raisons.

D'autres facteurs sont liés à des dysfonctionnements à différents niveaux.

– Chez les plantes à fleurs, des incompatibilités génétiques empêchent la germination des grains de pollen de *Y* sur le tissu des fleurs de *Z* où ils sont déposés, ou le développement des tubes polliniques émis par les grains avorte.

– Les comportements spécifiques des animaux en période de reproduction sont souvent tellement stéréotypés, avec des signaux de reconnaissance et des enchaînements d'actions et de réactions, que les mâles de *Y* ne s'accouplent pas ou n'émettent pas de gamètes en présence de femelles de *Z*, et vice-versa. Quand l'insémination est nécessaire, les organes sexuels des mâles de *Y* ne s'adaptent pas à ceux des femelles de *Z*, et vice-versa – chez les insectes et les araignées, les organes copulateurs des mâles se sont tellement diversifiés au cours des spéciations que cela permet de discriminer les espèces proches. Chez les animaux aquatiques dont les mâles ou les individus des deux sexes émettent les gamètes en pleine eau, les spermatozoïdes de *Y* ne sont pas attirés par ceux de *Z*, et vice-versa ;

s'ils le sont encore, l'interaction entre la tête des spermatozoïdes de *Y* et l'enveloppe des ovocytes de *Z*, et vice-versa, n'a plus lieu[15].

– Dans les cas où les gamètes mâles de *Y* et de *Z* sont en présence de ceux des femelles de *Z*, une très forte compétition aboutit à l'éviction des premiers, et vice-versa ; et il en est de même quand les grains de pollen des deux espèces sont déposés sur les mêmes fleurs, même si persiste un certain niveau de compatibilité.

– Dans certains cas, les individus hybrides de chaque sexe sont fertiles mais ont beaucoup de difficultés à être acceptés par ceux de l'autre sexe et de ceux des espèces *Y* et *Z*.

– Si ces obstacles ont été franchis et que les zygotes hybrides se développent, les dysfonctionnements se manifestent à des moments variés selon les cas, de la mortalité précoce des embryons à la stérilité des adultes causée par des anomalies des organes reproducteurs ou du déroulement de la méiose.

On a déterminé chez quelques couples d'espèces sœurs quels sont les facteurs responsables de l'isolement reproductif. Par exemple, les plantes de l'ouest de l'Amérique du Nord *Mimulus lewisii* et *M. cardinalis* (espèces proches des mufliers, ou « gueules-de-loup ») sont isolées pour la reproduction à près de 99,9 % quand elles sont en sympatrie. Le degré d'isolement serait dû à des différences d'habitat pour près de 59 %, aux préférences des pollinisateurs pour 40 %. Les effets de la concurrence pollinique, de la mortalité des embryons hybrides F_1 et de la stérilité des plantes hybrides F_1 apparaissent négligeables[16].

Les hybrides F_1 de certaines des espèces dont le sexe est déterminé par des hétérochromosomes (Chapitre 1, Encadré 5) présentent la particularité suivante : seuls les individus F_1 d'un sexe meurent avant de devenir adultes ou sont stériles, et il s'agit presque toujours de celui qui produit deux types de gamètes, par exemple le mâle des drosophiles et des mammifères placentaires (chromosomes *X* et *Y*), la femelle des papillons et des oiseaux (chromosomes *Z* et *W*). Ce constat, fait par le biologiste John Haldane en 1922, a été vérifié pour 125 hybrides de drosophiles sur 131, pour 26 hybrides de mammifères sur 26, pour 40 hybrides de lépidoptères sur 45 testés, pour 51 hybrides d'oiseaux sur 53. Cette asymétrie serait due au fait que, chez les hybrides F_1, les effets délétères des allèles du chromosome *X* des mâles ou du chromosome *Z* des femelles s'exprimeraient plus vite et intensément dans les caryotypes mâles (*XY*) ou dans ceux femelles (*ZW*)[17].

Les biologistes ont montré que, dans des taxons comprenant plusieurs paires d'espèces sœurs Y_1-Z_1, Y_2-Z_2, Y_3-Z_3,..., Y_n-Z_n – par exemple le genre *Drosophila*, plusieurs genres de papillons, de grenouilles et d'oiseaux –, le degré d'isolement reproductif au sein de chaque paire varie en fonction de la distance génétique des deux espèces, c'est-à-dire du degré de divergence des génomes nucléaires, mais de manière différente selon les modalités de la spéciation[18].

Les limites à l'isolement reproductif des espèces

Dans les conditions naturelles, des espèces proches, bien individualisées, s'hybrident quand leurs populations entrent en contact à la suite du déplacement des espaces de répartition. Cela s'est produit pour de nombreuses espèces végétales et animales au cours des épisodes de réchauffement climatique qui ont alterné avec des périodes froides pendant les trois derniers millions d'années.

Certaines hybridations ont abouti à la formation de nouvelles espèces (Chapitre 5), d'autres à l'apparition de *zones d'hybridation* bien définies sur le plan spatial (Chapitre 6), d'autres à l'*introgression* de fragments génomiques d'une espèce dans le génome d'une autre comme le montre l'exemple suivant. Soit deux espèces *Y* et *Z* qui s'hybrident, leurs hybrides F_1 étant viables et fertiles ; les deux génomes coexistent à parts égales chez les F_1. Les individus de *Z* s'hybridant ensuite à ceux de F_1 (rétrocroisement), le génome de *Y* comprend un quart du génome de *Z*. Au deuxième rétrocroisement, il en comprend un huitième, au troisième un seizième, au quatrième un trente-deuxième. Si les rétrocroisements cessent, les individus de *Y* ne se reproduisant qu'entre eux, leur génome aura incorporé un trente-deuxième du génome de *Z*. Ainsi, la comparaison de séquences génomiques homologues de l'ADN mitochondrial et nucléaire extrait d'os fossilisés montre que, suite à des hybridations, le génome des populations humaines actuelles autres que celles de l'Afrique subsaharienne comprend des gènes de deux espèces du genre *Homo* distinctes de la nôtre (Encadré 7). Autre exemple : suite à des hybridations entre les ancêtres des grands félins actuels, le lion, le léopard, le jaguar, l'once et le tigre, plusieurs gènes d'une espèce ont été intégrés dans le génome d'une autre, et ce, durablement car leur expression dans certains traits du phénotype a été sélectionnée[19].

Encadré 7

Les hybridations entre *Homo sapiens* et d'autres espèces humaines

De l'ADN mitochondrial et des fragments d'ADN nucléaire ayant été extraits de restes fossiles, os et dents en particulier, la comparaison de séquences génomiques homologues de celles d'humains contemporains montre que certains *Homo sapiens* ont eu des rapports sexuels féconds avec des partenaires de deux autres espèces de l'Eurasie continentale, celle des *Néandertaliens* (*H. neanderthalensis*), qui a vécu sur un vaste territoire couvrant l'Europe, l'Asie centrale, le Proche et le Moyen-Orient, et ce, jusqu'à 55° de latitude, et celle des *Dénisoviens* – pas encore de nom latin – dont des dents et des phalanges ont été découvertes dans la grotte éponyme de Denisova, en Sibérie méridionale. De ces hybridations épisodiques – ce ne sont pas des métissages car il s'agit d'espèces distinctes – ont résulté des *introgressions génomiques*[1].

1) La part introgressée d'ADN nucléaire néandertalien dans le génome des Eurasiens actuels – et de ceux qui en sont issus par migration – varie selon les populations : de 2,3 à 2,6 % pour celles orientales, de 1,8 à 2,4 % pour celles d'Eurasie occidentale. Les gènes introgressés – certains d'entre eux bien caractérisés – apparaissent inégalement répartis. Certains sites de notre génome contiennent de 30 à 60 % d'ADN néandertalien, en particulier ceux où sont situés des gènes de la réponse inflammatoire aux micro-organismes infectieux[2]. Les effets des gènes néandertaliens introgressés sur certains traits de notre phénotype dans notre génome commencent à être caractérisés, en particulier ceux de la pigmentation cutanée et des phanères, du métabolisme du cholestérol et des graisses, la sensibilité aux drogues psychoactives[3]. D'autre part, des analyses biométriques effectuées sur plusieurs squelettes de Néandertaliens du sud de l'Europe, en particulier de certains crânes, confirment l'existence d'hybridations.

2) Le fait que des séquences d'ADN caractéristiques des Dénisoviens se retrouvent dans trois à six pour cent du génome nucléaire des Mélanésiens, des Polynésiens et des aborigènes d'Australie, montre que des hybridations ont eu lieu entre des Denisoviens et des *H. sapiens* – ces derniers déjà plus ou moins introgressés de gènes néandertaliens – au cours des migrations vers le sud-est asiatique des populations humaines[4].

Les individus hybrides des premières générations ont été probablement peu fertiles du fait d'incompatibilités génétiques lors des méioses, mais ces défauts ont ensuite disparu sous l'effet de la sélection naturelle[5].

Il se peut que des introgressions génomiques aient eu lieu en Afrique tropicale entre les plus anciens *Homo sapiens* et des humains d'une autre espèce du genre *Homo* encore en place avant l'individualisation de nos ancêtres directs[6].

Les transferts horizontaux de gènes entre espèces

La comparaison d'une multitude de séquences enregistrées dans des banques de données révèle que de nombreux transferts de gènes ou de segments génomiques se sont effectués entre espèces, tant entre celles proches qu'entre celles fort éloignées. Ces transferts dits *horizontaux* ou *latéraux* par opposition à la transmission verticale au cours de la reproduction, se sont faits épisodiquement par divers mécanismes, par exemple suite à des transformations ou des transductions entre espèces de bactéries et/ou d'archées (Chapitre 1, page 36), ou suite à l'infection par des virus parasites d'espèces distinctes d'eucaryotes.

De tels transferts se sont effectués entre virus et bactéries[20], entre espèces distinctes de bactéries, ou d'archées, voire entre bactéries et archées. Cela s'est fait à de très faibles fréquences[21], des mécanismes freinent la recombinaison entre génomes par trop différents : des expériences effectuées en laboratoire montrent que le taux de recombinaison diminue de manière exponentielle à mesure qu'augmente la divergence des séquences d'ADN, et s'annule quand celle-ci atteint 20 %[22]. Mais le taux de multiplication des individus et l'effectif des clones sont tellement élevés qu'il suffit d'un transfert réussi dans un individu sur des milliards pour entraîner des modifications génomiques de bien plus grande ampleur que celles causées par des mutations. Les transferts horizontaux au cours de l'évolution des bactéries et des archées compliquent la définition[23] et l'histoire évolutive de ces deux types de micro-organismes[24].

Des gènes de virus, de bactéries ou d'archées, ont été transférés puis intégrés dans le génome de diverses espèces d'eucaryotes[25], y compris la nôtre[26]. En ont résulté diverses modifications, souvent mineures ou ayant entraîné un changement de niche écologique[27].

Au cours de la longue histoire évolutive des vertébrés, des éléments génétiques mobiles (Chapitre 1, page 26) ont été transférés entre diverses espèces, y compris celles de mammifères[28].

Chapitre 3
Comment reconstruire l'histoire des espèces ?

Deux obstacles se dressent à qui veut reconstruire l'histoire des espèces : dresser leur généalogie, remonter aux premières générations de leur individualisation.

Comment établir les relations de parenté entre espèces ?

Dresser la généalogie des espèces est impossible comme le montre la Figure 1 (page suivante) : l'espèce ancestrale commune aux huit espèces vivantes considérées est inconnue, de même que les événements de spéciation et d'extinction, ainsi que le détail des variations du caractère considéré – ici la taille des adultes – au fil des générations (A). Quant aux lignées de fossiles, elles sont bien trop lacunaires (B).

Toutefois, à défaut, on peut essayer de préciser quelles sont les relations de parenté entre les espèces, qu'elles soient vivantes ou disparues. La méthode proposée par Willi Hennig en 1950 permet de reconstruire de manière objective les relations de parenté de ces huit espèces – leur *phylogénie* – après avoir identifié leurs caractères communs, puis déterminé quel est l'*état*[1] de ceux-ci, enfin précisé dans quel ordre ces états se sont succédé au cours de l'évolution[2]. La reconstruction phylogénétique des huit espèces de la figure 1 est représentée par une arborescence (C) dans laquelle chaque nœud, figuré par un petit cercle, symbolise un ancêtre commun hypothétique à deux lignées ; une bifurcation s'est effectuée au niveau de chaque nœud, une branche se scindant en deux par dichotomie. Comparé à l'arbre A, celui C apparaît certes bien trop simple mais il lui est compatible quant à position relative des ancêtres communs hypothétiques et des lignées d'espèces qui en sont issues. D'autre part, n'ayant aucun moyen de connaître les événements de spéciation et d'extinction représentés en A, on est bien obligé de se contenter de C. Cette arborescence étant susceptible d'être réfutée par de nouvelles données, il est possible d'en évaluer le degré de vraisemblance par différentes méthodes[3].

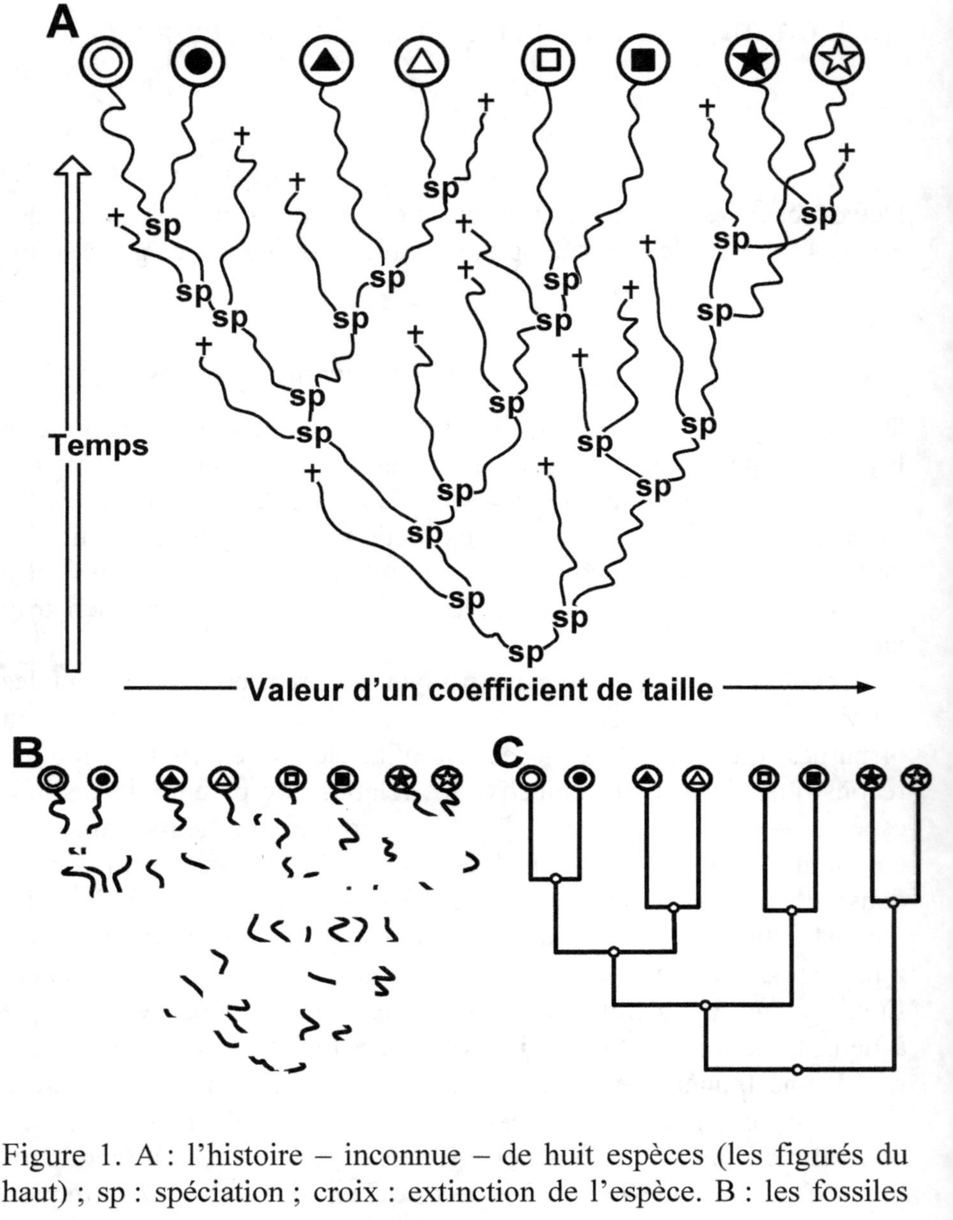

Figure 1. A : l'histoire – inconnue – de huit espèces (les figurés du haut) ; sp : spéciation ; croix : extinction de l'espèce. B : les fossiles

connus. C : une reconstruction phylogénétique ; petits cercles aux bifurcations : ancêtres communs hypothétiques.

Dans l'exemple présenté, aucune spéciation ne s'est effectuée suite à l'hybridation de deux espèces proches. Si cela avait eu lieu une fois, une anastomose devrait être placée entre deux branches de l'arbre.

Dans la suite du texte, ne sont considérés que les groupes d'espèces dits *monophylétiques* car ayant une espèce ancestrale commune exclusive. Il sera de même des représentations d'arborescences de plusieurs figures.

Les reconstructions phylogénétiques permettent de proposer des classifications distinctes de celles classiques[4]. Elles n'informent en rien sur le déroulement des processus de spéciation mais elles permettent de préciser quelles sont les relations de parenté entre les espèces issues de spéciations réitérées[5] (Chapitre 7) et entre celles qui, en étroite interaction, ont coévolué puis se sont engagées dans une cospéciation[6] (Chapitre 8).

L'histoire des espèces est d'autant plus aisée à reconstruire que l'on dispose à la fois de robustes reconstructions phylogénétiques et d'archives fossiles abondantes et bien datées. Appliquée aux connaissances sur les génomes des espèces actuelles, une méthodologie particulière permet, en plus, de remonter le cours des générations jusqu'aux événements de spéciation.

Comment remonter aux premières générations d'une espèce vivante ?

Chez la plupart des espèces à reproduction biparentale, certains allèles sont transmis par un seul sexe, ne se recombinent pas à ceux de l'autre sexe, et sont neutres vis-à-vis de la sélection naturelle – leur expression n'affecte en rien la survie et la fertilité des individus. Aussi les fréquences de ces allèles dans les populations fluctuent-elles de manière aléatoire par dérive jusqu'à fixation ou disparition à plus ou moins longue échéance, et ce, jusqu'à l'apparition d'une nouvelle mutation à effet neutre du gène concerné (Chapitre 1). La comparaison des séquences ADN de ces allèles dans les populations actuelles permet de remonter les générations jusqu'aux premiers temps de l'histoire de l'espèce.

La transmission différentielle de deux types d'allèles par les individus mâles et femelles

Les allèles qui satisfont aux conditions venant d'être énoncées appartiennent à deux génomes distincts dans notre espèce, prise ici comme exemple.

– La plupart des gènes du chromosome *Y* sont transmis exclusivement de père à fils à chaque génération du fait que, la plus grande partie de ce chromosome ne présentant aucune homologie avec le chromosome *X* provenant de la mère, la probabilité de recombinaison entre eux lors des méioses est infime. Cette transmission d'allèles nucléaires est *patrilinéaire*.

– Les gènes des mitochondries, bien moins nombreux que ceux du génome nucléaire mais en de multiples copies, sont transmis par les ovocytes, donc par les mères (Chapitre 1, page 30). Même si les mitochondries du spermatozoïde fécondant échappaient à la destruction[7], cela aurait une minuscule incidence, étant ultra-minoritaire en regard des quelque 250 000 mitochondries de celui-ci. Ainsi, que nous soyons homme ou femme, nous héritons ce génome de notre mère, qui l'a elle-même hérité de la sienne : cette transmission de ces allèles est *matrilinéaire*.

Ainsi, pour ces allèles comme pour ceux du chromosome *Y*, toute mutation à effet neutre se transmet au fil des générations par les individus féconds d'un seul sexe, tout comme elle le ferait dans un clone.

Considérons d'abord la généalogie théorique sur trois générations des allèles d'un gène nucléaire transmis par les deux sexes (Figure 2 A, lire de haut en bas chaque diagramme, G_a désigne la génération actuelle, G_{a-1} celle des parents, G_{a-2} celle des grands-parents).

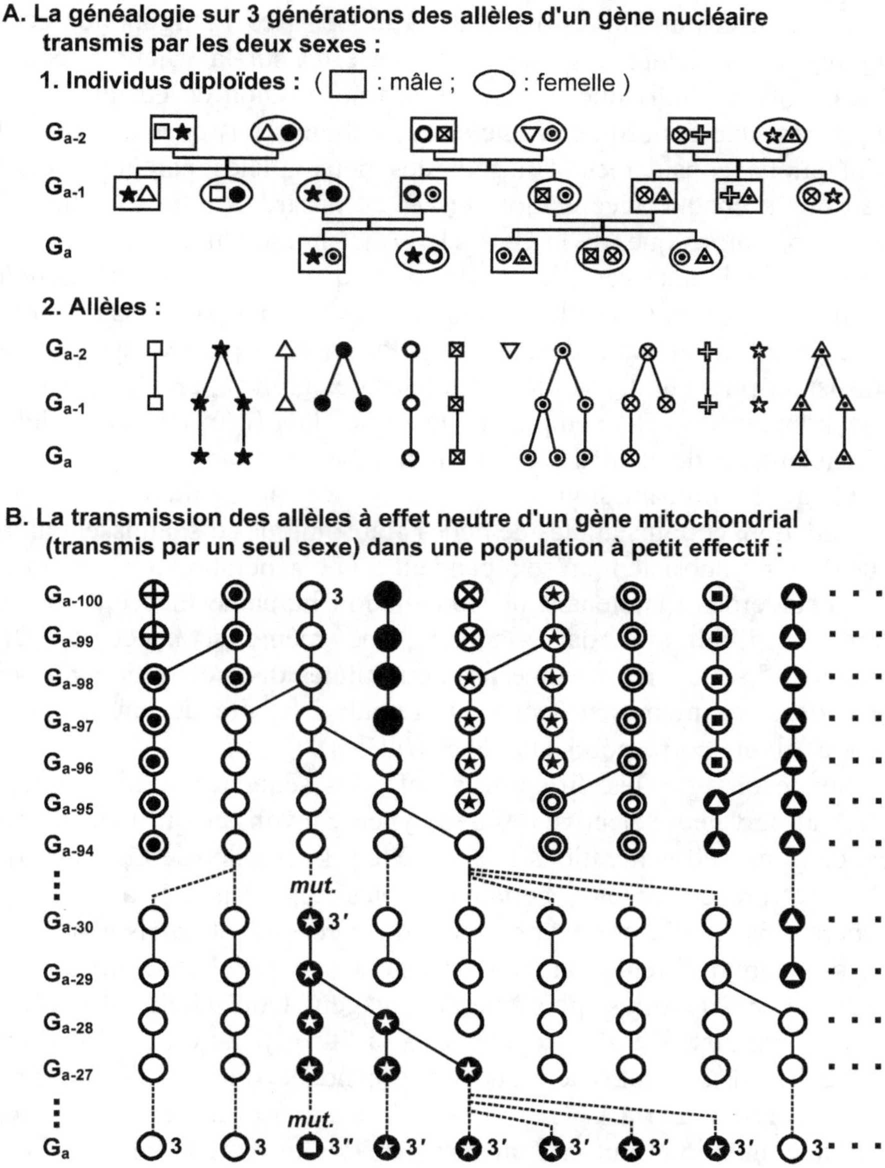

Figure 2. De la généalogie des individus à la phylogénie des allèles d'un gène chez une espèce à reproduction biparentale (explications dans le texte).

Supposons qu'un de ces gènes, localisé sur un autosome, soit présent sous 12 formes alléliques distinctes à la G_{a-2} (les 12 figurés de cette figure), leurs différences n'ayant aucun effet sur la valeur sélective des génotypes individuels. Suivons la transmission de ces allèles en supposant que les séquences ne se recombinent pas pendant les trois générations considérées. Un seul des deux allèles parentaux étant transmis à chaque fécondation, et ce, au hasard, l'autre est éliminé. Nous constatons que, de la G_{a-2} à la G_{a-1}, un allèle n'est pas transmis (triangle pointant vers le bas) et cinq se trouvent en double exemplaire. De la G_{a-1} à la G_a, cinq allèles ne sont pas transmis, trois se trouvent en un seul, deux en double, un en triple exemplaire : ne subsistent plus que la moitié des allèles des grands-parents. Étendu à une population, cet exemple montre que, la généalogie des allèles dépendant de deux aléas, celui du nombre d'enfants par couple et celui de la transmission d'un seul allèle par géniteur à chaque fécondation, certains allèles de gènes autosomiques disparaissent alors que d'autres subsistent ou se répandent d'une génération à la suivante.

Considérons maintenant une population humaine théorique d'une centaine d'individus dans laquelle une même séquence d'ADN mitochondrial est représentée par neuf allèles distincts répartis à peu près dans les mêmes proportions (Figure 2 B, lire de haut en bas, chaque figuré correspond à un de ces allèles).

Supposons que les différences entre les séquences n'aient aucun effet sur la valeur sélective des génotypes. Suivons ce qu'il en advient pendant les 100 générations qui précèdent l'actuelle (de G_{a-100} à G_a). Comme précédemment, certains allèles disparaissent au fil des générations et d'autres subsistent ou se répandent, mais pour une raison bien différente : n'étant transmis que par les femmes, plus celles-ci ont de filles, plus elles avantagent leurs allèles des gènes mitochondriaux. Dans cet exemple, à la 30e génération (G_{a-30}) avant l'actuelle (G_a), ne subsistent que les descendants du seul allèle marqué « 3 » (cercle clair) à la G_{a-100}. Mais la séquence de cet allèle ayant subi une mutation (mut.) à l'une des générations entre G_{a-94} et G_{a-30}, la population comprend un nouvel allèle « 3' » (étoile blanche cerclée de noir). Entre la G_{a-30} et la G_a, une nouvelle mutation (mut.) est survenue, si bien qu'à la génération actuelle G_a, tous les allèles mitochondriaux de la séquence considérée ont le même ancêtre, celui marqué « 3 » de la G_{a-100}, et cela sous trois formes distinctes : « 3 », « 3' » et « 3" ».

Ce diagramme, décrit dans l'ordre descendant des générations, peut aussi l'être dans celui ascendant, en remontant des trois allèles actuels « 3 », « 3' » et « 3" » au seul « 3 » des neuf qui existaient dans la population à la G_{a-100}. Cet allèle « 3 » représente le *point de coalescence* de la généalogie de cet allèle reconstruite sur 100 générations.

Le degré de variation dans la population actuelle d'un allèle transmis par un seul sexe, exprimé par le nombre de mutations ponctuelles – le plus souvent des substitutions de nucléotides – à effet neutre dans la séquence d'ADN considérée, est fonction des paramètres suivants : 1° l'effectif génétique de la population ancestrale ; 2° les fluctuations de celui-ci au fil des générations ; 3° les migrations suivies de métissages entre populations ; 4° le taux moyen de substitutions de nucléotides pendant les 100 générations considérées. Estimer les valeurs de ces paramètres permet d'évaluer la vitesse moyenne à laquelle se sont succédé les substitutions nucléotidiques, vitesse qui caractérise « l'horloge moléculaire » de l'évolution.

L'évolution génomique à rebours : la remontée des générations jusqu'au point de coalescence

Une théorie mathématique a été élaborée à la demande des généticiens qui souhaitaient remonter jusqu'au point de coalescence la généalogie d'allèles présents dans les populations actuelles[8]. Les modèles dérivés de cette théorie ont été appliqués à plusieurs séquences génomiques d'individus de populations humaines actuelles réparties sur tous les continents et non métissées récemment. Les données établies sur de nombreux échantillons, chacun d'eux comprenant plusieurs individus tirés au sort, ont apporté de nombreuses informations dont le degré de vraisemblance a été évalué : localisation géographique et effectif génétique de la population originelle, fluctuations démographiques au fil des générations, migrations effectuées pendant l'histoire ancienne de l'humanité[9]. Les plus fiables des informations obtenues sont les suivantes[10].

– Chacune des séquences actuelles dérive d'une séquence ancestrale qui était présente chez un seul individu, mais celui-ci n'était pas le même selon la séquence considérée : une femme pour un allèle F_a mitochondrial, une autre pour un allèle F_b, etc., un homme pour un allèle M_a du chromosome *Y*, un autre pour un allèle M_b de ce chromosome, etc. D'autre part, les probabilités pour que chacune de ces femmes et chacun de ces hommes aient vécu en même temps dans la même population sont très faibles.

– L'ancienneté de la population originelle est difficile à préciser car les essais de calibrage de l'horloge moléculaire à partir des plus anciens fossiles d'*Homo sapiens* ont montré qu'elle ne « tourne » pas au même rythme pour toutes les séquences nucléotidiques[11]. Aussi les valeurs publiées varient-elles plus ou moins autour de -200 000 ans (-200 Ka). Cette population vivait en Afrique tropicale mais on ne peut préciser sa localisation. Les premiers résultats sur les allèles mitochondriaux ont eu un grand succès médiatique en 1987 sous le nom de théorie de l'« Ève africaine ». Son effectif est évalué à quelques dizaines de milliers de personnes. Un effondrement démographique, peut-être provoqué par une maladie infectieuse, se serait produit il y a un peu plus de 200 Ka, donc avant l'émergence de cette population originelle, réduisant le nombre de femmes fécondes à moins de10 000 dans la population dont elle est issue[12].

La méthodologie venant d'être exposée a été utilisée pour plusieurs autres espèces que la nôtre au cours des dernières décennies.

Qu'apportent la paléontologie et la phylogéographie ?

Remonter les générations jusqu'au point de coalescence ne suffit pas à éclairer l'histoire des espèces vivantes.

Les apports de la paléontologie

Une fois estimée l'ancienneté d'une espèce actuelle, son histoire est éclairée par ses fossiles, les flores et les faunes associées, et tout ce qui concerne les variations du climat et de la répartition géographique. Les datations sont devenues plus précises, l'anatomie des fossiles très déformés peut être reconstruite, des séquences d'ADN fossile sont analysées et comparées à celles actuelles[13]. Or, la probabilité d'être fossilisé variant beaucoup selon les espèces, l'ancienneté peut être plus grande que celle des plus vieux fossiles connus. D'autre part, les archives du passé sont d'autant plus lacunaires que l'on remonte le temps, ce qui pose problème pour des espèces actuelles dont l'âge est estimé à plusieurs ou quelques millions d'années – cas de certains protistes à test (foraminifères), de madrépores, de mollusques, de crustacés. Malgré ces difficultés, les données de la paléontologie sont irremplaçables.

Quel est l'état des connaissances en ce qui concerne notre espèce ? Les ancêtres de celle-ci, parfois qualifiés d'*Homo sapiens* « archaïques », vivaient en Afrique orientale bien avant -200 Ka. Leurs fossiles, mal caractérisés, font l'objet de controverses[14]. Ils sont à l'origine de notre espèce, dont les plus anciens fossiles aux traits du phénotype manifestement humains – *Homo sapiens* dits « modernes » – ont été découverts en Éthiopie dans un site daté à -196 ± 2 Ka[15]. Les données de la paléontologie confirment donc celles avancées par la théorie de la coalescence.

Les apports de la phylogéographie

L'espace impose des contraintes à l'évolution des espèces, en particulier par les effets conjugués de la distance et des obstacles à la dispersion des diaspores. Au fil du temps, la configuration et la position des terres émergées changent, des reliefs se modifient, des mers confluent ou s'isolent, des îles apparaissent ou se font ennoyer. La phylogéographie étudie les relations entre l'histoire et la répartition spatiale des espèces actuelles et de leurs populations[16].

Cette discipline analyse les événements de spéciation, de colonisation et d'extinction au niveau des espèces d'un même genre ou d'un taxon de plus haut rang, et les situe dans l'espace en les corrélant aux changements que ce dernier a subis au cours des derniers millions d'années[17]. En ce qui concerne les espèces actuelles, les modifications les plus importantes sont les suivantes : 1° suite à la soudure des Amériques au niveau de l'isthme du Panamá vers -3 millions d'années, important échange d'espèces terrestres entre les deux continents et séparation des espèces marines du Pacifique et de l'Atlantique ; 2° fortes variations climatiques des 2,6 derniers millions d'années, d'où expansion des banquises, des inlandsis et des glaciers aux hautes latitudes lors des épisodes glaciaires, fluctuations des couverts végétaux et du niveau des mers (jusqu'à 150 m d'amplitude), modifications des réseaux hydrographiques.

Au niveau intraspécifique, la phylogéographie analyse l'histoire et la géographie de la différenciation des populations, des colonisations de nouveaux espaces, des extinctions locales. Les populations sont caractérisées par des *marqueurs génétiques* dont les mutations ont peu ou pas d'effet sur la viabilité et la fertilité des individus et qui, d'autre part, sont associés en haplotypes, non ou très rarement remaniés pendant des méioses successives (Chapitre 1, page 21). Certaines séquences de l'ADN mitochondrial et/ou chloroplastique et divers haplotypes du génome nucléaire constituent de tels marqueurs[18]. Les méthodes de la phylogéographie sont dérivées de celles de la reconstruction phylogénétique de l'histoire des espèces actuelles. Mais les migrations compliquent la tâche, les flux géniques étant d'autant plus intenses et fréquents que les populations sont proches et/ou que la capacité de dispersion des diaspores est élevée : l'histoire des gènes diffère de celle des populations et de celle des espèces.

Remonter à l'origine d'une espèce n'informe en rien sur les processus de spéciation qui ont abouti à son individualisation, soit à partir d'une espèce mère, soit après hybridation de deux espèces proches. Pour notre espèce par exemple, nous ignorons comment s'est effectuée en Afrique la spéciation des *Homo sapiens* dits « archaïques », et comment se sont individualisés ensuite les *Homo sapiens* « modernes » il y a quelque 200 000 ans.

Chapitre 4

La diversité des modalités de spéciation

Comment les espèces actuelles se sont-elles individualisées, où et quand cela s'est-il effectué ? À quel moment et dans quelles conditions un isolement reproductif est-il apparu au cours de l'évolution ? Comment et en combien de générations une espèce émergente réussit-elle à s'insérer durablement dans une biocénose ? Ces questions ont suscité de nombreux travaux, surtout au cours des quatre dernières décennies, d'où un volumineux corpus de publications : articles de revues spécialisées et d'ouvrages collectifs[1], livres de synthèse[2], chapitres de traités sur l'évolution[3].

Les recherches ont surtout porté sur des plantes et des animaux à reproduction biparentale, fort peu sur des espèces se multipliant exclusivement par autofécondation, parthénogenèse ou de manière asexuée. Elles ont abouti aux trois conclusions générales suivantes.

– Ce ne sont pas des mécanismes exceptionnels qui interviennent dans les spéciations mais, dans des contextes particuliers, un ou deux des facteurs de changement décrits dans les précédents chapitres. Ces contextes sont intrinsèques aux espèces – singularités génétiques, capacités de dispersion – et extrinsèques – interactions avec les individus d'autres espèces de la biocénose, y compris les hybridations entre espèces proches, particularités des biotopes et/ou des écosystèmes, changements climatiques et/ou géographiques.

– Les spéciations peuvent être considérées comme réalisées quand la ou les espèces filles sont à la fois bien individualisées sur les plans du génome, du phénotype, du comportement, de l'autonomie reproductive, et bien intégrées dans la ou les biocénoses.

– Le déroulement complet des processus, de leur déclenchement à l'individualisation de la ou des espèces filles, s'effectue sur un nombre de générations très variable : de quelques dizaines à une centaine pour les spéciations qualifiées ici de « rapides » (Chapitre 5), de plusieurs centaines à des dizaines de milliers pour les spéciations « lentes » (Chapitre 6). Pour user d'une métaphore, les premières seraient « à gestation courte », les secondes « à gestation longue ». Surtout pour les secondes, même si les biologistes savaient détecter quand et où commence une spéciation, il leur serait impossible d'en analyser les processus jusqu'à ce qu'elle soit pleinement accomplie.

Une seule mutation peut-elle suffire à faire naître une nouvelle espèce ?

Suite à des observations faites en 1886, Hugo de Vries croisa plusieurs espèces proches d'onagres, plantes à fleurs du genre *Oenothera*, hautes plantes herbacées pour la plupart originaires des Amériques et qui se sont répandues en Europe le long des chemins, des voies ferrées et des rivières, surtout sur les friches à sols sablonneux. L'une d'elles lui apparut avoir subi une transformation radicale, qu'il dénomma « mutation », en une nouvelle « espèce » ; il s'agissait en fait de plantes de la même espèce dont le caryotype avait été dupliqué et fortement remanié. Selon la théorie qu'il publia en 1901 et 1903, de nouvelles espèces pourraient apparaître suite à des mutations s'exprimant par de nombreux traits du phénotype, thèse qui fut adoptée par plusieurs biologistes pendant deux décennies, et eut même des partisans dans les années 1930. Largement vulgarisée, elle a inspiré maints scénarios de bandes dessinées et/ou de films de science fiction, les « mutants » étant monstrueux et/ou doués de pouvoirs exceptionnels, sans commune mesure avec les effets des mutations décrits dans le Chapitre 1.

Le généticien Richard Goldschmidt proposa en 1940 une version plus réaliste de cette théorie en supposant que, dans certaines conditions, des mutations viables aux effets de grande ampleur – par exemple celles qui concernent les gènes « maîtres » ou ceux « d'horloge » du développement (Chapitre 1, Encadré 4) – suffiraient à créer de nouvelles espèces à partir de ces « monstres prometteurs »[4]. Cela apparaît possible pour des espèces à multiplication clonale mais est hautement improbable pour celles à reproduction biparentale. En effet, il faudrait, d'une part que les mêmes mutants apparaissent simultanément et en nombre suffisant dans la population, d'autre part que ces mutants soient viables, fertiles – de même que leurs descendants – et aptes à soutenir la compétition des individus de l'espèce dont ils sont issus et de ceux d'autres espèces de la biocénose.

Cela étant, certaines mutations comme les polyploïdisations (Chapitre 1, page 42) enclenchent le mécanisme de spéciations, en particulier chez les plantes[5]. D'autres mutations engagent l'évolution de certaines populations sur des trajectoires qui, parfois après des dizaines de milliers de générations, aboutissent à l'émergence d'espèces présentant des traits plus développés que chez leurs ancêtres : ainsi, la substitution d'une base nucléique par une autre chez une espèce de la lignée humaine a enclenché une série de modifications, la plus remarquable étant la forte augmentation de la surface du cortex cérébral et, en conséquence, l'accroissement des capacités cognitives et des aptitudes à l'abstraction (Encadré 8).

Encadré 8

Comment une mutation dans la lignée humaine a favorisé l'accroissement du cerveau

En 2016, des généticiens et des paléogénéticiens de laboratoires du Max Planck Institute à Dresde et à Leipzig ont montré qu'une mutation ponctuelle du génome nucléaire est survenue il y a quelque 500 000 ans dans une population d'*Homo erectus*[1]. La substitution dans l'ADN de la base nucléique cytosine par celle guanine en un site du gène *ARHGAP11B*, qui encode la protéine *RhoGAP*, activatrice de l'enzyme guanosine triphosphatase, a entraîné une délétion de 55 nucléotides de l'ARN messager transcrit. En ont résulté des modifications en série :

– L'activité de la protéine *RhoGAP* a été réduite.

– Alors que la forme la plus active de cette protéine régulait la croissance des filaments d'actine dans les neurones[2], celle modifiée stimule la multiplication des cellules mères des neurones, dites progénitrices, qui bordent les ventricules[3] du cerveau chez *H. sapiens*.

– Les jeunes neurones issus de la multiplication de ces cellules progénitrices migrent vers la périphérie du cerveau au cours de sa morphogenèse, aussi la surface du cortex a-t-elle augmenté au fil des générations.

– L'accroissement du volume de la boîte crânienne n'ayant pas été aussi rapide, le cortex cérébral s'est de plus en plus plissé.

– Les capacités cognitives et les aptitudes à l'abstraction se sont accrues, conférant un avantage sélectif à la progéniture de l'individu mutant.

Les auteurs de la publication ont montré sur des souris auxquelles on a transféré le gène muté que le rythme de production de neurones augmente plus que chez les témoins.

Nous ignorons où s'est produite cette mutation, les populations d'*Homo erectus* étant alors disséminées sur l'Afrique et l'Asie jusqu'à 45° de latitude. Alors que la capacité crânienne de leurs ancêtres, vers -1,5 million d'années, avoisinait 850 cm^3, celle de certains crânes approchait 1 200 cm^3 vers -500 000 ans[4].

Or, l'espèce *Homo erectus* est à l'origine d'une ou de deux espèces dont sont issues, d'une part *H. neanderthalensis* en Eurasie vers -350 000 ans, d'autre part *H. sapiens* en Afrique un peu avant -200 000 ans[5]. Cette mutation n'a donc pas déclenché l'émergence de ces deux espèces mais, par ses effets sur le développement cérébral, elle a, plusieurs milliers de générations après sa survenue, fortement contribué à l'expression d'importants traits du phénotype et du comportement lors de ces spéciations.

À ce jour, avons-nous réussi à créer de nouvelles espèces sauvages ?

Plusieurs recherches expérimentales ont permis de faire apparaître un isolement reproductif prézygotique entre des lignées de certaines espèces à reproduction biparentale – surtout des plantes, des mouches drosophiles, de petits poissons d'eau douce – dont les individus étaient soumis à des conditions différentes. Mais aucune n'a abouti à créer une nouvelle espèce ayant pu s'insérer durablement dans une biocénose. Le fait que la durée de ces expérimentations était limitée n'explique qu'en partie cet échec, d'autres facteurs sont en cause : la sélection différentielle sur deux populations pendant de nombreuses générations ne garantit pas la réussite, d'une part de leur isolement reproductif, d'autre part de leur intégration écologique. Cela étant, ces recherches ont apporté de riches informations sur les divers processus qui interviennent lors des spéciations[6].

Toutefois, de nouvelles espèces ont été créées de manière empirique en un nombre de générations mal connu par les cultivateurs et les éleveurs (Chapitre 9), certaines plantes cultivées et des animaux domestiques étant à la fois bien individualisés sur les plans du génome, du phénotype, du comportement, et ne produisant pas d'hybrides viables ou fertiles avec leurs ancêtres sauvages – sauf si on force les croisements.

Quelles sont les diverses modalités de spéciation ?

De manière globale, les espèces s'individualisent selon quatre modalités, chacune avec des variantes.

Dans la première, une espèce X se scinde par *dichotomie* en deux populations X_a et X_b ayant des effectifs à peu près égaux (Figure 3A 1). Après une période de transition pendant laquelle les flux géniques s'atténuent, puis cessent, les espèces sœurs Y et Z divergent peu à peu par le génome, le phénotype, le comportement et l'écologie, puis s'individualisent, Y à partir de X_a, Z à partir de X_b.

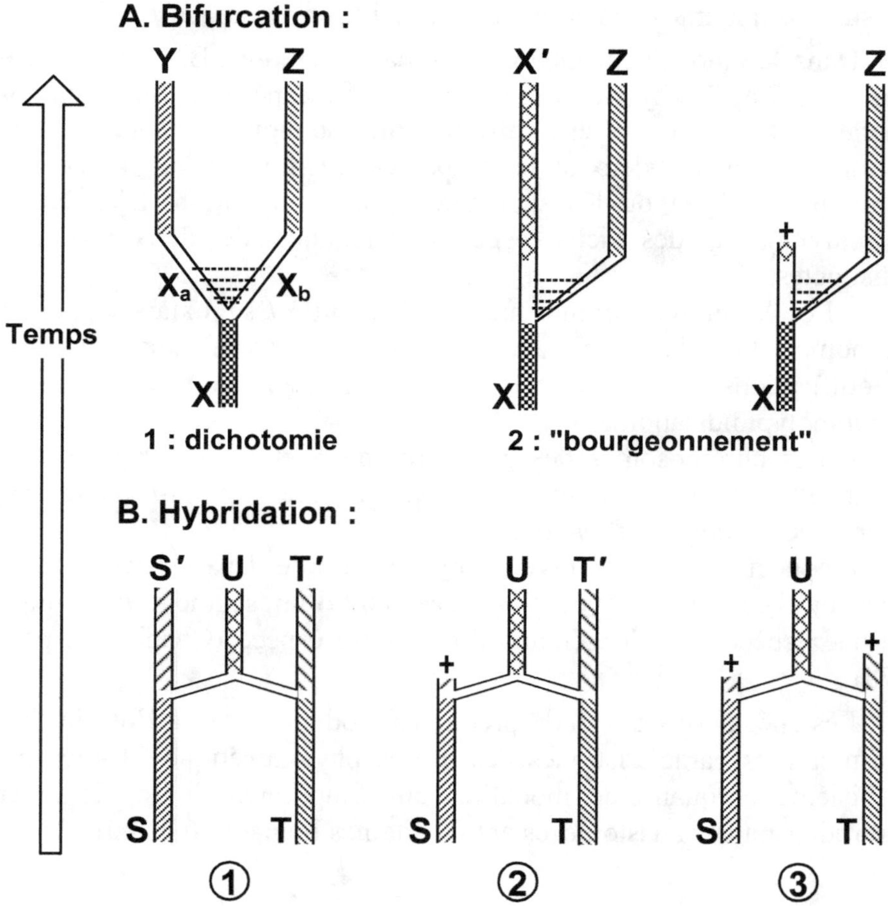

Figure 3. Représentation schématique des principales modalités de spéciation. La figure 5 donne plus d'informations. En blanc : période

de transition. En *A* et en *B*, lignes horizontales en tirets : flux géniques. Croix : extinction de l'espèce.

Dans la deuxième modalité, une population de *X* de petit effectif se différencie, diverge de toutes les autres puis s'individualise en une espèce fille *Z* par ce qui évoque un *bourgeonnement* (Figure 3A 2). Les causes de la différenciation suivie de divergence sont multiples : polyploïdisation, isolement écologique ou spatial, migration et établissement dans un nouvel espace. Si l'espèce mère *X'* s'éteint (croix de la Figure 3A à droite), par exemple du fait de la pression compétitive exercée par les individus de *Z*, cette dernière semble résulter d'une transformation de *X* en *Z*, illusion trompeuse.

Dans les modalités schématisées par la Figure 3B, deux espèces proches *S* et *T* s'hybrident en une nouvelle espèce *U*. La spéciation achevée, les espèces *S*' et *T*' diffèrent plus ou moins de *S* et de *T*. Il se peut que l'une des deux ou les deux s'éteignent peu après (croix), par exemple si *U* la ou les supplante après compétition. L'espèce *U* s'individualise des deux espèces parentales de deux manières distinctes.

– Les garnitures chromosomiques de *S* et de *T* se juxtaposent en un génome dit *allo*polyploïde, événement souvent suivi d'autres modifications, par exemple du doublement de ce génome (*auto*polyploïdisation).

– Les chromosomes des garnitures de *S* et de *T* échangent des segments et se réarrangent en un génome *diploïde* composite, véritable *mosaïque génomique*.

La spéciation consécutive à l'hybridation de deux espèces ne doit pas être confondue avec l'*introgression* d'un segment génomique d'une espèce dans le génome d'une autre espèce (Chapitre 2, page 78).

Les spéciations des deux premières modalités sont à l'origine des bifurcations caractéristiques des arbres phylogénétiques. Celles des troisième et quatrième modalités en compliquent la topologie en introduisant des anastomoses entre certaines branches (Chapitre 3).

L'importance du contexte géographique et des capacités de dispersion

Quand la spéciation s'est réalisée en *allopatrie*, c'est-à-dire dans des populations vivant dans des espaces distants ou séparés par un obstacle géographique, l'expansion des espèces sœurs peut les amener à entrer en contact puis à cohabiter sur un territoire où elles deviennent *sympatriques*. Deux cas peuvent alors se présenter :

– si des espèces sœurs ne sont pas encore totalement isolées pour la reproduction, des hybrides interspécifiques viables et fertiles apparaissent à chaque génération dans une *zone d'hybridation* ;

– si l'isolement reproductif est total sur ce territoire, on pourra croire que la spéciation s'est faite en sympatrie dans la zone de cohabitation et que les territoires extérieurs à celle-ci résultent de l'expansion des jeunes espèces sœurs, alors que c'est l'inverse qui s'est produit.

Le constat d'allopatrie pose lui aussi des problèmes du fait que les capacités de dispersion diffèrent beaucoup selon les espèces. Dans une même biocénose, il existe une large gamme entre celles qui émettent les *diaspores*[7] assez près des géniteurs et celles qui les répandent très loin, aussi deux populations distantes de 100 mètres sont-elles allopatriques pour les premières, sympatriques pour les secondes. La situation est complexe dans les cas où le potentiel de dispersion diffère, pour une même espèce, selon le type de diaspores ; par exemple, l'aire de dispersion par le vent du pollen de nombreuses espèces de conifères et de plantes à fleurs est bien plus vaste que celle des semences, même quand celles-ci sont transportées par des animaux.

Comment l'isolement reproductif se met-il en place ?

En situation de sympatrie, une espèce à reproduction biparentale n'apparaît vraiment individualisée que si elle ne s'hybride pas avec les espèces proches – du moins dans la nature, il peut en être autrement dans des conditions imposées par l'homme – ou, si cela se produit, les hybrides sont stériles dès la première génération (F_1) ou à la seconde (F_2). Qu'est-ce qui déclenche le début de cet isolement reproductif ? Comment progresse-t-il ? Par quel processus devient-il définitif, en quelque sorte verrouillé ?

L'isolement dans le cas d'une spéciation par dichotomie (Figure 3A)

Soit une espèce *X* à reproduction biparentale et assez homogène sur l'ensemble de son espace de répartition à l'instant T_0. Supposons que, plusieurs générations après, à l'instant T_1, elle soit différenciée en deux populations X_a et X_b par certaines particularités du génome, du phénotype, du comportement et/ou de l'écologie des individus des deux sexes. Mesurons l'efficacité de l'isolement reproductif entre mâles de X_a et femelles de X_b, et vice-versa, dans les deux populations aux instants T_1 et T_2 séparés par *N* générations. Si, et quelles qu'en soient la ou les causes, l'efficacité de l'isolement entre X_a et X_b a augmenté de T_1 à T_2 et que, pendant la même durée, les génomes ont subi une certaine divergence, la corrélation entre ces deux changements est probablement due aux modifications de quelques gènes dont l'expression est *pléiotropique* (Chapitre 1, page 45), chacun d'eux ayant un effet direct ou indirect sur plusieurs caractères, y compris ceux qui déterminent l'isolement reproductif.

Une fois le processus amorcé, il tend à s'amplifier au fil des générations, les mutations survenant en X_a et en X_b étant différentes, de même que les recombinaisons au cours des méioses. Les flux géniques se raréfient au fil des générations, les génotypes et les phénotypes divergent de plus en plus, y compris par ce qui détermine la fécondation entre gamètes de X_a et de X_b. L'efficacité de l'isolement reproductif s'en trouve accrue.

Après un certain nombre de générations, les individus de X_a et X_b se sont tellement différenciés par le génome, le phénotype, le comportement et/ou l'écologie, que l'isolement reproductif est réalisé. Il est alors légitime de les considérer comme appartenant à deux espèces sœurs, *Y* issue de X_a et *Z* de X_b.

Ce qui précède s'applique au mode de spéciation illustré par la Figure 3B, la divergence et la différenciation se faisant entre *X'* et *Z*.

Des modifications *épigénétiques* de certains segments de l'ADN nucléaire sont-elles susceptibles d'amorcer des spéciations ? Cela s'est produit pour deux populations de l'arabette (*Arabidopsis thaliana*), l'une de Pologne, l'autre du Tadjikistan, actuellement isolées pour la reproduction du fait de modifications épigénétiques sur les chromosomes n° 4 et 5[8]. Ce type d'incompatibilité est-il stable sur le long terme ? De tels cas existent-ils dans d'autres taxons ? On l'ignore à ce jour[9].

L'isolement dans le cas d'une spéciation après hybridation de deux espèces (Figure 3C)

Si les incompatibilités entre les hybrides et les individus de chacune des espèces mères *S* et *T* apparaissent dès la première génération qui suit l'hybridation ou aux quelques générations suivantes, l'isolement reproductif est réalisé.

Le génome des hybrides étant différent de ceux des espèces mères, il en est de même de son expression. Les hybrides peuvent être considérés comme constituant une nouvelle espèce *U* quand celle-ci apparaît fortement différenciée de *S* et de *T* à la fois par la dimension génétique et par celles phénotypique, éthologique et/ou écologique.

Pour les espèces à reproduction biparentale, l'isolement reproductif apparaît donc comme une condition nécessaire à la réalisation de la spéciation. Cette condition est-elle suffisante ? La définition biologique de l'espèce la plus usitée (Chapitre 2, page 75) est certes satisfaite mais qu'en est-il des autres dimensions, en particulier de celles relatives au phénotype, au comportement, à l'habitat et à la niche écologique ?

De la divergence des génomes à celle des phénotypes, des comportements et des niches écologiques

Dans le cas des spéciations par dichotomie, à mesure que diminuent les flux géniques entre deux populations sœurs X_a et X_b d'une espèce *X* en cours de spéciation, les génotypes de chacune d'elles divergent à divers degrés à cause des mutations (création de nouveaux allèles), des recombinaisons (brassage des génotypes lors des méioses) et des effets de la sélection naturelle surtout, parfois aussi de la sélection sexuelle ou de la dérive génétique aléatoire. Toutefois, X_a et X_b ne peuvent être considérées comme des espèces sœurs *Y* et *Z* que si, l'isolement reproductif étant réalisé, la divergence des génomes s'exprime par celle des phénotypes, des comportements et des caractéristiques écologiques.

En situation de sympatrie, les comportements et les niches écologiques ont souvent tellement divergé que cela empêche la compétition entre les individus de X_a et X_b, puis entre ceux de *Y* et de *Z*. Si ce n'est pas le cas, l'une des deux espèces peut prendre l'avantage sur l'autre et être seule à subsister après plusieurs générations (Figure 3).

En situation d'allopatrie, la séparation géographique entre X_a et X_b excluant toute compétition, la divergence des niches écologiques se fait spontanément, les habitats étant distincts ainsi que les conditions du milieu. Si l'espace de répartition des espèces sœurs *Y* et *Z* s'étend ensuite jusqu'à ce qu'elles viennent en contact puis cohabitent dans une zone de sympatrie secondaire, soit les individus de *Y* et *Z* s'hybrident dans cette zone et leurs hybrides, plus ou moins viables et fertiles, ont une niche assez proche de celles de *Y* et *Z*, soit les génomes, les phénotypes, les comportements et les niches écologiques ont suffisamment divergé pour que l'isolement reproductif soit efficace et la compétition minime.

L'ampleur de la divergence des génomes, des phénotypes, des comportements et des niches écologiques est très variable, d'une part selon les taxons, d'autre part selon l'importance des modifications génétiques et des pressions de sélection. Tout cela s'effectue sans qu'il y ait couplage entre l'évolution de chacune des dimensions citées (génomique, phénotypique, éthologique, écologique). Les espèces à phénotypes très ressemblants, dites « jumelles » et « cryptiques », montrent de nombreux exemples de tels découplages, les génomes ayant bien plus divergé que leur expression phénotypique, éthologique et/ou écologique.

Les spéciations, événements critiques de l'évolution des espèces

Pendant toute la durée des spéciations, les individus doivent être en nombre suffisant pour qu'ils survivent, se reproduisent et maintiennent des interactions avec ceux d'autres espèces de la biocénose, même si leur niche écologique change, et ce, tout au long des processus.

Les spéciations se faisant avec un certain risque de ne pas aboutir, celles qui vont être décrites dans les prochains chapitres sont donc des réussites. Celles qui ont avorté au cours de l'évolution nous restent inconnues.

Quelle est l'ampleur des innovations apportées par les spéciations ?

Les nouveautés de tous ordres – génétique, phénotypique, éthologique, écologique – qui apparaissent à chaque spéciation restent modestes comparées aux innovations phénotypiques et écologiques que décrivent les paléontologues sur les séries, forcément lacunaires, des fossiles de lignées d'espèces. D'autre part, à l'échelle temporelle d'une spéciation, aucune direction particulière ne se manifeste des changements observés dans ces séries. Ceux-ci ne peuvent apparaître orientés – par exemple dans le sens du passage de la vie aquatique à celle terrestre, de l'acquisition du vol par les oiseaux, de l'augmentation du volume cérébral chez nos lointains ancêtres – qu'en considérant les lignées comprenant de très nombreuses espèces.

Les spéciations amplifient une première forme de diversification, celle intraspécifique décrite dans le Chapitre 1. Elles font apparaître de nouvelles entités qui évolueront à leur tour, se disperseront puis se diversifieront dans de nouveaux espaces. Elles introduisent des innovations phénotypiques, génétiques et écologiques dans les biocénoses[10]. Elles modifient les répartitions géographiques des espèces apparentées[11]. Mais la richesse en espèces, tant locale que globale, n'augmente que si le flux des spéciations surpasse celui des extinctions, question bien analysée par les biogéographes, en particulier en comparant la biodiversité en espèces d'îles et de régions continentales[12].

Chapitre 5
Les spéciations rapides

Les processus décrits dans ce chapitre – des événements déclencheurs à l'individualisation génétique, phénotypique, éthologique et écologique des espèces filles – se déroulent sur un nombre de générations allant de quelques dizaines à plus d'une centaine : la « gestation » est donc assez courte comparée à celle qui sera décrite dans le prochain chapitre. Ces processus ont été mieux analysés chez des espèces à reproduction biparentale, où ils apparaissent très diversifiés, que chez celles à reproduction monoparentale.

Les spéciations rapides chez les espèces à reproduction biparentale

Elles sont surtout connues chez les plantes, que la reproduction biparentale soit exclusive ou non.

Bien avant de disposer des techniques de la biologie moléculaire, les biologistes ont comparé les caryotypes d'espèces proches. Trois types de différences leur sont apparus.

– Dans le premier, deux espèces proches *X* et *Z* diffèrent par le nombre diploïde de chromosomes, celui de *Z* étant un multiple pair de celui de *X*. L'interprétation la plus simple est la suivante : *X* est l'espèce mère, au moins une mutation par *auto*polyploïdisation a amorcé la spéciation à l'origine de l'espèce *Z*. Cette dernière est donc née d'un « bourgeonnement » de l'espèce *X* (Figure 3A 2, page 99).

– Dans le deuxième type, le caryotype d'une espèce *U* se présente comme l'association de ceux de deux espèces proches *S* et *T*. L'interprétation la plus simple est la suivante : l'amorçage de la spéciation de *U* s'est fait par hybridation de *S* et de *T*, les chromosomes de ces deux espèces se sont associés en un caryotype *allo*polyploïde.

– Le troisième type n'a été découvert qu'après l'analyse fine des caryotypes : à la suite d'une *allo*polyploïdisation, les chromosomes de *S* et ceux de *T* se sont recombinés par translocations et inversions réciproques en un *caryotype composite* qui, au contraire des précédents, est demeuré diploïde ou presque.

L'individualisation des espèces commence en situation de sympatrie, dans le même habitat ou des habitats proches. Souvent, l'une d'elles ou les deux ne tardent pas à coloniser de nouveaux territoires et les espaces de répartition peuvent se disjoindre, l'allopatrie étant alors secondaire.

Les spéciations déclenchées par une autopolyploïdisation

Alors que les phénotypes certaines espèces de plantes sont proches, la comparaison des caryotypes montre que le nombre de chromosomes est échelonné en une série. La base haploïde étant *x*, le caryotype diploïde est à 2*x*, les autres sont à 4*x* (tétraploïdes), 8*x* (octoploïdes), 16*x*, 32*x*… ou à 4*x*, 6*x*, 8*x*, 10*x*…, chacun des nombres 4, 8, 16, 32... ou 4, 6, 8, 10… désignant le *degré de ploïdie*. Ces plantes sont dites *auto*polyploïdes, le préfixe *auto* indiquant qu'elles ont une même espèce ancestrale à 2*x* chromosomes pendant la diplophase. Le même constat a été fait dans certains taxons d'animaux.

Du fait que l'on produit expérimentalement des lignées autopolyploïdes de plantes cultivées – par exemple en soumettant à un choc thermique un rameau où se formeront des fleurs ou en perturbant par certaines substances l'une des premières mitoses du développement d'un méristème en culture *in vitro* –, les plantes sauvages autopolyploïdes ont d'abord été considérées comme étant des variétés de la même espèce. Or, l'autopolyploïdie observée dans la nature s'accompagne de fortes différences, tant génétiques et phénotypiques qu'écologiques : l'autopolyploïdisation n'est alors que le premier épisode d'une ou plusieurs spéciations à partir d'une espèce ancestrale *X*.

Supposons que, chez quelques individus d'une petite population d'une espèce *X* à caryotype diploïde 2*x*, se produise l'un des processus suivants.

– L'une des premières mitoses du zygote est anormale, les cellules n'achevant pas la mitose alors que le nombre de chromosomes vient de doubler : les cellules sont devenues tétraploïdes (4*x*), état qui se maintient au cours des mitoses suivantes, et ce, jusqu'aux cellules souches des gamètes. Autre éventualité : chez les espèces où la ségrégation entre cellules germinales et somatiques est tardive, cette anomalie mitotique survient dans les seuls organes reproducteurs. Dans les deux cas, les gamètes formés après une méiose normale sont diploïdes ($2x$).

– Un autre mode de doublement de la garniture chromosomique résulte de l'absence de réduction de moitié du nombre de chromosomes lors d'une méiose. Dans ce cas, c'est une anomalie de la méiose qui est à l'origine des gamètes à $2x$ chromosomes.

Qu'advient-il des gamètes ? Plusieurs modalités sont connues, les plus fréquentes étant les suivantes. Si la fécondation s'effectue entre gamètes haploïdes et diploïdes, les zygotes triploïdes ($3x$) sont, chez beaucoup d'espèces, à l'origine d'individus à faible viabilité et/ou fertilité, voire stériles, ce qui est dû aux anomalies d'appariement des chromosomes homologues en début de méiose[1]. Si la fécondation s'effectue entre gamètes diploïdes, les zygotes et les individus qui en sont issus sont tétraploïdes ($4x$) ; à la génération suivante, des gamètes diploïdes sont produits par une méiose dans laquelle les chromosomes homologues ne s'apparient pas par deux mais par quatre.

Pour que la spéciation soit réalisée, il ne suffit pas qu'une lignée tétraploïde s'isole par la reproduction de la population originelle diploïde, encore faut-il qu'elle s'en différencie par les phénotypes et les niches écologiques. Cette divergence s'effectue en un nombre de générations allant de quelques dizaines à une centaine.

Les processus décrits sont susceptibles de se reproduire par épisodes séparés par plusieurs générations, générant successivement des espèces à $8x$, $16x$, $32x$… chromosomes.

L'existence de séries d'espèces à $4x$, $6x$, $8x$, $10x$… chromosomes montre que les processus peuvent être plus complexes. Par exemple, un zygote viable à caryotype $6x$ est engendré par la conjonction d'un gamète à $2x$ chromosomes issu d'une plante tétraploïde ($4x$) et d'un gamète à $4x$ qui est produit, soit par une plante octoploïde ($8x$), soit par une plante tétraploïde après une méiose sans réduction du nombre de chromosomes. Exemple : les chrysanthèmes, avec *Chrysanthemum makinoi* à 18 chromosomes ($2x$), *C. indicum* à 36 ($4x$), *C. japonense* à 54 ($6x$), *C. ornatum* à 72 ($8x$), *C. pacificum* à 90 ($10x$).

George Stebbins et d'autres chercheurs ont découvert à partir des années 1930 plusieurs séries d'espèces autopolyploïdes dans certains genres de plantes vasculaires[2].

Quelle est la fréquence de ce type de spéciation ? Le recensement des espèces actuelles à caryotype autopolyploïde ne permet pas de répondre tant que l'on ne peut déterminer, pour un groupe d'espèces donné comprenant une espèce diploïde X et des espèces autopolyploïdes Z_1 ($4x$), Z_2 ($8x$), Z_3 ($16x$)..., ou Z_1 ($4x$), Z_2 ($6x$), Z_3 ($8x$)..., combien de duplications de la garniture chromosomique originelle ont eu lieu pour un nombre total de spéciations. Aussi les estimations varient-elles beaucoup selon la manière dont les biologistes interprètent les données sur ces espèces[3].

Certains taxons comprennent de nombreuses espèces à caryotype autopolyploïde, et souvent avec de hauts degrés de ploïdie. C'est le cas des prêles et de certaines fougères comme les ophioglosses, des arbres et arbustes de plusieurs familles de plantes à fleurs : magnoliacées, winteracées, fagacées, juglandacées, salicacées, éricacées, oléacées. Les techniques de la biologie moléculaire montrent que des autopolyploïdisations auraient eu lieu lors de très anciennes spéciations[4], l'expression de la multiplication de la totalité du génome nucléaire subsistant bien plus longtemps au cours de l'évolution des lignées – pendant 50 millions d'années en moyenne – que ne le fait celle de la duplication de certains gènes – seulement pendant 3 à 7 millions d'années[5].

Les résultats du recensement des espèces actuelles issues d'autopolyploïdisations dépendent de plusieurs facteurs, en particulier la longévité des espèces diploïdes et celles du même genre ayant divers degrés de ploïdie. La spéciation amorcée par une autopolyploïdisation apparaît la plus fréquente chez les plantes à fleurs. Chez les animaux, elle est souvent couplée à deux modes de reproduction uniparental, l'hermaphrodisme avec autofécondation et la parthénogenèse indéfinie : plusieurs espèces de vers plats, de nématodes, d'annélides, certains mollusques gastéropodes, divers arthropodes (des acariens, des crustacés, des insectes).

En quoi les organismes des espèces à caryotype autopolyploïde Z_1 ($4x$), Z_2 ($8x$), Z_3 ($16x$)... ou Z_1 ($4x$), Z_2 ($6x$), Z_3 ($8x$)... diffèrent-ils de ceux de l'espèce mère originelle diploïde X ? Le taux d'hétérozygotie est plus élevé chez certains autopolyploïdes[6]. Par leur phénotype, les individus autopolyploïdes ressemblent plus ou moins aux diploïdes, leur fertilité et leur fécondité sont comparables[6, 7]. Les plantes autopolyploïdes sont en général plus grandes, leurs cellules plus volumineuses, leurs tissus plus riches en eau, en enzymes, en hormones, en substances défensives. Leur plasticité phénotypique apparaît souvent moindre que celle des diploïdes dont elles sont issues. Elles supportent mal leur concurrence, et en diffèrent plus ou moins par la niche écologique. Souvent, leur répartition géographique s'en différencie après de nombreuses générations.

Les spéciations déclenchées par l'hybridation d'espèces proches avec formation d'allopolyploïdes

Quatre cas sont reconnus à l'examen systématique du caryotype d'espèces proches, désignées dans la Figure 3B par les lettres *S*, *T* et *U* (page 99).

– Dans le premier cas, A désignant la garniture haploïde de *S* et B celle de *T*, les caryotypes diploïdes (cellules somatiques et cellules souches germinales) sont AA chez *S*, BB chez *T*, AABB chez *U*. L'interprétation la plus simple est que l'espèce *U* résulte de l'hybridation des espèces *S* et de *T*, ce qui a conduit à la coexistence des chromosomes de ces deux espèces dans le caryotype de *U*. La spéciation aurait été amorcée par une *allo*polyploïdisation, le génome néoformé s'exprimant par l'apparition d'un phénotype original. Au cours des générations qui ont suivi l'amorçage, la niche écologique de *U* a plus ou moins divergé de celle de *S* et de celle de *T*, surtout s'il y a eu compétition entre les individus des deux espèces mères et ceux de leur fille. Individualisée en situation de sympatrie, cette dernière a pu ensuite coloniser de nouveaux territoires, voire devenir allopatrique vis-à-vis de *S* et de *T*.

– Dans le deuxième cas, ce qui vient d'être décrit est suivi de modifications du caryotype de l'espèce *U* : nombre, taille et/ou forme des chromosomes. Mais les garnitures chromosomiques originelles A et B restent reconnaissables à l'examen au microscope.

– Dans le troisième cas, le caryotype des cellules somatiques est AAAABBBB. L'interprétation la plus simple est que, un certain nombre de générations après l'individualisation de l'espèce *U* à caryotype AABB, se serait produite une *auto*polyploïdisation de ce caryotype *allo*polyploïde, amorçant la formation d'une nouvelle espèce *V*.

– Dans le quatrième cas, le caryotype des cellules somatiques étant AABBCC, la spéciation se serait effectuée en deux étapes séparées par un certain nombre de générations après hybridation de deux, puis d'une troisième espèce, les garnitures haploïdes des trois espèces étant A, B et C.

Les biologistes ont proposé plusieurs scénarios aboutissant à une allopolyploïdisation, dont les trois suivants.

– Dans le premier, deux espèces proches *S* et *T* diffèrent par deux ou plusieurs gènes qui, lorsqu'ils sont réunis dans le génome de leurs hybrides F_1, provoquent une stérilité partielle de ceux-ci. Suite aux recombinaisons méiotiques et aux aléas de la fécondation, les gamètes des rares hybrides fertiles se conjuguent en zygotes F_2 aptes à se développer en individus viables, fertiles et plus ou moins isolés pour la reproduction de *S* et de *T*. Ils ne seront à l'origine d'une nouvelle espèce *U* que si cet isolement est suivi d'une divergence des phénotypes et, le plus souvent, des niches écologiques.

– Dans le deuxième scénario, les hybrides F_1 sont stériles mais ils se multiplient asexuellement. Si une *auto*polyploïdisation se produit après quelques générations et chez un petit nombre d'individus, le caryotype diploïde AAAABBBB ainsi créé est compatible avec la production de gamètes AABB viables. Si ces hybrides sont isolés de *S* et de *T* pour la reproduction et s'en différencient par le phénotype et la niche écologique, une nouvelle espèce *U* est née.

– Un troisième scénario est invoqué pour expliquer certaines particularités des espèces à caryotype allopolyploïde, en particulier la conjugaison entre gamètes d'une espèce *S* qui ont été formés suite à une méiose normale et ceux d'une espèce *T* qui n'ont pas subi la réduction de moitié du nombre de chromosomes au cours de la méiose[8].

Ces scénarios sont validés par plusieurs observations[9].

L'analyse fine des caryotypes montre que, chez beaucoup d'espèces de plantes à caryotype allopolyploïde, l'hybridation initiale a été suivie par des remaniements d'un ou de plusieurs chromosomes, inversion(s) et/ou translocation(s) par exemple (Chapitre 1, page 41). Ces modifications sont susceptibles d'empêcher les hybridations entre les plantes allopolyploïdes *U* et celles diploïdes *S* et *T* dont elles sont issues.

En 1930, Arne Müntzing hybrida six espèces de plantes herbacées européennes du genre *Galeopsis* (lamiacées). Deux d'entre elles fournirent des résultats inattendus, *G. pubescens* et *G. speciosa*, chacune avec un caryotype diploïde de 16 chromosomes. Après plusieurs types de croisements de ces deux espèces, il obtint des plantes viables et fertiles dont les cellules somatiques avaient 32 chromosomes – ces plantes ressemblaient fortement à celles d'une autre espèce à caryotype diploïde de 32 chromosomes, *G. tetrahit* –, et se reproduisaient avec les *G. tetrahit* des populations naturelles. Cette garniture chromosomique, interprétée comme résultant d'une juxtaposition de celles des deux espèces *G. pubescens* et *G. speciosa*, donc *allo*tétraploïde, s'avéra compatible avec l'obtention des lignées hybrides en culture.

En 1955, Harlan et Margaret Lewis publièrent une monographie sur des onagracées américaines du genre *Clarkia*, en particulier les espèces de l'ouest des États-Unis. L'examen des caryotypes leur montra qu'au moins quatre espèces sont des allopolyploïdes (Figure 4A, la phylogénie a été reconstruite à partir de caractères du phénotype). Par exemple, *C. similis*, à caryotype AABB = 34, proviendrait de l'hybridation de *C. modesta* à AA = 16 et de *C. epiloboides* à BB = 18.

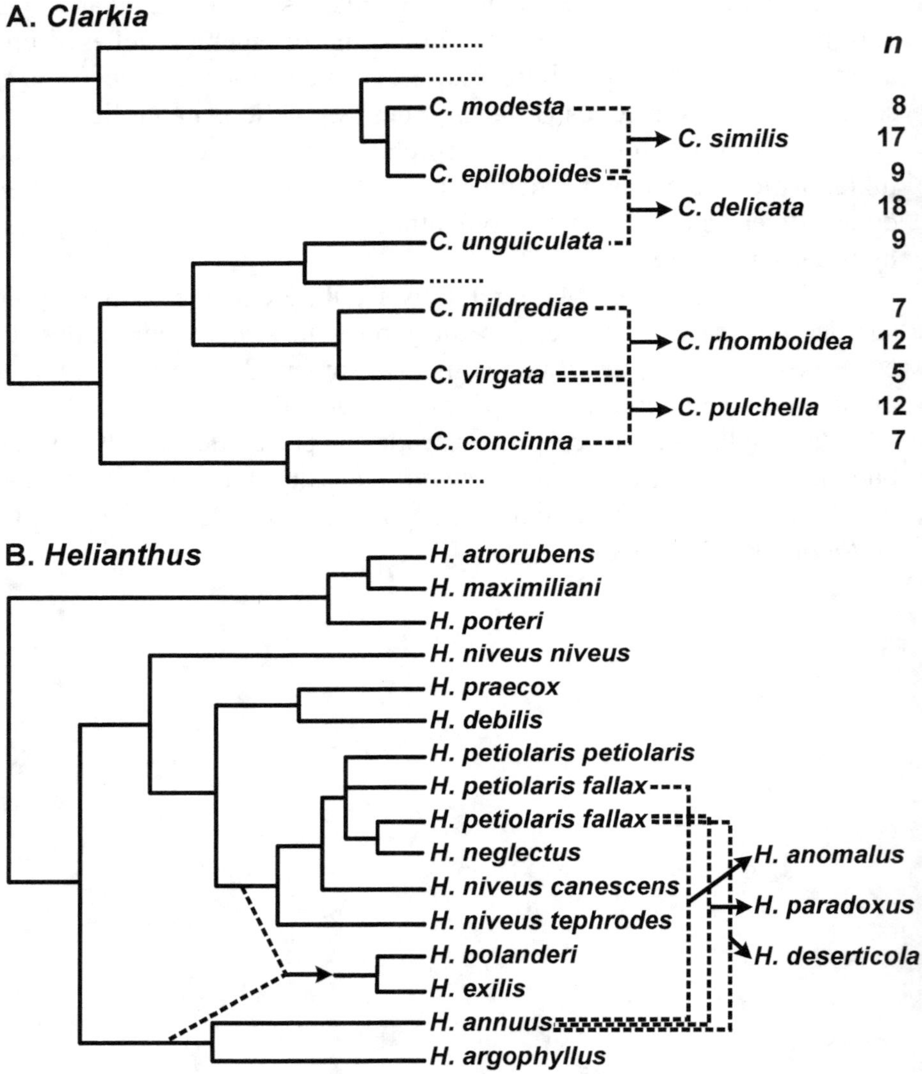

Figure 4. La phylogénie d'espèces de plantes américaines des genres *Clarkia* (onagracées) et *Helianthus* (astéracées) montrant des hybridations entre espèces (------) selon des modalités différentes. Pour *Clarkia* : *n*, à droite : nombre haploïde de chromosomes ; .... : espèces non mentionnées. Les arbres sont orientés à angle droit par rapport à celui de la Figure 1 C, la longueur des branches est arbitraire.

D'autres exemples de plantes allopolyploïdes issues d'hybridations entre espèces proches sont présentés dans l'Encadré 9.

Encadré 9

Quelques exemples de plantes à caryotype allopolyploïde

Les polypodes, fougères du genre *Polypodium*, sont représentées en Europe par trois espèces qui diffèrent par le phénotype, l'habitat et la répartition géographique : *P. cambricum* (ex-*P. australe*), diploïde à caryotype CC = 74, *P. vulgare*, allotétraploïde à AABB = 148, et *P. interjectum*, allohexaploïde à AABBCC = 222. L'origine des génomes AA et BB est inconnue, ils seraient ceux d'espèces éteintes. Les analyses du génome des chloroplastes par des techniques de biologie moléculaire ont confirmé l'examen des caryotypes. En Amérique du Nord, l'espèce *P. virginianum* à caryotype allotétraploïde (148 chromosomes) se serait individualisée après l'hybridation de deux espèces dont les plantes diploïdes ont 74 chromosomes, *P. sibiricum* et *P. appalachianum*[1].

Les salsifis des prairies, astéracées bisannuelles du genre *Tragopogon*, à capitules jaunes, roses ou violacés selon les espèces, comptent une quinzaine d'espèces en Europe, dont le salsifis cultivé (*T. porrifolius* variété *sativus*). Trois d'entre elles ont envahi le continent nord-américain il y a moins d'un siècle, *T. dubius*, *T. porrifolius* et *T. pratensis*, toutes les trois diploïdes à 12 chromosomes. En Europe, ces trois espèces s'hybrident spontanément, mais les hybrides ne peuvent que se multiplier asexuellement. Toutefois, M. Ownbey trouva dans les années 1950 quatre localités du nord-ouest des États-Unis où quelques hybrides étaient féconds, tous allotétraploïdes à 24 chromosomes. Il découvrit deux nouvelles espèces à l'examen détaillé des phénotypes, ce qui fut ensuite confirmé par les caryotypes et par des particularités biochimiques : *T. mirus* est l'hybride AABB de *T. dubius* à caryotype AA et de *T. porrifolius* à caryotype BB, *T. miscellus* l'hybride AACC de *T. dubius* à caryotype AA et de *T. pratensis* à caryotype CC. La comparaison de séquences homologues d'ADN, d'une part de gènes nucléaires qui encodent les ribosomes, d'autre part de gènes chloroplastiques, a apporté des informations plus précises : 1° les espèces *T. porrifolius* et *T. pratensis* auraient été introduites vers 1916, *T. dubius* vers 1928 ; 2° la formation spontanée des allotétraploïdes des populations étudiées dans les États de Washington et de l'Idaho se serait faite en plusieurs sites indépendamment, de 5 à 9 fois pour *T. mirus*, de 2 à 21 fois pour *T. miscellus*[2]. L'hybridation de ces espèces est donc *récurrente*, ce qui montre la facilité avec laquelle elle se réalise dans la nature. Cette particularité a été décrite pour d'autres astéracées comme des séneçons (genre *Senecio*) dans les Îles Britanniques, pour des brassicacées comme les draves (genre *Draba*) dans la péninsule Scandinave, pour des poacées comme les spartines (genre *Spartina*), espèces des vasières de la zone de balancement des marées de l'Atlantique et de la Manche.

Dans les années 1930, des botanistes avaient soupçonné une espèce d'iris nord-américaine, *Iris versicolor*, d'être issue d'une hybridation avec allopolyploïdisation de deux espèces proches, *I. virginica* et *I. setosa*, le nombre de chromosomes du caryotype diploïde étant respectivement 108, 70 et 38. L'utilisation de trois techniques distinctes de la biologie moléculaire a, non seulement confirmé cette hypothèse, mais permis de découvrir que certains gènes de *I. versicolor* sont hérités exclusivement de *I. virginica*, d'autres de *I. setosa*[3].

Il est difficile d'estimer quelle est la fréquence des hybridations d'espèces proches avec formation d'un caryotype allopolyploïde ayant abouti à la naissance de nouvelles espèces. Le recensement des plantes à caryotype allopolyploïde suggère que ce type de spéciation est plus répandu que celui déclenché par une autopolyploïdisation.

L'histoire évolutive des plantes à caryotype allopolyploïde est parfois complexe comme le montre l'exemple des sorbiers européens (arbres du genre *Sorbus*). Trois espèces à caryotype diploïde $2x = 34$ chromosomes, *S. torminalis*, l'alisier, *S. aria*, l'alouchier et *S. aucuparia*, le sorbier des oiseleurs, ont une reproduction biparentale avec pollinisation croisée. Trois autres espèces produisent des semences par parthénogenèse : *S. bristoliensis* de l'ouest de l'Angleterre, triploïde ($3x = 51$), *S. anglica* des Îles Britanniques et *S. rupicola* des Îles Britanniques et de la péninsule Scandinave, les deux dernières tétraploïdes ($4x = 68$). L'examen des caryotypes montre que celui de *S. rupicola* est un *auto*polyploïde de *S. aria* (AA), donc AAAA, et ceux des espèces *S. bristoliensis* et *S. anglica* des *allo*polyploïdes issus de deux hybridations : celle entre *S. aria* (AA) et *S. torminalis* (CC) est à l'origine de *S. bristoliensis*, qui est donc AACC ; celle entre *S. aria* (AA) et *S. aucuparia* (DD) à l'origine de *S. anglica*, qui est donc AADD[9].

Comme les plantes à caryotype autopolyploïde, celles de nombreuses espèces individualisées après hybridation et allopolyploïdisation présentent des particularités de l'habitat et de la niche écologique qui les différencient des espèces parentales. Aussi, et compte tenu de l'hétérogénéité des milieux sur les terres émergées et des aléas de la dispersion, il est fréquent que les répartitions géographiques divergent peu à peu au cours des générations qui suivent la spéciation.

Un recensement effectué par région dans l'hémisphère boréal montre que les espèces de plantes à caryotype allopolyploïde sont d'autant plus nombreuses que la latitude est élevée[10]. Trois arguments sont avancés pour expliquer ce constat, aucun n'étant à lui seul satisfaisant.

– Ces plantes résisteraient mieux au froid, ou plus mal aux climats chauds et/ou arides, que les espèces diploïdes dont elles sont issues.

– Les contraintes de la pollinisation croisée étant évitées par les plantes allopolyploïdes qui se reproduisent exclusivement selon un mode monoparental, elles sont avantagées par rapport aux espèces proches diploïdes à reproduction biparentale.

– La répartition actuelle de ces plantes résulterait des amples fluctuations climatiques des deux derniers millions d'années, qui ont entraîné la mise en contact de populations d'espèces diploïdes jusqu'alors séparées. En ont résulté des hybridations entre espèces proches, certaines ayant abouti à la formation d'espèces allopolyploïdes.

De nombreuses plantes cultivées sont nées d'hybridations avec formation de caryotypes allopolyploïdes. Les premiers agriculteurs en ont reconnu l'intérêt, leurs successeurs les ont sélectionnées et croisées de manière empirique (Encadré 10).

Encadré 10

Quelques exemples de plantes cultivées à caryotype allopolyploïde

1) Trois espèces de choux au sens large (genre *Brassica*), dont certaines à intérêt économique (colza, les diverses variétés de choux cultivés) résultent d'hybridations, leur caryotype est allopolyploïde. L'hybridation du chou commun *B. oleracea*, à caryotype AA à 18 chromosomes, et du navet ou rave *B. rapa*, à caryotype BB à 20 chromosomes, est à l'origine du chou-navet et du colza *B. napus*, à caryotype AABB à 38 chromosomes. L'hybridation du chou et de la moutarde noire *B. nigra*, à caryotype CC à 16 chromosomes, est à l'origine de la moutarde d'Éthiopie *B. carinata*, à caryotype AACC à 34 chromosomes. L'hybridation du navet et de la moutarde noire est à l'origine de la moutarde brune de Chine, à caryotype BBCC à 36 chromosomes[1].

2) L'origine des espèces de blés apparaît complexe[2]. L'homme n'est intervenu que de manière ponctuelle, et surtout tardivement en sélectionnant des espèces issues d'allopolyploïdisations spontanées au Proche-Orient. Ne sont citées ici que trois des six espèces du genre *Triticum*, toutes diploïdes à 14 chromosomes, qui poussent dans cette région : *T. urartu* (= *T. boeoticum*), *T. speltoides* (= *Aegilops speltoides*) et *T. tauschii* (= *Aegilops squarrosa*), dont les caryotypes respectifs sont AA, BB et DD.

– Il y a 17 000 ans environ, l'hybridation spontanée des deux premières aurait été à l'origine de l'allotétraploide *T. dicoccoides* dont les cellules somatiques ont un caryotype AABB à 28 chromosomes. Cette espèce sauvage serait à l'origine du premier blé cultivé, et ce, dès -11 000 ans dans certaines régions du Proche-Orient, l'amidonnier (*T. dicoccum*), qui diffère de son ancêtre sauvage par des remaniements chromosomiques et plusieurs traits du phénotype.

– Suite à des sélections effectuées par des agriculteurs, le *T. urartu* fut à l'origine du petit épeautre (*T. monococcum*) et, vers -2 000 ans, l'amidonnier à l'origine du blé poulard (*T. turgidum*) et du blé dur (*T. durum*) utilisé pour les pâtes et la semoule. Quant aux trois autres espèces de blé, le blé tendre ou froment (*T. aestivum*) utilisé en panification, le blé hérisson (*T. compactum*), et l'épeautre (*T. spelta*) aux grains riches en gluten, ce sont des allohexaploïdes qui seraient apparus vers -9 000 ans ; du fait qu'elles résultent d'hybridations spontanées entre l'amidonnier (AABB) et *T. tauschii* (DD) elles ont 42 chromosomes et un caryotype AABBDD, et ce, tout en différant par plusieurs allèles.

– Ces spéciations se sont accompagnées de multiples modifications du phénotype dont certaines ont une grande importance agronomique, en particulier la tenue des épis à maturité, la qualité et la quantité des réserves amylacées et protéiques des grains.

3) Quand elle réussit, l'hybridation expérimentale d'espèces proches permet de produire des plantes fertiles à caryotype allopolyploïde dotées de propriétés intéressantes.

– Dans les années 1970, l'hybridation de variétés du seigle (*Secale cereale*) à 14 chromosomes, et du froment (*Triticum aestivum*) à 42 chromosomes, fut à l'origine des triticales, cultivars rustiques, à bon rendement et à grains riches en certains acides aminés essentiels à l'alimentation.

– Divers hybrides allopolyploïdes ont été produits en opérant sur des cultures *in vitro* de méristèmes : dahlias, chrysanthèmes, tulipes, iris, orchidées tropicales.

Les spéciations rapides déclenchées par l'hybridation d'espèces proches et la formation d'un génome diploïde composite

D'autres modalités de spéciation rapide amorcée par une hybridation d'espèces proches ont été proposées[11] mais seule la suivante a été validée par l'analyse fine de la structure des chromosomes. Celle-ci a montré que le caryotype de certaines espèces à phénotypes proches est constitué des chromosomes de deux autres espèces, plus ou moins restructurés en un ensemble composite de même degré de ploïdie ou presque. Ces particularités ont d'abord été interprétées comme suit : à l'hybridation de deux espèces proches a succédé une recombinaison complexe des génomes nucléaires aboutissant à la formation d'un caryotype diploïde en mosaïque, premier événement d'une spéciation rapide qualifiée d'*homoploïde*. Cette interprétation a été confirmée par des études approfondies sur deux espèces nord-américaines, *Iris nelsonii* (iridacées)[12] et *Helianthus anomalus* (astéracées)[13], l'une des quelque 50 espèces de soleils – genre qui comprend deux espèces cultivées, le tournesol (*H. annuus*) et le topinambour (*H. tuberosus*). La pollinisation croisée de ces plantes est assurée par des insectes.

– Quatre espèces d'iris poussent en sympatrie dans des biocénoses du sud de la Louisiane : *Iris fulva* à caryotype diploïde de 42 chromosomes et *I. hexagona* à 44 chromosomes dans les zones humides des bayous proches des bras du cours inférieur du Mississipi et des marais d'eau douce ou saumâtre ; *I. brevicaulis* à 44 chromosomes dans des zones avoisinantes mais plus sèches ; *I. nelsonii* à 42 chromosomes dans les sous-bois humides après que l'eau de bayous s'y soit déversée. Chaque espèce est identifiable par le phénotype : fleurs fauves pour *I. fulva*, violettes et jaunes pour *I. hexagona* et *I. brevicaulis* ; hautes tiges pour *I. hexagona*, tiges courtes pour *I. brevicaulis*. Les trois espèces *I. fulva*, *I. hexagona* et *I. brevicaulis* s'hybrident spontanément deux à deux dans les zones de transition écologique, par exemple entre une levée de terre et l'eau libre du marais adjacent pour les hybrides de *I. fulva* et d'*I. hexagona*. Des hybrides F_1 viables et féconds sont obtenus en jardin expérimental, mais avec une faible fréquence, avec des phénotypes et des préférences écologiques variés et instables d'une génération à la suivante.

L'analyse génétique de gènes nucléaires et chloroplastiques d'*I. nelsonii* a abouti aux conclusions suivantes : trois espèces ont contribué à la formation de cette espèce par des hybridations, majoritairement *I. fulva* et *I. hexagona*, à un moindre degré *I. brevicaulis* ; les gamètes femelles ont été ceux d'*I. fulva*, ils ont fourni la totalité de l'ADN chloroplastique et un peu moins de la moitié du génome nucléaire ; les gamètes mâles ont été apportés par le pollen d'*I. hexagona*, ils ont fourni la moitié du génome nucléaire ; quelques gènes nucléaires proviennent d'*I. brevicaulis*. De multiples translocations, inversions et recombinaisons se sont effectuées entre des segments des chromosomes des espèces parentales, surtout *I. fulva* et *I. hexagona*. Aussi les chromosomes du caryotype d'*I. nelsonii* sont-ils devenus des mosaïques de segments génomiques provenant de trois espèces distinctes. Suite aux hybridations, la mortalité et/ou la stérilité des F_1 et des F_2 ont dû être élevées, mais les survivants fertiles étaient pourvus de combinaisons stables des génomes parentaux.

Durant les générations qui ont suivi ces processus, les *Iris nelsonii* n'ont pu se reproduire avec aucune des trois espèces parentales et se sont adaptés à des habitats différents, minimisant ainsi la compétition.

– Les aires de répartition des populations naturelles de *Helianthus petiolaris fallax* et de *H. annuus*, le tournesol, se chevauchent mais les premières poussent surtout sur les sols sablonneux, les secondes sur ceux plus ou moins argileux. Ces deux espèces, dont le caryotype diploïde compte 34 chromosomes, s'hybrident spontanément. La viabilité du pollen et le pouvoir germinatif des graines sont faibles à la F_1, mais la viabilité du pollen est plus élevée à la F_2.

Plus rare, *H. anomalus* pousse en Utah et en Arizona dans l'aire de répartition commune à *H. annuus* et à *H. petiolaris fallax*. Les plantes et leurs grands capitules présentent des traits intermédiaires à ceux de *H. annuus* et de *H. petiolaris fallax*. Leur caryotype diploïde compte le même nombre de chromosomes. Mais de nombreux traits montrent qu'il s'agit d'une nouvelle espèce : le génome nucléaire est constitué à parts presque égales de celui de *H. annuus* (54 %) et de celui de *H. petiolaris fallax* (46 %) ; des inversions et des translocations ont eu lieu au niveau de plusieurs chromosomes. Les hybrides F_1 de *H. anomalus* et de *H. annuus* sont quasiment stériles, ceux de *H anomalus* et de *H. petiolaris fallax*, peu fertiles. Les *H. anomalus* sont mieux adaptés que les espèces parentales aux sols sablonneux secs et ombragés. Au cours de cette spéciation, qui aurait eu lieu avant l'arrivée de l'homme sur ce continent, le génome hybride fortement remanié se serait stabilisé en moins de 30 générations.

Moins étudiés que les deux exemples précédents, plusieurs cas de spéciation rapide par hybridation de deux espèces et formation d'un génome en mosaïque sont connus chez d'autres plantes[14]. Deux autres espèces d'*Helianthus*, *H. deserticola* et *H. paradoxus*, se seraient individualisées à partir de *H annuus* et de *H. petiolaris fallax*, et ce, bien avant l'arrivée de l'homme sur ce continent ; la première espèce est adaptée aux climats arides, la seconde aux marécages saumâtres (Figure 4B, page 114)[15]. En Chine, le pin du plateau tibétain *Pinus densata* se serait individualisé après hybridation de deux autres espèces, *P. yunnanensis* et *P. tabulaeformis*[16]. Quant à la pivoine officinale (*Paeonia officinalis*), elle serait issue de l'hybridation de deux espèces non pas diploïdes comme dans les cas précédents mais allotétraploïdes, *P. peregrina* et d'une des espèces du groupe *P. arietina*[17].

Chez les animaux, plusieurs cas de spéciation selon des modalités semblables ont été mis en évidence[18] mais il est parfois difficile de le prouver, les techniques qui permettent de confirmer la nature composite d'un génome à partir de deux autres proches mais distincts étant moins utilisées que celles classiques de l'examen des caryotypes. Un cas curieux est celui de petites mouches à ailes tachetées du genre *Rhagoletis* qui ont changé de plante hôte en devenant inféodées aux chèvrefeuilles (genre *Lonicera*) dans le nord-est des États-Unis : alors que des plantes asiatiques introduites se sont hybridées à celles locales, les insectes de *R. mendax* se sont eux-mêmes rapidement hybridés à ceux de *R. zephyria* selon le mode homoploïde, ce qui se manifeste au niveau de plusieurs séquences d'ADN nucléaire et d'un gène mitochondrial[19]. Dans la Virgin River de l'ouest des États-Unis, une nouvelle espèce de petits poissons cyprinidés, *Gila seminuda*, serait issue de l'hybridation de *G. robusta* et de *G. elegans*[20]. En Colombie, les deux espèces de papillons nymphalidés *Heliconius cydno* et *H. melpomene* seraient à l'origine de *H. heurippa*, à phénotype intermédiaire ; par des croisements entre les deux premières espèces citées et leurs hybrides F_1, ont été obtenus en laboratoire des papillons semblables à ceux de *H. heurippa* et dont les mâles ne s'accouplent qu'aux femelles de cette espèce, pas à celles des deux autres[21]. D'après une analyse plus récente, la spéciation d'*Heliconius heurippa* ne se serait peut-être pas faite selon cette modalité[22].

Quelles sont les conditions favorables aux spéciations homoploïdes ? Elles seraient distinctes au fil des générations. Au début, il est essentiel que les génomes des espèces parentales *S* et *T* soient suffisamment proches pour que les segments de leurs chromosomes respectifs se recombinent en chromosomes composites permettant d'assurer, d'une part la viabilité cellulaire, tant à l'état haploïde qu'à celui diploïde, d'autre part la fertilité des gamètes et le développement des zygotes en individus viables et fertiles. Aux générations suivantes, le changement de niche écologique de la nouvelle population favorise la colonisation de nouveaux habitats, voire d'autres territoires que celui de *S* et de *T*. La spéciation homoploïde est alors réalisée.

Dans tous les cas de spéciation rapide venant d'être exposés, l'isolement reproductif est d'abord post-zygotique, l'individualisation de la population à l'origine d'une nouvelle espèce se réalise en sympatrie avec l'espèce ou les espèces parentales. Mais après quelques dizaines de générations, il se peut fort bien qu'apparaissent des barrières prézygotiques et que l'espèce fille change d'habitat, voire s'étende sur de nouveaux territoires, d'où une allopatrie secondaire.

Les spéciations rapides chez les espèces à reproduction monoparentale exclusive

Les modalités de ces spéciations sont encore mal comprises. Sauf dans les cas où se produisent des transferts de gènes entre espèces (Chapitre 2, page 84), la seule source de variation des génomes est celle des mutations au sens le plus large : une espèce apparaît constituée d'un ensemble de lignées clonales qui diffèrent entre elles par un certain nombre d'allèles. Bien que les individus de chaque clone soient adaptés aux conditions biotiques et abiotiques locales suite à la pression de sélection naturelle exercée sur leurs ascendants, les individus de tous les clones d'une espèce ont des niches écologiques assez semblables. Comment les spéciations se produisent-elles dans un tel contexte ?

La spéciation des eucaryotes à reproduction monoparentale exclusive et indéfinie fait l'objet de discussions basées sur des constats. L'un d'eux résulte des comparaisons de caryotypes : chez la grande majorité des fougères, des plantes à fleurs et des vertébrés à reproduction exclusivement asexuée, parthénogénétique ou par autofécondation, chaque espèce paraît être issue de l'hybridation de deux espèces proches à reproduction biparentale. Il semble que cela aboutisse à une inaptitude à engendrer de nouvelles espèces, un cul-de-sac évolutif. Mais comment expliquer la richesse en espèces actuelles de taxons reconnus comme se reproduisant depuis plusieurs dizaines de millions d'années par parthénogenèse exclusive et indéfinie (des mâles n'ont jamais été trouvés dans ces groupes) : quelque 360 espèces de rotifères bdelloïdes et diverses espèces d'arthropodes dont une trentaine de crustacés ostracodes de la famille des darwinulidés ? Chacune de ces espèces étant isolée de celles qui lui semblent les plus proches à la fois par la reproduction et les traits du phénotype, les spéciations n'ont pu se produire qu'à la suite de mutations suivies d'épisodes de sélection.

La spéciation des bactéries et des archées s'effectuerait le plus souvent selon le scénario suivant. Suite à une modification drastique du milieu, une très forte mortalité frapperait les micro-organismes de la plupart des clones. Ne survivraient que les rares individus qui diffèrent de tous les autres par leur génome suite à une ou quelques mutations et/ou à l'intégration de plasmides, voire de gènes ou de segments génomiques allogènes – cette dernière éventualité résultant de transferts horizontaux entre espèces dans les milieux naturels à forte concentration en micro-organismes[23]. Certains de ces survivants se multiplieraient en clones plus ou moins différenciés par la niche écologique. Les spéciations surviendraient donc localement par crises suite aux intenses sélections exercées par des milieux soumis à des bouleversements abiotiques et/ou biotiques imprédictibles[24].

Comment, où et quand s'est faite la spéciation du bacille de Yersin, le responsable des nombreux et redoutables épisodes de la peste bubonique ? Les recherches effectuées pendant les deux dernières décennies apportent des réponses partielles à ces questions (Encadré 11).

Encadré 11

Une spéciation qui a coûté cher à l'humanité

La bactérie *Yersinia pestis* est responsable de la peste – environ 200 millions d'humains en sont morts au cours des quatre derniers millénaires[1] – est surtout transmise par la piqûre de la puce des rats, *Xenopsylla cheopis* (peste bubonique), mais aussi par des aérosols (peste pulmonaire).

Les puces se contaminent en prélevant le sang de rats infectés. Les *Yersinia pestis* présentes dans le sang du rat prolifèrent en amont d'une petite valve du tube digestif antérieur de la puce. Elles y forment un bouchon qui bloque le transit vers l'intestin, si bien que la puce devient de plus en plus affamée. Elle recherche alors un rat, ou à défaut un humain, le pique et, au cours de ses efforts d'ingestion, elle régurgite le bouchon bactérien dans le sang de l'hôte. Aussi celui-ci reçoit-il un grand nombre de bactéries en une seule piqûre, d'où une infection massive de son appareil circulatoire.

Les bactéries de deux autres espèces de *Yersinia*, *Y. enterocolitica* et *Y. pseudotuberculosis*, causent des gastro-entériques après ingestion d'eau ou d'aliments souillés. L'espèce *Y. pestis* serait issue d'un clone asiatique d'*Y. pseudotuberculosis*, la spéciation ayant eu lieu il y a quelque 6 000 ans. La comparaison des génomes de ces deux espèces de *Yersinia* montre que la spéciation s'est produite à la suite de plusieurs changements successifs.

– Des modifications génomiques[2] de deux types : 1° suite à des mutations, inactivation de plusieurs gènes d'*Y. pseudotuberculosis*, dont ceux qui empêchent la formation d'un agrégat dans le tube digestif antérieur de la puce ; 2° des transferts latéraux de gènes, de séquences répétées d'ADN et de gènes de plasmides bactériens.

– Des changements radicaux de niche écologique[3] : l'expression infectieuse des *Yersinia pestis* ne se manifeste plus, comme les deux autres espèces du genre, dans le tube digestif de nombreuses espèces de mammifères, dont la nôtre. Leur pathogénicité chez les rats, divers rongeurs et les humains, se manifeste d'abord au niveau du sang puis du système lymphatique, en particulier des ganglions. Ingérées par des puces, elles y échappent à leurs défenses immunitaires, ce qui leur permet de proliférer dans le tube digestif antérieur.

Chez les mammifères, humains compris, l'autre voie d'infection par les poumons, sans le vecteur puce, serait apparue secondairement.

Les processus de spéciation des particules infectieuses sont mal connus mais on peut préciser l'origine de certaines infections virales. Par exemple, les recherches sur l'origine des deux types du virus de l'immunodéficience humaine, le VIH-1 et le VIH-2 – les responsables du sida –, ont montré qu'ils dérivent des virus de l'immunodéficience simienne (VIS), aux effets pathogènes similaires. L'analyse phylogénétique des constituants viraux montrent que le VIH-1 dériverait du VIS_{cpz} qui infecte des chimpanzés de la sous-espèce *Pan troglodytes troglodytes* alors que le VIH-2 est proche du VIS_{smm} infectant des mangabeys couronnés et du VIS_{mac} infectant des macaques. L'infection d'humains par les VIH aurait commencé au début du XXe siècle ou à la fin du XIXe dans l'ouest de la République Démocratique du Congo, l'ex-Congo belge, mais la manière dont se sont effectués les changements d'hôte des VIS et leurs modifications restent conjecturales[25].

Chapitre 6

Les spéciations lentes

Les processus qui vont être décrits se rapportent aux espèces à reproduction biparentale, que celle-ci soit exclusive ou non. Ils se déroulent sur un grand nombre de générations, de plusieurs centaines à des dizaines de milliers : la « gestation » est donc longue, voire très longue. Compte tenu de la large gamme de la durée moyenne des générations selon les espèces d'êtres pluricellulaires, cela correspond à des durées allant de quelques siècles à plusieurs millénaires. Aussi les conditions biotiques et abiotiques changent-elles plus ou moins pendant cette *période de transition.*

– Au sens restreint, celle-ci débute par l'amorçage d'une divergence entre deux populations de l'espèce mère, ou entre une population de l'espèce mère et les autres, et s'achève par l'individualisation des deux espèces sœurs ou de l'espèce fille sur les plans du génome, du phénotype, du comportement et de l'écologie.

– Au sens large, la période transition se prolonge plus ou moins au-delà, jusqu'à ce qu'un verrouillage empêche toute hybridation entre les jeunes espèces sœurs ou entre une espèce fille et sa mère. Leur isolement reproductif est alors complet.

La période de transition au sens large peut être bien plus longue que celle au sens restreint.

De l'amorçage d'une spéciation au verrouillage par isolement reproductif, la divergence des génomes entre espèces sœurs, ou entre espèce fille et sa mère, continue. Cette « zone grise » de la spéciation complique la tâche des systématiciens[1]. Les répartitions spatiales des espèces peuvent changer pendant cette longue période, aussi l'espace qu'occupent finalement les espèces sœurs ou l'espèce fille ne correspond-il pas forcément à celui de l'espèce mère lors de l'amorçage de la spéciation.

Les scénarios de spéciation lente

Comprendre les processus des spéciations lentes exige un supplément aux généralités présentées dans la troisième partie du Chapitre 4.

Les effets de l'isolement des populations pendant de nombreuses générations

Soit une espèce X à reproduction biparentale et comprenant deux populations X_a et X_b réparties dans des espaces suffisamment proches pour qu'elles échangent des migrants. Supposons que, pour une cause quelconque, les flux géniques cessent peu à peu entre elles. Cela peut-il amorcer une spéciation si cet isolement persiste pendant de nombreuses générations ?

La composition génétique des deux populations ne peut que diverger, et ce, pour plusieurs raisons.

– Chacune d'elles est le siège de nouvelles mutations, pour la plupart aux effets minimes et concernant différents gènes. À chaque génération se produisent de nouvelles recombinaisons méiotiques et, après les fécondations, de nouveaux génotypes, qui diffèrent dans chaque population. En l'absence de flux géniques, ces variations restent confinées dans chacune d'elles.

– Comme les habitats diffèrent plus ou moins dans les deux espaces, la pression de la sélection naturelle ne s'exerce pas de la même manière sur les individus de X_a et de X_b, d'où une divergence des génotypes.

– Si l'effectif de X_a (ou/et de X_b) diminue fortement pendant une ou quelques générations, certains allèles y sont éliminés et d'autres fixés selon les aléas de la dérive génétique.

Jusqu'à ce stade, les modifications en X_a et en X_b correspondent à une simple différenciation génétique réversible, fréquente dans les populations naturelles. Peut-elle devenir irréversible ? Il semble que oui selon le scénario suivant.

– Du fait du découplage existant entre les modifications génétiques et leur expression par les traits du phénotype, ceux-ci divergent plus ou moins dans les deux populations.

– Sous la pression de la sélection naturelle, les individus de chaque population s'adaptent à des conditions d'habitats dissemblables, éventuellement occupent une niche écologique différente et/ou adoptent des comportements distincts. Deux jeunes espèces sœurs sont ainsi individualisées, *Y* à partir de la population X_a, *Z* à partir de la population X_b.

– À la suite d'une extension de leur espace de répartition, les individus de *Y* sont susceptibles de venir cohabiter avec ceux de *Z*. S'ils ne se reproduisent pas entre eux, les espèces sœurs sont vraiment séparées et continueront à évoluer sur des trajectoires distinctes. Dans le cas contraire, le fait qu'elles s'hybrident dans la zone de chevauchement signifie que les barrières d'isolement pré- et/ou post-zygotiques ne sont pas encore verrouillées. Dans les deux cas, il est erroné d'affirmer que la spéciation s'est réalisée en situation de sympatrie.

La spéciation étant réalisée, l'espèce mère *X* continue-t-elle à exister en tant que telle ? Tout dépend de ce qui s'est passé lors de l'isolement initial.

– Si les effectifs de X_a et de X_b étaient du même ordre de grandeur, les génotypes de *X* vont subir une dichotomie en deux ensembles à peu près égaux. Ceux-ci évoluent avec d'autant plus d'indépendance que les flux géniques se sont vite raréfiés. La spéciation réalisée, l'espèce *Y* est née de la population X_a, l'espèce *Z* de la population X_b (Figure 3A 1, page 99).

– Si l'effectif de la population X_b est minime par rapport à celui de X_a, il ne représente qu'une petite fraction de l'ensemble des génotypes de l'espèce *X*. Soit cette dernière se maintient après l'individualisation de *Z*, éventuellement en étant un peu changée à la suite de ce « bourgeonnement » (*X'* de la Figure 3A 2), soit elle s'éteint après un certain nombre de générations.

Le scénario général ainsi mis en place, plusieurs modèles théoriques peuvent être élaborés puis soumis à des observations dans la nature afin d'en éprouver la validité.

Comment modéliser les processus intervenant dans les spéciations lentes ?

Les modèles de spéciation par dichotomie ou bourgeonnement se basent sur les notions exposées dans le chapitre précédent en y ajoutant ce qui est relatif à l'isolement pré- ou post-zygotique (Chapitre 3)[1].

L'isolement prézygotique augmente peu à peu s'il est corrélé génétiquement à des traits qui déterminent l'aptitude des individus à s'adapter aux variations du milieu de vie[2].

– Cela peut être dû à la *pléiotropie* d'un gène *G*p : un allèle de ce gène s'exprime à la fois par une plus forte valeur sélective des génotypes qui le portent et par une particularité agissant comme barrière prézygotique. Toute augmentation de la fréquence de ces génotypes au fil des générations sous l'effet de la sélection naturelle accroît l'isolement reproductif de X_a.

– La corrélation génétique peut aussi être due à l'*auto-stop génétique* : quand, dans une population X_a, la sélection naturelle provoque une augmentation de la fréquence d'un allèle d'un gène *G*, voire sa quasi-fixation, il en est de même pour les allèles des gènes *F*, *H*... qui lui sont contigus ou très proches sur les chromosomes (Chapitre 1, page 53). Si un allèle de *F* ou/et de *H*... encode une protéine ayant pour effet direct ou indirect d'accroître l'isolement reproductif de X_a, celui-ci se renforce au fil des générations.

– Certains modèles font intervenir la sélection sexuelle dans l'isolement prézygotique[3]. Dans l'un d'eux, on suppose que les génotypes porteurs de certains allèles à effet pléiotrope s'expriment par une amplification de certains traits du phénotype des mâles, comportement compris. Si, dans X_a et X_b, les préférences des femelles ne reposent pas sur les mêmes valeurs de ces traits, ceux-ci évoluent différemment dans les deux populations, leur isolement reproductif s'accroît au fil des générations.

Theodosius Dobzhansky en 1934 puis Hermann Muller en 1939 et en 1940, ont proposé un modèle simple qui rend compte de l'isolement reproductif post-zygotique[2].

– Supposons que deux populations X_a et X_b d'une espèce à reproduction biparentale soient séparées et vivent dans des environnements différents, respectivement E_1 et E_2. Considérons deux gènes situés sur deux autosomes distincts et ayant deux allèles chacun : *A* et *a*, *B* et *b* (les majuscules et minuscules ne signifient pas dominance et récessivité). Les génotypes des gamètes étant *AB*, *Ab*, *aB* et *ab*, ceux des individus diploïdes sont *AABB*, *AAbb*, *aaBB*, *aabb* (doubles homozygotes), *AABb*, *AaBB*, *aaBb*, *Aabb* (homozygotes pour un gène, hétérozygotes pour l'autre) et *AaBb* (double hétérozygote). Supposons que la présence dans un même génotype des allèles *a* et *b* provoque la mort précoce ou la stérilité et que, chez l'espèce mère *X*, les individus de génotype *AABB* aient la plus grande valeur sélective à la génération g_0. Supposons qu'en E_1 soient sélectionnés les individus de génotype *AaBB* à la génération g_i, puis *aaBB* à celle g_n, et qu'en E_2

soient sélectionnés ceux de génotype *AABb* à la g_i, puis *AAbb* à la g_n. Si les individus de X_a et X_b reviennent en contact après la génération g_n et qu'aucun isolement prézygotique ne soit apparu, leurs hybrides F_1 meurent avant d'être adultes ou sont stériles du fait qu'ils sont de génotype *AaBb*. Une telle interaction négative entre les allèles de deux gènes distincts, ici *a* et *b*, peut tout aussi bien dépendre du milieu où sont engendrés ces hybrides qu'en être indépendante.

– Le raisonnement qui précède est extensible à plusieurs gènes, avec des interactions diversifiées entre allèles de chacun d'eux. Comme le nombre de génotypes susceptibles d'être formés par hybridation augmente avec le carré du nombre de gènes, le nombre d'interactions s'accroît d'autant, tant celles positives que celles négatives.

– Une autre éventualité est celle des gènes dupliqués du génome. Si deux populations X_a et X_b sont isolées et vivent dans des environnements différents E_1 et E_2, il se peut que l'une des deux copies de ces gènes soit mutée par délétion ou modification en un pseudogène qui n'encode rien. Ces mutations se produisant au hasard, il est hautement probable que ce ne soit pas les mêmes copies qui existent en X_a et en X_b après mutation. Si une hybridation a lieu entre individus de ces deux populations, les hybrides F_1 sont viables et féconds car ils contiennent l'une des deux copies du gène, celle-ci suffisant à assurer la fonction. Mais, par suite des recombinaisons méiotiques, une certaine proportion des hybrides des générations suivantes F_2, F_3… mourront jeunes ou seront stériles, proportion d'autant plus forte qu'est élevé le nombre de gènes concernés. Ce modèle ayant été testé par analyse génétique[4], il a été validé par les résultats de croisements effectués en laboratoire entre partenaires d'espèces très proches de drosophiles[5]. Ces expériences ont par ailleurs confirmé la règle de Haldane énoncée dans le Chapitre 2 (page 81), et dont le fondement est longtemps resté énigmatique jusqu'à ce qu'elle soit en partie expliquée par ce modèle[6].

Dans la représentation des paysages adaptatifs relatifs aux génotypes d'une population (Chapitre 1, page 53), les individus les plus viables et les plus fertiles ont des génotypes situés sur des « pics » adaptatifs. Une objection a souvent été faite : tout amorçage de spéciation devrait se traduire par une forte baisse de la valeur sélective des génotypes – les « cols » et les « vallées » du paysage – à moins d'un relâchement de la pression de sélection. Le modèle de

Dobzhansky-Muller ne faisant pas appel à cette dernière condition, l'objection apparaît invalide[7].

L'isolement post-zygotique peut donc être réalisé après de nombreuses générations par l'apparition d'incompatibilités entre les allèles de certains gènes. Sur des périodes plus courtes, d'autres causes sont à même de produire des effets similaires quand la viabilité et la fertilité des hybrides F_1, F_2 ou/et F_3… dépendent des variations au fil du temps d'un ou de plusieurs facteurs biotiques et/ou abiotiques de l'environnement[8].

Comment modéliser ce qui concerne l'hybridation entre individus de deux jeunes espèces sœurs *Y* et *Z*, ou d'une jeune espèce *Z* et de sa mère *X*, qui, individualisées dans des espaces séparés, sont venues secondairement en contact ? L'évolution de ces zones d'hybridation est difficile à prévoir. Certains modèles considèrent que, au cours de la séparation, les génotypes des espèces ont tellement divergé que les croisements féconds entre *Y* et *Z*, ou entre *Z* et *X*, sont devenus rarissimes, et ce, pour deux raisons : les individus de chaque espèce préfèrent les partenaires de leur propre espèce, d'où un isolement prézygotique *partiel* ; la valeur sélective moyenne des hybrides est inférieure à celle des individus de chaque espèce, d'où un isolement post-zygotique *partiel*. À la différence des isolements reproductifs *absolus*, l'hybridation n'est pas empêchée mais freinée, ce qui se traduit par une augmentation des différences génétiques entre les deux populations et, en conséquence, un renforcement de l'isolement prézygotique[9]. Selon d'autres modèles, ces facteurs ne seraient pas les seuls à intervenir.

Comment évaluer le degré d'avancement d'une spéciation en cours

Les modèles proposés sont-ils validés par les observations sur le terrain et les expériences en conditions contrôlées ? Les observations faites dans les « laboratoires naturels » de la spéciation sont irremplaçables compte tenu de la longue durée des périodes de transition ; mais il faut évaluer le degré de divergence des populations ou espèces étudiées, mesurer l'efficacité de leur isolement reproductif et en déterminer les causes, connaître les changements de leur répartition géographique. Quant à l'expérimentation, elle n'apporte que des informations limitées. Certes, des cultures ou élevages en conditions contrôlées de lignées d'espèces à cycle biologique court ont permis d'obtenir, sur de grands effectifs et pendant de nombreuses générations, un isolement reproductif prézygotique assez efficace. Mais, même fortement différenciées, les lignées obtenues ne montrent pas les caractéristiques de jeunes espèces, durablement individualisées sur plusieurs plans, génétique, phénotypique, éthologique et écologique.

Plusieurs méthodes permettent d'évaluer le degré de divergence de populations ou de jeunes espèces, et ce, à différents niveaux d'organisation.

– Les techniques d'analyse des données servent à quantifier les modifications des phénotypes et des comportements, tant pour les formes et les motifs colorés que pour les signaux de communication. Vu la multiplicité des variables, les résultats sont d'abord exprimés par des graphes bi- ou tridimensionnels, puis réduits à quelques indices numériques.

– Ces techniques n'étant pas généralisables à l'ensemble du vivant, celles de la biologie moléculaire sont de plus en plus utilisées pour comparer des protéines ou des séquences d'ADN dites *homologues*, la comparaison des séquences polypeptidiques ou nucléotidiques montrant qu'elles dérivent d'une séquence ancestrale polypeptidique ou nucléotidique commune. Au niveau global, plusieurs indices estiment les *distances génétiques* entre populations ou espèces proches. Mais, du fait du découplage entre les variations génétiques et leur expression sur les phénotypes, les comportements et les traits écologiques, ces indices ne sont pas forcément bien corrélés à ceux qui évaluent la divergence des phénotypes – le cas des espèces cryptiques et jumelles est exemplaire à ce propos. Au niveau des génomes, seules les comparaisons des séquences d'ADN homologues permettent de savoir si les divergences des phénotypes sont dues à des variations disséminées dans l'ensemble du génome ou groupées en « îlots de divergence génomique ».

L'efficacité de l'isolement reproductif entre espèces sœurs *Y* et *Z*, ou entre espèce fille *Z* et sa mère *X*, n'est mesurable que si elles sont sympatriques : il suffit de recenser sur le terrain les individus hybrides et déterminer s'ils sont des hybrides F_1 ou d'une génération ultérieure. Si ce n'est pas le cas, évaluer l'efficacité de l'isolement reproductif ne peut se faire qu'en conditions artificielles bien contrôlées, en laboratoire, en jardin ou en enclos. Quant aux causes possibles de l'isolement reproductif, tant pré- que post-zygotique, elles sont tellement diverses qu'elles exigent une excellente connaissance de la biologie des organismes étudiés.

Vu la longue durée des périodes de transition entre l'amorçage d'une divergence et l'individualisation génétique, phénotypique, éthologique et écologique d'une ou de deux espèces filles, il est difficile de reconstruire l'histoire des changements de la répartition spatiale d'espèces sœurs *Y* et *Z*, ou d'une espèce fille *Z* et de sa mère *X*. Pour les plantes, l'examen au microscope des spores ou des pollens fossilisés apportent des informations précieuses s'ils sont bien datés et si les échantillons sont prélevés sur de vastes territoires. Il en est de même pour les fossiles d'animaux, avec la réserve que les différences de la morphologie de fossiles du même âge ne correspondent pas forcément à celles d'espèces distinctes.

Plusieurs modalités de spéciation lente vont être exposées en distinguant : 1° l'amorçage par divergence des populations, 2° l'amplification des divergences jusqu'à l'individualisation des espèces sœurs *Y* et *Z*, ou de l'espèce fille *Z*, 3° le verrouillage de l'isolement reproductif entre *Y* et *Z*, ou entre *Z* et l'espèce mère *X*.

L'amorçage des spéciations lentes et l'amplification des divergences entre populations

Une ou plusieurs causes conjuguées sont susceptibles d'amorcer une spéciation en favorisant des divergences génétiques, phénotypiques, éthologiques et écologiques entre populations, divergences qui s'amplifient au fil des générations[10].

Les Figures 5, 6A et 6B schématisent quatre modalités d'amorçage de spéciations lentes, la première avec deux variantes. Deux autres modalités seront citées à part.

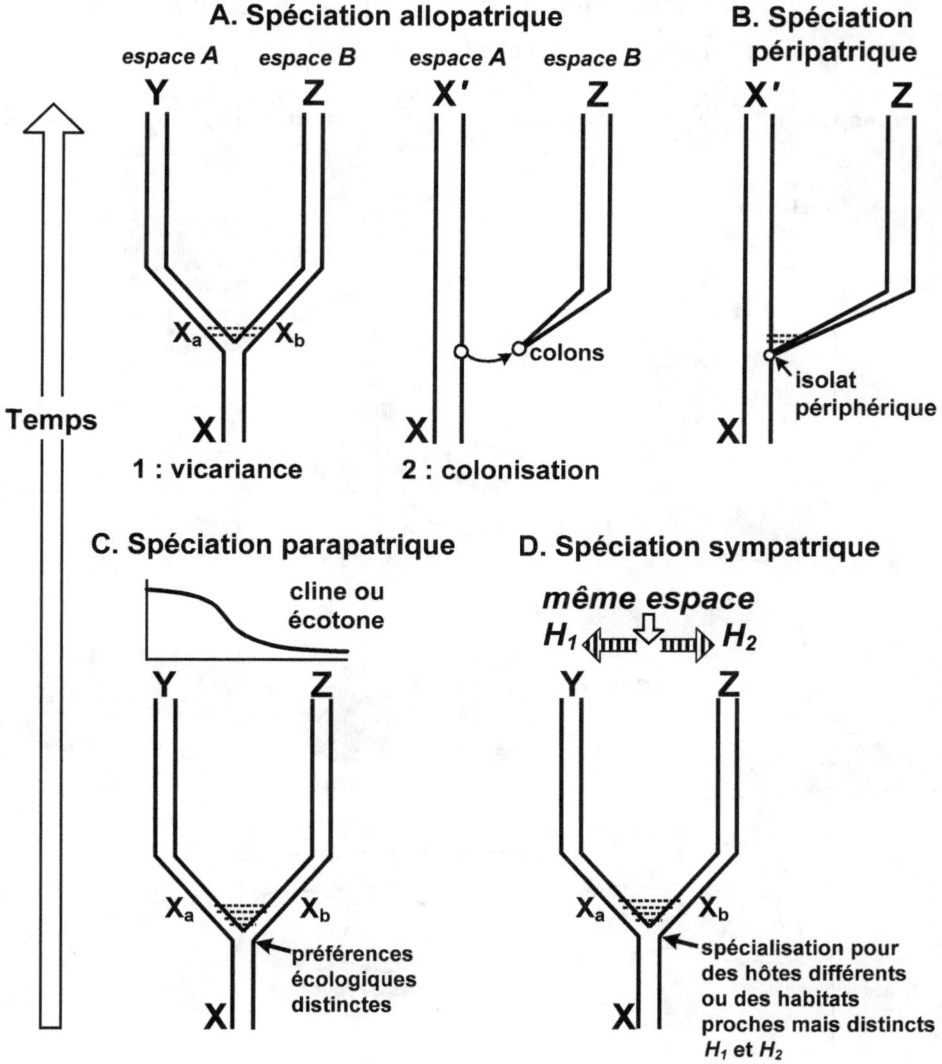

Figure 5. Les diverses modalités de spéciation lente (explications dans le texte). Lignes horizontales en tirets : flux géniques.

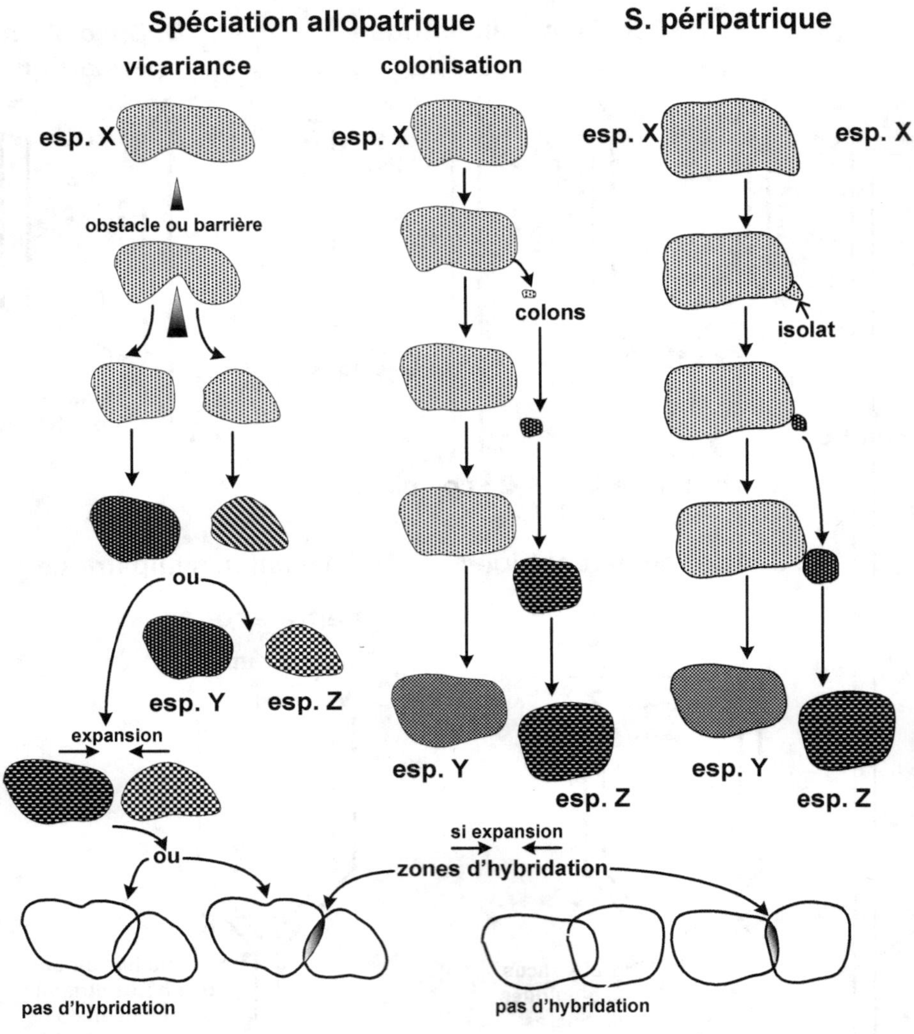

Figure 6A. La dimension spatiale de trois modalités de spéciation lente. Les contours de la répartition spatiale des populations et des jeunes espèces sont des projections sur un plan. La flèche du temps est orientée vers le bas.

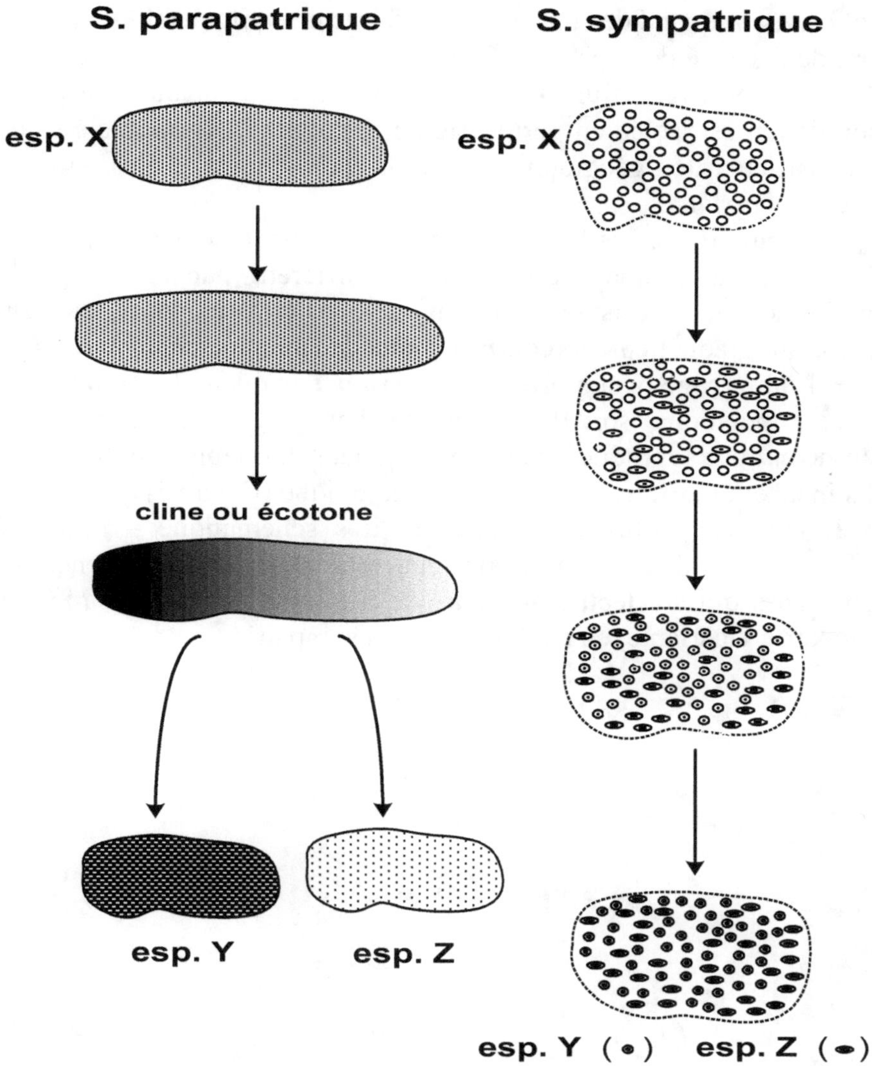

Figure 6B, complément de la Figure 6A. La dimension spatiale de deux autres modalités de spéciation lente.

Plusieurs constats ont été faits par les biologistes.

– Les spéciations s'amorcent souvent en *allopatrie*, et ce, dans deux situations : celle d'une *vicariance* quand l'espace de répartition d'une espèce est disjoint, les effectifs des deux populations séparées étant du même ordre de grandeur ; celle consécutive à une *colonisation* quand des diaspores, de faible effectif, s'établissent à une grande distance de la population mère.

– L'amorçage d'un troisième type a lieu quand une petite population est isolée en périphérie de la population principale suite à des particularités géographiques et/ou écologiques locales, situation dite *péripatrique*.

– L'amorçage est dit *parapatrique* quand deux populations divergent parce que leurs individus diffèrent par leur degré de préférence ou de résistance à un ou quelques facteurs du milieu, ceux-ci variant graduellement (courbe en haut de la Figure 5C).

– L'amorçage peut s'effectuer en *sympatrie* quand les individus de deux populations, soit dépendent de deux hôtes différents pour la survie et/ou la reproduction, soit vivent dans des habitats proches mais distincts et/ou diffèrent par la niche écologique (Figure 5D).

La Figure 7 illustre, de manière très schématique – minuscule effectif, très petit nombre de générations –, la divergence des génotypes qui s'effectue au cours de l'amorçage des spéciations en allopatrie vicariante, en parapatrie ou en sympatrie.

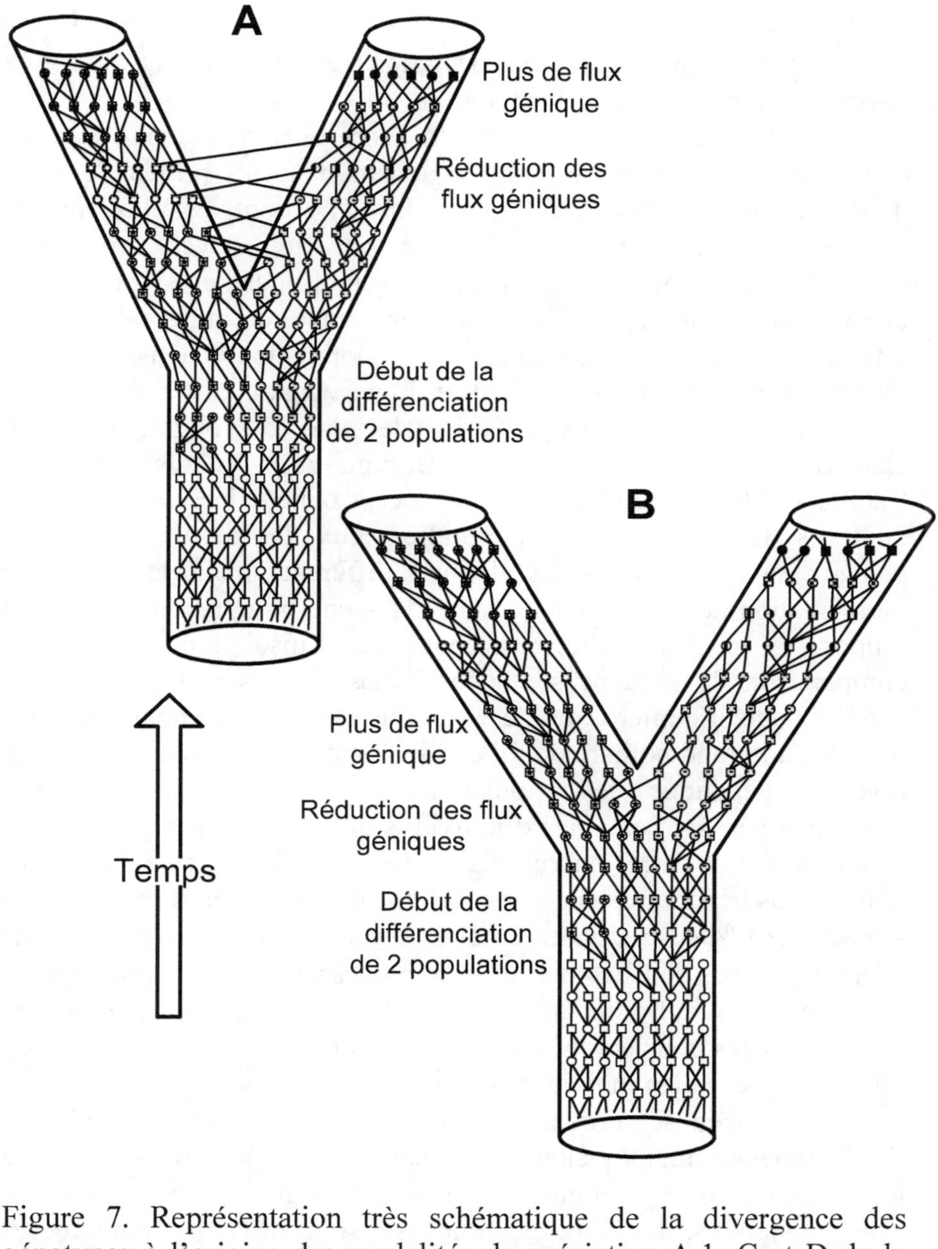

Figure 7. Représentation très schématique de la divergence des génotypes à l'origine des modalités de spéciation A 1, C et D de la Figure 5. Cercles : génotypes femelles ; carrés : génotypes mâles. Les effectifs sont réduits à l'extrême, l'échelle du temps est fortement contractée. Cas A : réduction progressive des flux géniques ; cas B : réduction précoce des flux.

Les divergences en allopatrie vicariante (Figures 5A 1 et 6A)

Un tel type d'amorçage des spéciations est illustré par plusieurs exemples, dont les deux suivants.

– Des huit espèces de girafes du genre *Giraffa* qui ont vécu au cours des sept derniers millions d'années dans les milieux ouverts d'Afrique, seule subsiste *G. camelopardalis*, dont les plus anciens fossiles, datés à -1 million d'années, ont été trouvés en Afrique orientale[11]. Au cours de l'expansion vers l'ouest et le sud de la population originelle, celle-ci s'est fragmentée, ce qui a ralenti puis interrompu les flux géniques. Les populations actuelles sont dispersées sur les savanes à acacias d'une vingtaine de territoires de superficies variées : Afrique orientale, sud du Niger, nord du Cameroun, sud du Tchad et nord du Burkina-Faso, Angola, Botswana, Zambie et Mozambique. Neuf sous-espèces ont été décrites sur la base de traits du phénotype, en particulier ceux des motifs colorés du pelage : non seulement les dessins diffèrent, mais le degré de pigmentation des aires foncées varie dans une large gamme, et ce, en rapport avec l'intensité moyenne de l'insolation locale. La comparaison de séquences nucléotidiques d'ADN mitochondrial et d'ADN nucléaire microsatellite – de courtes séquences nucléotidiques répétées un grand nombre de fois, utilisées ici comme marqueurs de la diversité génétique des populations – extraits de prélèvements tissulaires sur des centaines d'individus de plusieurs des populations locales a permis de reconstruire la phylogénie : il y aurait au moins 11 populations génétiquement bien différenciées. Très peu d'hybridations – moins de 1 % des individus étudiés – ayant lieu entre les populations les plus proches de l'Est africain[12], le processus de spéciation apparaît bien amorcé. À tel point que, se basant sur des analyses génétiques, des biologistes considèrent que quatre des neuf sous-espèces sont en fait des espèces bien individualisées[13].

– Les biocénoses proches du littoral du Pacifique et de celui de l'Atlantique communiquaient au niveau de l'actuel isthme de Panamá jusqu'à environ -3 millions d'années. La formation de l'isthme les ayant disjointes, les flux géniques se sont taris, de nombreuses spéciations se sont amorcées, les mieux étudiées étant celles d'oursins, de crustacés (crabes, crevettes des fonds rocheux, isopodes parasites) et de poissons vivant à proximité du fond. Le degré de divergence d'enzymes et de l'ADN mitochondrial a été mesuré pour plusieurs paires d'espèces sœurs de ces taxons[14]. Une des études les plus documentées est celle des crevettes du genre *Alpheus*[15]. La comparaison des phénotypes des crevettes qui vivent de chaque côté de l'isthme incite à les ranger en sept paires d'espèces proches Y_1-Z_1, Y_2-Z_2, ..., Y_7-Z_7, chaque paire comprenant la *Y* du côté Pacifique, la *Z* du côté Atlantique, hypothèse confirmée par la comparaison de séquences homologues de l'ADN mitochondrial. La distance génétique entre la *Y* et la *Z* d'une même paire, calculée pour des séquences d'ADN nucléaire, varie de 6,5 à 19 % selon la paire considérée[16]. L'étude en aquarium du comportement des crevettes *Y* et *Z* de sexe différent d'une même paire montre que, plus la distance génétique est grande, plus l'agressivité est forte et l'attirance sexuelle faible ; si l'accouplement a lieu, la mortalité des embryons et/ou des larves hybrides F_1 est élevée. Le degré d'isolement reproductif, tant pré- que post-zygotique, augmente en proportion de la distance génétique. Les biologistes expliquent les différences de distance génétique entre les paires *Y-Z* par le fait que l'isthme s'est formé graduellement et que les espèces mères des *Y* et des *Z* ont été séparées à des moments distincts.

Dans les deux exemples cités, il est difficile de différencier ce qui, de la dérive génétique aléatoire ou de la sélection, tant sexuelle que naturelle, a amorcé les divergences.

Les divergences après établissement d'un petit effectif de colons (Figures 5A 2 et 6A)

Toute population pionnière éloignée de celle originelle après migration est, pendant les premières générations, soumise aux effets de la consanguinité et de la dérive génétique, et ce, d'autant plus que l'effectif des colons est faible et l'arrivée de nouveaux migrants rare (effet de fondation, Chapitre 1, page 64). Et plus le milieu colonisé diffère de celui où vit la population originelle, plus la pression de la sélection naturelle est forte. Les drosophiles de l'archipel volcanique hawaïen en offrent un bel exemple. Bien avant l'arrivée des Polynésiens, ces îles ont été colonisées à plusieurs reprises par ces moucherons, dont la petite taille favorise le transport par le vent sur de grandes distances. De multiples spéciations ont été à l'origine des nombreuses espèces actuelles – plus de 600 décrites à ce jour, toutes endémiques. Parmi celles des trois îles les plus jeunes, Molokai, Maui et Hawaï, quatre sont faciles à discriminer par le phénotype des adultes alors que les bandes des chromosomes des glandes salivaires des larves sont similaires[17]. Après avoir reconstruit la phylogénie de ces quatre espèces en comparant des séquences homologues de l'ADN mitochondrial[18], les biologistes ont proposé le scénario de spéciation suivant. Des mouches d'une population de *Drosophila differens* endémique de Molokai auraient été entraînées par le vent vers Maui où elles se seraient établies. Après de nombreuses générations, *D. planitibia* se serait individualisée. Le même scénario expliquerait, d'une part la divergence des deux espèces endémiques de l'île Hawaï, *D. silvestris* et *D. heteroneura*, d'autre part les différences de séquences homologues de l'ADN mitochondrial entre les populations de Kona, station du sud-ouest de cette île, et Hilo, située au nord-est. L'effet de fondation est amplifié par le fait suivant : l'héritabilité de certains traits du phénotype étant plus élevée dans les petites populations pionnières de ces drosophiles que dans les grandes, les colons répondent plus intensément à la sélection naturelle. Il s'ensuit que les génotypes et les phénotypes divergent plus vite et plus fortement que dans les situations de vicariance.

Les divergences après isolement en situation péripatrique (Figures 5B et 6A)

De toutes les modalités de spéciation, celles qui s'amorcent dans de petites populations marginales par rapport à celle principale sont les moins étudiées. En voici un exemple. Peu après le début de la construction du métro londonien en 1863, des voyageurs furent incommodés par les piqûres de moustiques femelles de l'espèce *Culex pipiens*. Cette gêne s'aggrava quand les stations servirent d'abris pendant les bombardements en 1940-45, les larves se développant dans les flaques d'eau croupie riches en micro-organismes. Avant le début des chantiers, ces moustiques ne vivaient que dans les parcs et les jardins, surtout à proximité des pièces d'eau calme, les femelles suçant le sang des oiseaux, rarement des humains. Les fréquences des allèles de 20 gènes codant pour des enzymes ont été évaluées sur plusieurs échantillons des deux populations, celle de surface (S) et celle du métro (M) : en *S*, 90 % des gènes sont pluralléliques, contre 60 % en *M* ; le nombre moyen d'allèles par gène étudié est de 3,50 en *S*, de 2,45 en *M* ; le taux moyen d'hétérozygotie est de 27 % en *S*, de 7 % en *M*. Ces données sont interprétées comme suit : les tunnels et les stations du métro auraient été colonisés par un petit nombre de moustiques lors des travaux, en une seule ou en quelques fois, d'où un effet de fondation. Très peu d'échanges génétiques auraient eu lieu ensuite entre les deux populations. En a résulté une forte différenciation génétique, expression de l'amorçage d'une spéciation de type péripatrique[19]. À ce jour, un isolement reproductif partiel s'est déjà mis en place entre les deux populations[20].

Les divergences en situation parapatrique (Figures 5C et 6B)

L'exemple qui suit se rapporte à des plantes qui poussent sur ou à proximité des déblais miniers riches en métaux lourds. Des déblais *D* aux prairies naturelles environnantes non polluées *N*, les concentrations en métaux et en leurs dérivés diminuent selon un gradient à forte pente près de *D*, à faible pente vers *N*. Lui sont corrélés des variations graduelles des phénotypes (*clines* phénotypiques) de plusieurs espèces de poacées des genres *Agrostis*, *Deschampsia* et *Anthoxanthum*. Les phénotypes ne sont pas seuls à varier : la mise en culture sur sol standard des semences produites par les plantes de chaque station montre que les plantes ne fleurissent pas en même temps selon qu'elles sont issues de *D*, de *N* ou de stations de la zone de transition *T*. Leur taux d'autofécondation varie selon l'origine des semences : très élevé pour celles issues de *D*, presque nul pour celles venant de *N*, intermédiaire pour celles prélevées en *T*. Les analyses génétiques montrent que les flux géniques restent très faibles entre les plantes de *D* et de *N*. Les déblais étant datés, on constate que, en un peu plus d'un siècle, ont été sélectionnés les génotypes qui comportent des allèles conférant une tolérance aux dérivés des métaux lourds et des allèles s'exprimant par un très fort taux d'autofécondation. Ces allèles ont été caractérisés pour quelques espèces des genres de poacées cités. Toutes les conditions requises pour l'amorçage de spéciations parapatriques apparaissent réunies, et ce, souvent sur des distances de quelques dizaines de mètres[21].

Les divergences dans les situations de sympatrie (Figures 5D et 6B)

Les flux géniques entre populations sympatriques peuvent être freinés dans diverses situations.

De nombreux parasites n'infectent leur hôte que grâce à un organisme vecteur spécifique. Considérons le cas où la reproduction du parasite étant biparentale, la conjonction des gamètes s'effectue à l'intérieur du vecteur. C'est le cas des protozoaires du genre

Plasmodium qui parasitent des reptiles, des oiseaux et des mammifères – dont les humains –, les vecteurs étant des moustiques femelles[22]. Quand plusieurs espèces hôtes vivent en sympatrie, l'espèce du vecteur constitue une barrière extrinsèque aux flux géniques qui pourraient s'effectuer entre les populations du parasite. Cette barrière est tout aussi efficace que celle de la distance et des obstacles géographiques pour ce qui concerne l'amorçage d'une spéciation[23].

Des divergences susceptibles d'amorcer des spéciations se produisent en sympatrie dans les deux cas suivants : les individus dépendent de deux hôtes différents pour la survie et/ou la reproduction ; ils vivent dans deux habitats distincts de l'espace commun et/ou ils diffèrent par la niche écologique, en particulier le régime alimentaire et le comportement de prise de nourriture. Hôtes, habitats et niches sont désignés par H_1 et H_2 dans la Figure 5D.

– Les races d'hôte des insectes inféodés aux plantes offrent de nombreux exemples de divergence en situation de sympatrie[24].

L'un des cas d'amorçage de spéciation les mieux étudiés est celui des races d'hôte d'une petite mouche aux ailes tachetées, *Rhagoletis pomonella,* dont certaines populations sont sympatriques dans certaines régions de l'est des États-Unis et du Canada méridional (Encadré 12).

Encadré 12

Un exemple de races d'hôte : prélude à une spéciation sympatrique ?

L'amorçage d'une spéciation sympatrique a été bien analysé dans certaines régions de l'est de l'Amérique du Nord pour une petite mouche aux ailes tachetées, *Rhagoletis pomonella.*

Avant l'introduction du pommier par les colons européens, cette espèce était inféodée aux aubépines dans une vaste aire couvrant le sud-est du Canada, l'est des États-Unis et certains hauts plateaux mexicains. Le cycle de vie se déroule sur une année : en début d'été, les mouches des deux sexes se réunissent sur les aubépines où elles copulent à proximité des fruits, les femelles pondent un œuf dans chacun d'eux ; la larve ronge le parenchyme et, une fois sa croissance achevée, le fruit tombe, la larve quitte ce qui en subsiste, s'enfouit dans le sol et commence sa métamorphose ; le développement s'arrête et ne reprend qu'au début de l'été suivant ; la jeune mouche émerge.

Vers 1850, certaines de ces mouches ont changé de plante hôte, préférant les jeunes fruits des pommiers cultivés sur la moitié septentrionale de l'aire de répartition des aubépines. Dans cet espace, les populations se sont peu à peu différenciées en deux *races d'hôte*, celle *A* qui a continué à préférer les aubépines et celle *P* qui a changé d'hôte.

1) Les expériences de capture-lâcher-recapture de mouches montrent qu'elles sont aptes à voler sur deux kilomètres pour rechercher une plante hôte dont les fruits se trouvent au stade optimal pour la ponte, que ce soit des fruits d'aubépine ou de jeunes pommes.

2) La comparaison de protéines extraites de mouches capturées sur les jeunes pommes ou sur les fruits d'aubépine dans la même région révèle d'importantes différences : les deux populations sympatriques diffèrent par les allèles de plusieurs gènes[1].

3) Mises en situation de choix, les mouches de la race *P* préfèrent les jeunes pommes, celles de la race *A* les fruits d'aubépine, tant pour la parade sexuelle et la copulation que pour la ponte[2]. Les études sur le terrain confirment ces résultats obtenus en laboratoire. Les accouplements entre mouches des deux races sont rares, 6 % seulement. Des stimuli olfactifs ayant un rôle prépondérant dans le choix du fruit, les deux races diffèrent génétiquement par la manière dont s'effectue cette discrimination[3].

4) Les deux types de fruits étant prélevés dans la nature, les œufs recueillis sur les fruits d'aubépine sont transférés aux jeunes pommes et vice-versa. Après recensement des larves âgées, il s'avère que la viabilité est, dans ces conditions, près de deux fois moindre sur les pommes que sur les fruits d'aubépine, et ce, *quelle que soit la race d'hôte*[4]. Obtenu en laboratoire, ce résultat ne peut être extrapolé : s'il en était de même sur le terrain, les populations de la race *P* seraient évincées par celles de la race *A* sous l'effet de la sélection naturelle. Trois facteurs écologiques expliquent qu'il n'en est pas ainsi dans la nature.

– Les larves des mouches sont nettement moins (70 %) parasitées, en particulier par celles des microguêpes, sur les jeunes pommes que sur les fruits d'aubépine. Cela est en partie dû au fait que la tarière de ponte des femelles parasitoïdes est trop courte pour atteindre les larves de la race *P*, qui minent le parenchyme des jeunes pommes plus en profondeur que ne le font celles de *A* dans les fruits d'aubépine, bien moins charnus.

– La compétition entre les larves de *R. pomonella* est moins intense sur les jeunes pommes que sur les fruits d'aubépine du fait que, en moyenne, une larve dispose de près de six fois plus de parenchyme nutritif.

– Les larves mineuses de charançons et de lépidoptères entrent en compétition avec celles des mouches pour la consommation du parenchyme. Une même pomme peut servir de nourriture aux larves de deux ou trois espèces sans que la compétition nuise trop à la survie des larves de *R. pomonella.*

5) Les deux races de mouches diffèrent par six inversions localisées sur trois chromosomes, chaque inversion incluant un gène dont l'expression intervient dans le déterminisme génétique de la durée de la période larvaire, durée qui conditionne le synchronisme de l'émergence des mouches et de l'état mature des fruits (les pommes mûrissent environ trois semaines avant les fruits des aubépines)[5]. Les séquences de ces six gènes clés et de 33 courtes séquences réparties ailleurs sur la totalité du génome nucléaire diffèrent fortement entre les deux races[6].

Toutes ces données confirment que l'amorçage d'une spéciation s'est effectué en situation de sympatrie, et ce, en quelque 140 générations. La divergence génétique des deux races d'hôte apparaît suffisamment avancée pour que les flux géniques entre elles soient minimes. La *sélection naturelle*, du type *disruptif*, a été le principal facteur de ces changements, chacun des deux types de fruits présentant des avantages plus ou moins compensés par des inconvénients, un peu comme dans un jeu à somme nulle.

Le puceron vert du pois, *Acyrthosiphon pisum*, espèce introduite aux États-Unis dans les années 1860 par des colons européens, y existe en deux races d'hôte vivant en sympatrie dans les États du nord-est. Elles diffèrent par la plante hôte des générations parthénogénétiques de printemps et du début de l'été, la luzerne pour l'une (race *L*), le trèfle pour l'autre (race *T*). Élevés sous serre en situation de choix, les pucerons de *L* préfèrent la luzerne, ceux de *T* le trèfle. Transférés sur l'autre plante hôte, ils s'alimentent peu, leur fécondité est faible et leur mortalité très élevée[25]. Les pucerons de *L* et de *T* diffèrent par les fréquences alléliques de gènes encodant des enzymes et par au moins cinq gènes qui sont exprimés par des traits du comportement, en particulier ceux du degré d'acceptation et/ou de préférence de la plante hôte[26].

– D'autres exemples sont fournis par des champignons parasites de plantes, en particulier les ascomycètes dont la reproduction, biparentale, s'effectue à l'intérieur de l'organisme hôte. Aussi ne peut-elle se faire que si les progéniteurs infectent la même plante hôte. On a montré que certains genres d'ascomycètes phytopathogènes comportent plusieurs lignées sœurs sympatriques distinctes par des marqueurs moléculaires, chacune inféodée à une espèce hôte différente. Bien que l'isolement prézygotique de ces lignées soit faible, il s'agit là de préludes à des spéciations en situation de sympatrie[27].

D'autres exemples de divergences sont connus dans des lacs, et ce, dans différentes conditions.

Les lacs et les cours d'eau qui se sont formés entre -15 000 et -10 000 ans en Eurasie, en Islande et en Amérique du Nord au cours du retrait des glaces ont été colonisés, souvent par épisodes successifs, par des poissons marins aptes à s'adapter à la réduction de la salinité : épinoches, corégones, truites, ombres, éperlans. Les populations lacustres de certaines espèces se sont fortement différenciées en deux, trois ou quatre types distincts par la taille adulte, la coloration, la morphologie – en particulier la denture et la forme de la bouche, les denticulations des arcs branchiaux –, les comportements de prise de nourriture et de reproduction, l'habitat et la niche écologique – certains vivent à proximité du fond, d'autres en pleine eau ou près de la surface[28]. Dans les lacs nord-américains, la divergence génomique des deux types de corégones de l'espèce *Coregonus clupeaformis*, celui de pleine eau et celui vivant près du fond, a été caractérisée pour plusieurs gènes[29]. Cette divergence, qui a débuté il y a quelque 150 ans dans les populations sympatriques ou parapatriques des épinoches (*Gasterosteus aculeatus*) vivant en sympatrie ou en parapatrie dans le lac de Constance et les cours d'eau qui s'y jettent, concerne plusieurs segments du génome, surtout l'un d'eux à faible taux de recombinaison et comprenant des gènes qui encodent des traits adaptatifs aux conditions écologiques locales[30].

Une expérimentation effectuée sur de petits poissons des lacs salés d'une île des Bahamas a montré que la différenciation des phénotypes et des niches écologiques est maintenue quand la compétition pour la nourriture est intense (Encadré 13).

Encadré 13

Les *Cyprinodon* de l'île San Salvador

Le genre *Cyprinodon*, de la famille des cyprinodontidés – ce ne sont pas des cyprinidés comme les vairons, les goujons, les barbeaux, etc. –, est représenté par près de 50 espèces de petits poissons vivant dans les eaux douces ou saumâtres des Amériques et des Caraïbes. L'une des espèces, *C. variegatus*, se présente sous trois formes distinctes, tant par la niche écologique que par le phénotype, dans certains des lacs salés de l'île San Salvador, à l'ouest de l'archipel des Bahamas[1]. Les individus de la forme commune à cette île et à d'autres de l'archipel, dite « normale », sont détritivores et omnivores. Ceux des deux autres formes, endémiques de San Salvador, sont spécialisés : les « bozo » s'alimentent de gastéropodes, les « bouledogue » des écailles et des rayons des nageoires qu'ils arrachent à des poissons plus petits qu'eux. À chaque régime correspondent une forme particulière des mâchoires et un comportement original de prise de nourriture.

1) La comparaison de huit marqueurs microsatellites de la forme normale et de celle « bouledogue » montre une forte différenciation, de même qu'entre la forme « bouledogue » d'un des lacs de San Salvador et la même de deux autres lacs. La comparaison entre la forme « bozo » et les deux autres apporte peu d'informations[2].

2) La reconstruction phylogénétique de la famille des cyprinodontidés, basée sur 16 traits fonctionnels, montre que l'évolution de *Cyprinodon variegatus* vers les formes « bozo » et « bouledogue » se serait faite environ 130 fois plus vite que celle d'autres traits chez les autres espèces du genre[3].

3) Des poissons des trois formes ont été prélevés dans les lacs de San Salvador, puis croisés en laboratoire. Les hybrides étant fertiles, 3 000 hybrides de deuxième génération, eux-mêmes fertiles, ont été obtenus en trois ans : ils présentaient des phénotypes diversifiés, en particulier pour les mâchoires. Ces hybrides ont été élevés dans des enclos immergés dans les lacs, et ce, à des densités variées afin de moduler l'intensité de la compétition pour l'accès à la nourriture. Trois mois après, les chercheurs ont constaté que, dans les enclos où la compétition était la plus intense, les hybrides ayant le plus haut taux de survie étaient ceux dont le phénotype ressemblait le plus à celui des trois formes grand-parentales. La pression de la sélection naturelle, d'autant plus forte que les ressources alimentaires sont limitées, est donc la principale cause de la forte différenciation du phénotype et de la niche écologique, prélude d'une spéciation en situation de sympatrie[4].

La sélection sexuelle peut-elle contribuer à l'amorçage d'une spéciation ?

Supposons que, dans une petite population isolée d'une espèce de mouches dont les mâles joutent sur des leks en présence des femelles comme chez l'espèce *Cyrtodiopsis whitei* citée dans le Chapitre 1, page 59, les mâles diffèrent par la largeur de la tête et le comportement d'affrontement, les femelles par la préférence vis-à-vis de ces deux traits. Supposons que survienne une mutation récessive sur le chromosome X – qui, chez les mâles et seulement chez eux du fait qu'ils n'ont qu'un seul chromosome X –, s'exprime par un élargissement de la tête et un renforcement du comportement. Quand les mâles des deux types se trouvent dans le même biotope, ils ne s'affrontent qu'à ceux qui leur ressemblent par la largeur de la tête et le type de comportement. Les femelles préférant s'accoupler à l'un ou à l'autre des deux types, l'isolement prézygotique s'enclenche. Tant que l'élargissement de la tête ne représente pas un handicap pour les mâles, la divergence s'accentue au fil des générations, et une spéciation peut être ainsi amorcée[31].

L'individualisation progressive des jeunes espèces au cours des spéciations lentes

Une spéciation n'est pleinement réalisée que si les espèces sœurs *Y* et *Z*, ou l'espèce fille *Z* et sa mère *X*, sont à la fois bien individualisées et présentent un fort isolement reproductif dans les conditions naturelles. Mais, tant que cet isolement reste imparfait, le verrouillage génétique des jeunes espèces n'est pas achevé, elles peuvent encore s'hybrider. Si ces jeunes espèces vivent séparées par la distance ou un obstacle géographique, seul le recours à des tests d'hybridation en situation artificielle permet d'évaluer l'efficacité de leur isolement reproductif. Si elles vivent en sympatrie – qu'elles se soient individualisées dans ce contexte ou que cette situation résulte de l'expansion spatiale de l'une d'elles ou des deux –, leurs génomes, phénotypes, comportements et niches écologiques ont tellement divergé que les flux géniques sont taris.

Quelques exemples de spéciations pleinement réalisées

La comparaison d'espèces proches et bien individualisées, de leur biologie et de leur répartition spatiale, permet souvent d'inférer quelle a été la modalité de spéciation.

* La modalité allopatrique par vicariance est illustrée par de nombreux exemples.

– Avant l'ouverture du détroit de Béring, les aires de répartition de plusieurs espèces de plantes couvraient en continuité le nord-est de l'Asie et le nord-ouest de l'Amérique du Nord. Une disjonction s'est produite vers -5,4 millions d'années comme le montrent les fossiles et la divergence de séquences homologues de l'ADN chloroplastique pour 10 paires d'espèces proches de plantes actuelles *Y* et *Z*, *Y* étant asiatiques, *Z* nord-américaines. Les génomes et les phénotypes ont divergé pendant cette durée, les aires de répartition se sont modifiées sur les deux continents, surtout sur l'Amérique du Nord[32].

– L'immense territoire forestier couvrant les bassins de l'Orénoque et de l'Amazone étant très riche en espèces, de nombreuses études ont été consacrées à plusieurs taxons de plantes à fleurs, d'insectes, de poissons, d'amphibiens, d'oiseaux et de mammifères. Les grands fleuves et les arcs montagneux qui séparent les principaux bassins hydrographiques ont constitué autant de barrières naturelles. Les études phylogéographiques basées sur les comparaisons de séquences homologues d'ADN mitochondrial des sagouins, primates arboricoles du genre *Saguinus*, et de divers rongeurs, en particulier des rats des genres *Mesomys*, *Oecomys* et *Oryzomys*, montrent que ces barrières ont provoqué des spéciations au cours des trois derniers millions d'années[33].

– Suite aux fortes fluctuations climatiques du dernier million d'années, des spéciations allopatriques ont eu lieu à de petites échelles spatiales dans les formations karstiques des massifs calcaires. Dans les Pyrénées centrales par exemple, des espèces proches des coléoptères du genre *Speonomus* vivant dans plusieurs grottes et petites cavernes diffèrent tellement par les pièces génitales mâles et le comportement copulatoire que l'isolement prézygotique est réalisé. L'analyse des pollens fossiles a permis de préciser l'incidence des variations climatiques sur le couvert végétal pendant le dernier million d'années, puis de proposer un scénario de spéciation allopatrique à une échelle locale de quelques dizaines de kilomètres carrés[34].

* Des spéciations péripatriques ont eu lieu après l'établissement de petits effectifs de colons sur des îles isolées ou faisant partie d'archipels.

– De telles spéciations ont eu lieu aux îles Hawaï pour 54 espèces de plantes du genre *Cyanea* (campanulacées, ou lobéliacées selon les botanistes)[35] et 97 de drosophiles[36], la colonisation initiale sur une île, puis les spéciations sur d'autres ayant pu être localisées et datées.

– Alors que les populations de *Drosophila simulans* se répartissent sur une grande partie du continent africain, deux espèces proches sont endémiques de petites îles de l'océan Indien : *D. mauritiana* sur l'île Maurice et *D. sechellia* sur les Seychelles. Les nombreuses études effectuées sur ces trois espèces proposent le scénario suivant, validé par les comparaisons de séquences homologues de gènes et de l'ADN mitochondrial[37]. Vers -850 000 ans, des mouches de la population africaine à l'origine des *D. simulans* actuelles se seraient établies au moins sur l'une des Seychelles ; quelque 80 000 ans après, l'île Maurice aurait à son tour été colonisée par des *D. simulans* africaines ou malgaches. La morphologie et l'anatomie ont peu varié depuis, les génomes n'ont pas divergé suffisamment pour empêcher les hybridations en laboratoire, mais la physiologie des larves et le comportement des mouches ont divergé. Ainsi, les femelles de *D. sechellia* pondent dans les fruits blets d'un arbuste endémique des Seychelles, *Morinda citrifolia* (rubiacée). En vieillissant, ces fruits s'enrichissent en acides organiques qui sont métabolisés par les larves de *D. sechellia* alors qu'ils s'avèrent toxiques pour celles de toutes les autres espèces de drosophiles et répulsifs pour les mouches[38]. Le déterminisme génétique de cette adaptation a été analysé[39].

– Trois populations de martins-chasseurs de l'espèce *Tanisiptera galatea*, oiseaux arboricoles ressemblant aux martins-pêcheurs, sont réparties sur les basses terres au nord, au sud et à l'ouest de la Nouvelle-Guinée et sur quelques îles environnantes. Les oiseaux de deux îles situées au nord-ouest, celle de Biak et celle de Numfor, diffèrent tellement entre eux et de tous les autres qu'ils sont considérés comme appartenant à deux espèces, dénommées respectivement *T. riedelii* et *T. carolinae*. La spéciation s'est faite en situation péripatrique, de petits effectifs d'oiseaux s'étant établis sur ces îles après migration, d'où un effet de fondation[40].

* Des spéciations se sont récemment réalisées en parapatrie. En voici deux exemples.

– Les mimules tachetées (*Mimulus guttatus*) poussent dans les milieux humides d'un vaste territoire s'étendant de l'Alaska au Mexique et des Rocheuses au Pacifique. Deux autres espèces, *M. nudatus* et *M. pardalis*, poussent sur les sols riches en ions métalliques ; elles diffèrent entre elles et de *M. guttatus* par de nombreux traits – degré de tolérance à ces ions, longueur du cycle de vie, type de développement et vitesse de croissance des tiges feuillées, date de floraison et dimension des fleurs, autofécondation ou pollinisation croisée par des insectes – qui expriment des différences génétiques car, à quelques variations près dues à la plasticité phénotypique, ils se maintiennent en culture sur un sol standard de jardin expérimental. Les croisements entre *M. guttatus* et *M nudatus* prélevés dans la nature puis cultivés sur sol standard montrent que le taux de germination des graines hybrides est significativement plus élevé si les plantes parentales proviennent de localités distantes que si elles appartiennent à des populations proches. C'est donc entre ces dernières que les flux géniques entre plantes des deux espèces sont les plus faibles. Cela renforce l'hypothèse selon laquelle les divergences entre *M. guttatus* et *M nudatus* se seraient faites localement dans les sites aux sols riches en ions métalliques[41].

– Alors que les populations du rongeur *Peromyscus maniculatus* sont réparties sur un vaste territoire des États-Unis, celles de *P. polionotus* sont cantonnées aux marges du sud-est de cette aire[42]. La phylogénie de séquences homologues de l'ADN mitochondrial d'échantillons d'une vingtaine de populations de *P. maniculatus* et de sept populations de *P. polionotus* rend plausible l'hypothèse d'une spéciation péripatrique de cette dernière espèce[43].

* Des spéciations se sont manifestement réalisées en situation de sympatrie dans les trois exemples suivants.

– Deux espèces de palmiers du genre *Howea*, *H. forsteriana* et *H. belmoreana*, sont endémiques de la petite île de Lord Howe (12 km de long sur un de large) située dans le Pacifique à environ 500 km au nord-est de Sydney et isolée de l'Australie depuis un peu moins de sept millions d'années. Les deux espèces diffèrent par le phénotype, la préférence pour le type de sol, la chronologie de leur floraison, des particularités génomiques. L'étude des caryotypes montre que leur spéciation ne se serait pas réalisée selon l'un des processus décrits dans le précédent chapitre[44].

– L'espèce de poisson cichlidé *Amphilophus zaliosus*[45], endémique du petit lac de cratère volcanique Apoyo, au Nicaragua, s'est individualisée à partir de celle qui y vivait, *A. citrinellus*, commune dans la région. Les deux espèces diffèrent par le phénotype, l'habitat et la niche écologique : *A. citrinellus* vit près du fond, *A. zaliosus* près de la surface. La comparaison de séquences homologues des ADN nucléaire et mitochondrial montre que la spéciation s'est faite en moins de 10 millénaires après une seule arrivée de diaspores d'*A. citrinellus* dans le lac, probablement des œufs collés aux pattes d'oiseaux aquatiques. Les deux espèces sont totalement isolées pour la reproduction[46].

– Deux espèces de cichlidés, *Pundamilla pundamilla* et *P. nyererei*, se sont individualisées en sympatrie près de l'îlot rocheux de Makobe, au sud-est du lac Victoria en Afrique orientale. Les poissons de *P. pundamilla* nagent dans les eaux proches de la surface où ils capturent de larves nageuses d'insectes, ceux de *P. nyererei* vivent près du fond, leur alimentation est à base d'algues et de petits animaux benthiques. Les deux espèces diffèrent, entre autres traits, par la nature chimique de l'opsine, pigment rétinien encodé par un gène, dont l'allèle *P* caractérise *P. pundamilla*, l'allèle *H* étant celui de *P. nyererei*. L'opsine de *P. pundamilla* confère une forte sensibilité au bleu, l'opsine de *P. nyererei* étant plus sensible au rouge : le bleu du spectre solaire étant absorbé par les premiers mètres d'eau, les femelles de *P. pundamilla* reconnaissent aisément les mâles de leur espèce, et il en est de même des femelles benthiques de *P. nyerere* vis-à-vis de leurs mâles[47].

* Le rôle de la sélection sexuelle dans la réalisation de spéciations est attesté par l'exemple de deux espèces de drosophiles endémiques de l'île Hawaï, *Drosophila silvestris* et *D. heteroneura*, très proches dans la phylogénie, dont les mâles diffèrent par la forme de la tête et la manière de jouter sur les leks (Chapitre 1 page 59). Les mâles de *D. silvestris* ont une tête globuleuse, comme les femelles des deux espèces, ils joutent en position dressée en s'opposant par les pattes antérieures. Ceux de *D. heteroneura* s'affrontent tête contre tête, celle-ci étant très élargie jusqu'à la base des yeux, comme chez l'espèce *Cyrtodiopsis whitei* déjà citée ; cette particularité est interprétée comme résultant de la sélection sexuelle, leur succès reproductif étant corrélé à la largeur de la tête[48].

La diversité des modalités de la spéciation au sein d'un même taxon

Une fois reconstruite la phylogénie d'un taxon, on peut essayer de préciser dans quel contexte se sont réalisées les spéciations, au moins les plus récentes. La tâche s'avère délicate, aussi ce que l'on propose n'est-il que plausible[49]. La Figure 8 en donne un exemple pour la famille des félidés, qui comprend 35 espèces actuelles dans l'Ancien et le Nouveau Monde, la phylogénie ayant été reconstruite à partir de plus de 1 500 caractères : traits de la morphologie, caryotypes, séquences de macromolécules[50]. Les modalités de spéciations anciennes et récentes y apparaissent très diverses.

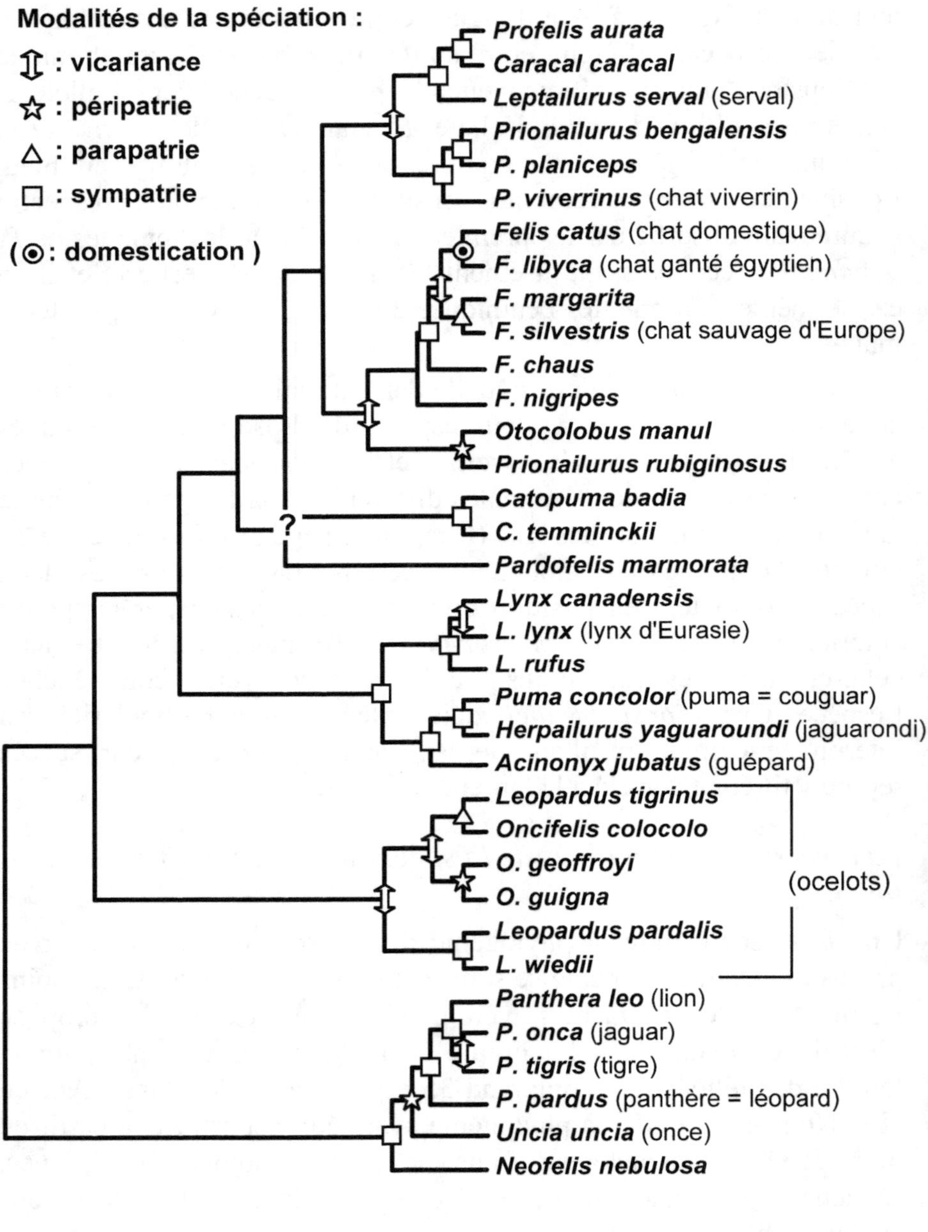

Figure 8. Les diverses modalités – présumées – de la spéciation rapportées à la phylogénie des félidés. Modifié d'après la Figure 3.19 de la référence n° 49 du texte.

La diversité des effets des divergences sur l'isolement reproductif

Chez les espèces à reproduction biparentale, les divergences des populations au fil des générations sont susceptibles de les isoler sur le plan reproductif, et ce, de plusieurs manières.

Les effets sur l'isolement reproductif prézygotique

Quelle que soit la cause des divergences au fil des générations entre deux populations X_a et X_b issues d'une dichotomie, les dissemblances s'expriment plus ou moins tôt par une faible probabilité puis par l'impossibilité de rencontre entre partenaires de X_a et de X_b ou d'interaction entre leurs gamètes respectifs.

Dans plusieurs cas, cet isolement est dû à des facteurs écologiques corrélés à des particularités phénotypiques des individus. Par exemple, les mimules de deux espèces, *Mimulus cardinalis* et *M. lewisii*, dont les populations sont sympatriques dans plusieurs biotopes de la Sierra Nevada, à l'ouest des États-Unis et du Mexique, ne s'y hybrident pas mais des hybrides F_1 viables et féconds sont produits en pollinisant avec un pinceau. L'isolement est dû au fait que les fleurs de *M. cardinalis* ne sont pollinisées que par des colibris, celles de *M. lewisii* que par des abeilles (la plupart solitaires). Plusieurs traits floraux déterminent le choix des partenaires. Les fleurs de *M. cardinalis*, aux pétales rose magenta, assez petits, produisent un nectar abondant, peu concentré, et sont pourvues d'étamines à long filet et d'un pistil allongé. Celles de *M. lewisii*, aux pétales jaunes, de grande taille, ont des étamines et un pistil courts, elles sécrètent peu de nectar, celui-ci est concentré. Ces particularités facilitent la recherche des fleurs par les pollinisateurs respectifs et optimisent le transfert du pollen d'une fleur à l'autre de la même espèce. Les colibris, attirés par le rouge, se maintiennent en vol stationnaire face à chaque corolle, tirent leur longue langue, lèchent l'abondant nectar en frottant leur bec au pistil et aux étamines. Les abeilles se posent sur le pétale médian dont les bandes jaunes convergent vers la source de nectar et butinent au contact des étamines et du pistil. L'analyse génétique a montré que ces particularités florales sont déterminées par plusieurs gènes chez chacune des deux espèces, huit d'entre eux ayant des effets majeurs et s'exprimant chacun par un des traits suivants : nature des pigments de la corolle, forme de celle-ci, largeur des pétales, volume et concentration du nectar, longueur du pistil et du filet des étamines[51].

Les recherches sur plusieurs espèces proches d'insectes ont permis de préciser le déterminisme génétique d'isolements reproductifs dus, soit à l'absence d'attractivité vis-à-vis de partenaires sexuels, soit à l'inadéquation des signaux qui précèdent l'accouplement.

– Chez les drosophiles, l'enchaînement des signaux et des réponses suit un ordre propre à chaque espèce, avec souvent deux phases successives : la femelle mature attire les mâles de son espèce par les phéromones du film d'hydrocarbures qui recouvre le tégument ; elle n'accepte de copuler qu'avec un mâle ayant émis un « chant » particulier produit par les vibrations à une certaine fréquence d'une aile, puis de l'autre.

La composition chimique des phéromones sexuelles de *Drosophila sechellia* diffère peu de celle de *D. simulans* mais suffisamment pour que les mâles de *D. simulans* ne réagissent pas à leurs femelles qui ont été enduites de la phéromone extraite des femelles de *D. sechellia*, alors qu'ils courtisent des femelles de *D. sechellia*, mêmes mortes, qui ont été recouvertes par la phéromone extraite des femelles de *D. simulans*[52]. Les gènes qui encodent les enzymes catalysant la synthèse de ces phéromones sont liés et localisés sur le chromosome *III*[53]. Ces gènes sont situés sur deux autres chromosomes, le *X* et le *II*, chez les deux espèces jumelles américaines *D. persimilis* et *D. pseudoobscura*, les femelles de chacune d'elles différant par la composition chimique de la phéromone[54].

Chez les deux espèces sœurs *Drosophila pallidosa* et *D. ananassae*, qui sont sympatriques en Extrême-Orient, l'isolement est surtout dû au fait que le chant de cour des mâles diffère suffisamment pour que les femelles n'acceptent de copuler qu'avec ceux de leur propre espèce. Cela serait dû à l'expression d'au moins deux gènes, plus forte pour l'un des deux[55].

– Le déterminisme génétique de l'isolement précopulatoire d'autres insectes a été analysé. Chez les noctuelles *Spodoptera decoinsi* et *S. latifascia*, au moins un gène est responsable de la différence de composition chimique des phéromones sexuelles[56]. Chez les grillons hawaïens *Laupala kohalensis* et *L. paranigra*, au moins huit gènes interviennent dans le déterminisme des caractéristiques sonores du chant de cour des mâles[57].

Il suffit parfois d'un changement génétique mineur pour déclencher un isolement reproductif prézygotique entre individus de populations proches. C'est le cas de la mutation ponctuelle d'un seul nucléotide du gène qui encode le récepteur de la mélanocortine-1 chez les gobe-mouches *Monarcha castaneiventris* des îles Makira et Santa Ana au sud est de l'archipel des Salomon : un seul acide aminé ayant été substitué dans la séquence de cette protéine, les oiseaux de chaque population ne se reconnaissent pas au moment de la reproduction[58].

L'isolement reproductif prézygotique entre espèces proches peut être dû au fait que leurs individus hébergent des bactéries symbiotiques différentes, qu'ils transmettent à leur progéniture. C'est le cas des d'hyènes de deux espèces, l'hyène rayée et l'hyène tachetée, quand elles vivent en sympatrie dans les savanes du Kenya. Comme de nombreux carnivores, des glandes périnéales sécrètent des substances odorantes qui informent les congénères sur le rang social, l'état de santé et le statut reproductif. Ces sécrétions ont des odeurs distinctes chez les deux espèces citées, ce qui est surtout dû au fait qu'elles contiennent des symbiontes différents. Les accouplements ne se font qu'entre partenaires de la même espèce[59].

Des incompatibilités de divers types empêchent la fécondation entre gamètes d'espèces proches. Les mieux étudiées sur le plan génétique sont celles qui existent, d'une part entre grains de pollen et stigmate du pistil des plantes à fleurs, d'autre part entre les ovocytes et les spermatozoïdes d'animaux marins à fécondation externe.

– Quatre espèces d'oursins du genre *Echinometra* vivent dans les récifs coralliens de l'océan Indien et du Pacifique occidental. Très proches par le phénotype, les individus diffèrent par plusieurs enzymes et par les génomes nucléaire et mitochondrial, la divergence s'étant faite au cours des trois derniers millions d'années. Bien que les émissions des ovocytes et des spermatozoïdes aient lieu à peu près en même temps dans un même biotope, les fécondations sont très rares entre gamètes d'espèces différentes : au laboratoire, moins de 5 % des ovocytes de chaque espèce sont fécondés par des spermatozoïdes d'une des autres introduits en excès dans l'aquarium. La fécondation n'a lieu que si deux protéines interagissent, l'une située à l'avant de la tête du spermatozoïde (PrSp), l'autre sur l'enveloppe ovocytaire (PrOv). Tout changement de conformation de PrSp consécutif à une mutation du gène qui l'encode affaiblit ou empêche cette interaction. Le taux de mutation de ce gène étant élevé, les PrSp des quatre espèces ont suffisamment divergé pour que leur isolement prézygotique soit presque total[60].

– Des études effectuées sur des ormeaux, gastéropodes marins du genre *Haliotis*, montrent que le taux de mutation des gènes qui encodent la PrSp et la PrOv de ces espèces – protéines différentes de celles des oursins mais ayant la même fonction – est tel qu'ils auraient évolué en synchronisme avec le rythme des spéciations dans ce taxon[61].

Les effets sur l'isolement reproductif post-zygotique

Ce type d'isolement représente l'ultime obstacle aux flux géniques entre espèces sœurs *Y* et *Z*, ou mère *X* et fille *Z*, venant de s'individualiser. Des diverses modalités répertoriées, celles qui s'expriment par la létalité et/ou la stérilité des hybrides F_1, sont les mieux analysées sur le plan génétique.

L'étude systématique de plusieurs paires d'espèces proches de drosophiles a fourni les résultats suivants[2].

– En ce qui concerne la létalité des F_1 des deux sexes, pour sept paires d'espèces, le nombre de gènes responsables varie de 2 à 191 selon la paire et la méthode d'évaluation. Quand la létalité des F_1 ne concerne que les individus mâles *ou* femelles, au moins quatre gènes ont été caractérisés pour deux paires d'espèces, une pour chaque sexe.

– Quant aux gènes responsables de la stérilité des F_1 femelles, leur nombre varie de 2 à 45 pour quatre paires d'espèces, et entre 3 et 60 pour celle des F_1 mâles pour 12 paires.

– Chez les paires d'espèces les mieux étudiées, ce ne sont pas les mêmes gènes qui provoquent la mort précoce des F_1 et leur stérilité, mâle et/ou femelle.

– Plusieurs de ces gènes, voire tous pour certaines paires d'espèces proches, sont localisés sur le chromosome *X* et leur expression est en général plus forte chez les F_1 mâles que chez les F_1 femelles. Ils agiraient indirectement sur la viabilité et/ou la fécondité, avec des interactions en cascade entre gènes et facteurs de transcription.

– Des expériences effectuées les drosophiles *Drosophila simulans* et *D. mauritiana*, espèces sympatriques sur l'île Maurice, suggèrent que l'expression d'un seul gène suffirait à provoquer la stérilité des F_1 mâles. L'intégration expérimentale de très courts fragments du chromosome *X* de *D. mauritiana* mâles dans son homologue de *D. simulans* provoque la stérilité des mâles de cette espèce. Le gène de

D. mauritiana qui correspond à ces fragments, dénommé *Odysseus*, serait dominant et incompatible avec son homologue de *D simulans*, lui aussi nécessaire à la fertilité mâle. Ce gène contient une séquence nucléotidique caractéristique des gènes dits homéotiques[62] dont la séquence a très peu varié au cours de l'évolution. Ainsi, la séquence du gène *Odysseus* a fortement divergé lors de l'individualisation de *D. mauritiana* et *D. simulans* à partir de leur ancêtre commun, son évolution ayant été environ 1 000 fois plus rapide que celle de la séquence homéotique[63].

– D'autres gènes responsables de la létalité et/ou de la fécondité des hybrides F_1, ou des F_2, ont été caractérisés pour d'autres espèces de drosophiles, en particulier quand on croise *Drosophila melanogaster* avec *D. simulans*, l'un de ces gènes étant localisé sur le *X*, l'autre sur le chromosome *III*[64].

Les hybrides F_1 issus du croisement des poissons *Xiphophorus helleri* et *X. maculatus*[65] sont viables mais, si on les croise en aquarium avec des poissons *X. helleri*, la moitié des individus F_2 vivent alors que les autres meurent suite à la prolifération de tumeurs mélaniques. L'analyse génétique montre que cela est dû à l'activation de plusieurs gènes, dont deux présents chez *X. maculatus* seulement. L'un d'eux, autosomique, a pour effet de supprimer l'expression des autres qui, agencés en un ensemble polygénique sur les chromosomes sexuels, encodent la synthèse des mélanines concentrées dans certaines cellules cutanées[66].

Bien que la relation de causalité soit difficile à établir, l'isolement reproductif post-zygotique entre deux espèces peut être dû au fait que leurs individus hébergent des symbiontes différents.

– Les incompatibilités entre les spermatozoïdes dont le noyau a été modifié par des bactéries du genre *Wolbachia* d'un certain type et les ovocytes sans symbiontes ou contenant des symbiontes d'un autre type (Encadré 5, page 32) s'expriment par la mort des embryons chez diverses espèces d'arthropodes, insectes en particulier[67].

– La mort précoce des larves issues de l'hybridation en laboratoire de deux espèces de microguêpes du genre *Nasonia*, *N. giraulti* et *N. longicornis*[68], serait dû au fait que le tube digestif des adultes héberge des bactéries symbiotiques différentes[69].

Le déterminisme génétique de l'isolement post-zygotique dû à des anomalies du développement des hybrides d'espèces proches apparaît donc très diversifié.

Les remaniements chromosomiques peuvent-ils causer un isolement reproductif ?

Les différences chromosomiques entre espèces proches ont été caractérisées par l'examen des caryotypes, puis par des techniques d'analyse de la structure fine des chromosomes. On a proposé des scénarios de spéciation lente faisant intervenir des inversions, des translocations réciproques et robertsoniennes, des fusions en tandem[70] mais il est difficile de les valider. En effet, les modifications chromosomiques ont fort bien pu se faire tout à la fin des processus de spéciation, par exemple en verrouillant l'isolement reproductif, ou plus ou moins longtemps après.

Un exemple bien analysé est celui des souris du genre *Mus*, dont la souris des maisons (*M. musculus*)[71].

Au moins une espèce de ce genre vivait dans les steppes du sous-continent indien il y a un peu plus de deux millions d'années. Des individus des populations périphériques de cette aire ont migré vers l'est, le nord-est et l'ouest. Celles qui se sont établies sur le pourtour de la Méditerranée ont été fragmentées au cours des amples fluctuations climatiques des deux derniers millions d'années, les souris ont survécu en s'adaptant aux conditions des refuges lors des épisodes froids, d'où des divergences génétiques[72]. Lors des périodes de réchauffement, elles se sont répandues et hybridées sur leurs marges. Puis les différenciations entre populations ont atteint un tel degré que se sont individualisées les trois espèces européennes actuelles, la souris à queue courte (*M. spretus*) du pourtour de la Méditerranée occidentale, la souris des tumulus (*M. spicilegus*) en Europe centrale et la souris à queue courte orientale (*M. macedonicus*) dans les Balkans.

Certaines des populations de l'espèce indienne, dont l'évolution avait continué sur place, ont migré à leur tour vers le Proche-Orient à partir de -500 000 ans, puis en Europe et en Afrique. L'espèce *Mus musculus* s'est alors différenciée en trois sous-espèces : celle du sud-est asiatique, *M. musculus castaneus*, et les deux européennes, *M. musculus musculus* venue de l'Europe de l'Est et *M. musculus domesticus* provenant du Maghreb et actuellement répandue dans toute l'Afrique et en Australie. D'importants remaniements du caryotype s'étant produits chez certaines populations de *M. musculus domesticus*, celles-ci ont été isolées pour la reproduction, à la fois vis-à-vis de *M. musculus musculus* et des autres populations de *M.*

musculus domesticus. Alors que le caryotype diploïde de *M musculus musculus* est uniforme sur toute l'aire de répartition de la sous-espèce, avec 40 chromosomes à centromère subterminal, les souris *M musculus domesticus* ont de 22 à 40 chromosomes selon les populations suite à des translocations et/ou des fusions de plusieurs types. Ces remaniements auraient eu lieu il y a quelques millénaires, voire quelques siècles. Il se peut que l'isolement reproductif des populations de *M musculus domesticus* s'accentue dans un proche avenir et que se produisent de nouvelles spéciations.

Ainsi, et à la différence de ce qui est décrit dans le précédent chapitre, il est difficile de prouver comment les modifications des caryotypes par remaniements d'un ou de quelques chromosomes interviennent dans les processus de spéciation lente et de préciser à quel moment ils se produisent dans l'histoire d'une espèce donnée.

Les espèces proches à l'épreuve des cohabitations secondaires

Depuis plus d'un siècle, les naturalistes décrivent des hybrides entre espèces proches, ainsi qu'entre sous-espèces d'une même espèce, dans les zones plus ou moins étroites où les aires de répartition sont entrées en contact alors qu'elles étaient auparavant séparées. Que se passe-t-il au niveau de ces *zones d'hybridation* ? Comment reconstruire l'histoire des changements de répartition géographique des deux espèces, ou sous-espèces, qui s'hybrident sur cette zone ?

Les zones d'hybridation, expressions d'un isolement reproductif incomplet

Des nombreuses zones connues des naturalistes ne seront mentionnées ici que celles qui ont été analysées sur le plan génétique[73].

Dénommés « sonneurs » à cause de la tonalité et de la puissance des sons qu'émettent les mâles en période de reproduction, les petits crapauds du genre *Bombina* vivent dans des mares d'eau limpide. En Europe, le sonneur à ventre jaune (*B. variegata*) et le sonneur à ventre de feu (*B. bombina*) diffèrent par plus de 20 traits du phénotype. Les aires de répartition se chevauchent sur une zone large en moyenne de six km et longue de 5 000, depuis le sud de Hambourg jusqu'à la mer de Marmara en passant par la région de Zagreb, le nord des Carpates, l'ouest et le sud des monts Rhodope. Les populations de *B. bombina* vivent à l'est et au nord de cette ligne sinueuse, celles de *B. variegata* à l'ouest et au sud. Elles s'hybrident tout le long de la zone décrite et les hybrides font de même avec les individus des espèces parentales.

Des sonneurs ayant été prélevés à intervalles réguliers sur un axe transversal à la zone dans le sud de la Pologne, chacun d'eux a été caractérisé par deux indices, *P* et *G* : *P* exprime la valeur moyenne de plusieurs traits du phénotype, *G* synthétise les données relatives aux fréquences alléliques de gènes qui encodent des enzymes. Si l'on reporte en *y* les valeurs de *P* et *G* de chaque échantillon sur un diagramme dont les distances sur l'axe transversal sont portées en *x*, on constate qu'elles varient graduellement en trois clines contigus, le premier à faible pente, comme le troisième, le deuxième à forte pente[74]. Ce dernier correspond à la zone d'hybridation, et non à de brusques variations de l'environnement, les hybrides vivant dans cette zone ayant une valeur sélective bien inférieure à celle des individus des deux espèces hors de la zone. Tout se passe comme s'il existait une tension entre certains gènes de *B. variegata* et de *B. bombina* quand ils coexistent dans un même génome, ce qui empêche la formation d'une espèce hybride.

Les populations à l'origine des *B. variegata* et des *B. bombina* se seraient individualisées en allopatrie au nord des Carpates. Au cours du réchauffement qui a suivi le plus récent épisode glaciaire, elles seraient venues en contact, créant une zone d'hybridation dite *secondaire*, qui s'est probablement déplacée au cours des huit derniers millénaires.

La plupart des zones d'hybridation connues sont de type linéaire comme pour les sonneurs. Les hybridations s'y sont faites de manière symétrique et il en a été de même de celles entre deux sous-espèces du petit criquet *Chorthippus parallelus* (Encadré 14). Par contre, les hybridations entre deux sous-espèces de la souris domestique *Mus musculus* se sont faites de manière asymétrique (Encadré 15).

Encadré 14

La zone d'hybridation pyrénéenne des criquets du genre *Chorthippus*

Les petits criquets de l'espèce *Chorthippus parallelus* ont une très vaste répartition en Europe et en Sibérie. Des deux sous-espèces européennes, *C. parallelus parallelus* a la plus vaste aire, *C. parallelus erythropus* ne vit que dans la péninsule Ibérique. Les traits distinctifs du phénotype sont ceux de la morphologie et de la coloration des adultes, des motifs sonores de la stridulation des mâles, de la nature des phéromones sexuelles et d'agrégation. La divergence des deux sous-espèces aurait commencé il y a environ 500 000 ans[1]. Pendant les quatre ou cinq épisodes très froids de cette période, les populations ont dû survivre dans des refuges : le sud de l'Espagne et du Portugal pour *C. parallelus erythropus*, le sud de l'Italie et la côte Dalmate pour *C. parallelus parallelus.*

1) À partir de -10 000 ans, les populations de *C. parallelus erythropus* se seraient dispersées sur les reliefs de la péninsule Ibérique, celles de *C. parallelus parallelus* auraient fait de même sur ceux de la France méridionale jusqu'aux vallées du nord des Pyrénées. À mesure que le climat se réchauffait, elles se seraient rapprochées jusqu'à s'hybrider dans une zone, large de 10 à 50 km, qui s'étend dans les prairies de chaque côté des cols pyrénéens d'une altitude inférieure à 2 000 m.

2) Dans l'axe de la zone, les femelles hybrides sont fécondes mais leurs fils présentent une stérilité totale ou partielle. Aussi le maintien de la zone d'hybridation est-il assuré par l'insémination des femelles hybrides par des mâles de *C. parallelus parallelus* au nord, de *C. parallelus erythropus* au sud. La cause de la stérilité des hybrides mâles est génétique, l'expression de plusieurs gènes entraînant des anomalies de la méiose et l'atrophie des testicules[2].

Encadré 15

La zone d'hybridation en Europe des souris domestiques

Une particularité de certaines zones d'hybridation est leur asymétrie due à des introgressions de gènes des mitochondries et/ou des chloroplastes d'une l'espèce (ou sous-espèce) *Y* à sa sœur *Z*. C'est le cas des deux sous-espèces de la souris de nos maisons (*Mus musculus*), très proches par le phénotype mais qui diffèrent par plusieurs gènes nucléaires. La première, *M. musculus domesticus*, vit à l'ouest et au sud de l'Europe, la seconde, *M. musculus musculus*, à l'est et au nord, péninsule Scandinave comprise. Elles s'hybrident sur une zone dont le tracé, apparemment stable, est bien défini –

centre du Danemark, Allemagne centrale, ouest des monts de Bohême, Alpes centrales, est des Dinarides, les Balkans jusqu'à la Bulgarie – et dont la largeur varie de quelques centaines de mètres à 20 kilomètres.

D'après des études effectuées dans la zone au sud de l'Allemagne, les hybrides sont plus vulnérables à des parasites hépatiques et intestinaux que les souris des sous-espèces parentales.

La comparaison de séquences homologues de l'ADN mitochondrial a montré que celles des souris *M. musculus musculus* du nord du Danemark et du sud de la Suède sont du type *M. musculus domesticus*[1]. Le génome mitochondrial étant transféré par les seules femelles au fil des générations, ce fait est interprété comme suit. Vers -4 000 ans, les premiers agriculteurs qui s'établirent dans la région venant d'être citée amenèrent à leur insu des souris *M. musculus domesticus*, les femelles s'accouplèrent à des mâles indigènes *M. musculus musculus*. Ce processus se répétant pendant plusieurs générations, de longues séquences d'ADN mitochondrial de *M. musculus domesticus* furent introgressées dans le génome mitochondrial de *M. musculus musculus*, le génome nucléaire de cette sous-espèce restant majoritairement du type *M. musculus musculus*. La zone d'hybridation de ces deux sous-espèces a fait l'objet de nombreuses études[2].

Certaines zones d'hybridation se présentent en mosaïque. Ainsi, dans l'est des États-Unis, les grillons de l'espèce *Gryllus firmus* vivent sur des sols sablonneux alors que ceux de *G. pennsylvanicus* préfèrent les sols argileux (ces insectes creusent des terriers). Les grillons s'hybrident dans les zones de contact entre ces deux types d'habitats dont la répartition géographique est en mosaïque. Chacune des populations hybrides a été caractérisée par les fréquences relatives de séquences homologues de l'ADN mitochondrial[75].

Les caractéristiques générales des zones d'hybridation sont les suivantes.

– Une zone est d'autant plus large qu'elle est ancienne, que le potentiel de dispersion des individus est élevé, enfin que la valeur sélective moyenne des hybrides est proche de celle des individus des espèces ou sous-espèces parentales. Sous cette dernière condition, la dérive génétique aléatoire est plus importante que la sélection naturelle.

– Si l'environnement présente une brusque variation spatiale, les zones correspondant à un cline persistent d'autant plus longtemps que la variation perdure.

– Si la fréquence des allèles dont l'expression améliore la valeur sélective des hybrides augmente et si l'isolement post-zygotique cesse, les deux espèces ou sous-espèces en contact peuvent fusionner en une seule.

– Au moins sur une petite région de la zone, il se peut que les hybrides finissent par ne plus se reproduire qu'entre eux, situation favorable à l'individualisation d'une troisième espèce, distincte des deux parentales.

– L'analyse génétique de certains hybrides montre une certaine instabilité de leur génome, avec des insertions de transposons, la multiplication des mutations, des réarrangements de segments chromosomiques[76].

Une question débattue : le renforcement de l'isolement reproductif prézygotique

Comment l'isolement reproductif entre deux espèces proches individualisées en allopatrie vicariante évolue-t-il quand elles viennent en contact ? S'hybrident-elles comme dans les exemples qui précèdent ou leur isolement se renforce-t-il avant la formation de zygotes hybrides ?

Considérons deux espèces sœurs *Y* et *Z* qui se sont individualisées en allopatrie et dont le génome comprend un même gène autosomique s'exprimant par deux types d'effets E_1 et E_2 (pléiotropie). L'effet E_1 se rapporte à un trait qui conditionne la viabilité et/ou la fertilité, E_2 à un paramètre qui détermine l'efficacité de l'isolement reproductif prézygotique. Si la sélection naturelle favorise un allèle de ce gène, cet isolement est renforcé, les individus de *Y* et de *Z* ne s'hybrideront pas dans le cas où les espaces de répartition viendraient à se chevaucher. Le même résultat sera obtenu si les effets E_1 et E_2 sont dus à l'expression de deux ou quelques gènes fortement liés (auto-stop génétique).

La validité de ce scénario a été testée par plusieurs recherches. Les résultats d'une d'entre elles sont décrits et discutés dans l'Encadré 16.

Encadré 16

Un exemple de renforcement de l'isolement reproductif prézygotique

Les aires de répartition de deux espèces de gobe-mouches, le gobe-mouche noir (*Ficedula hypoleuca*) et le gobe-mouche à collier (*F. albileuca*), se chevauchent sur une partie de l'Europe centrale et orientale pendant la belle saison, les oiseaux hivernant en Afrique, occidentale pour la première espèce, orientale pour la seconde.

Les femelles des deux espèces se ressemblent par les motifs colorés du plumage, dos brun, ventre blanc. Quant au plumage des mâles en période nuptiale, il diffère selon que les populations sont allopatriques ou sympatriques.

– En situation d'allopatrie, les mâles des deux espèces se ressemblent par le fort contraste des plages noires et blanches du plumage, la plage blanche ventrale de *F. albileuca* s'étendant sur l'arrière du cou.

– En situation de sympatrie, le plumage des mâles de *F. hypoleuca* ressemble plus à celui des femelles, les plages foncées étant brunes et non pas noires, le collier blanc des mâles de *F. albileuca* est large.

Des expériences ont permis de tester dans les deux situations les préférences des femelles en période nuptiale, leur choix se faisant surtout par la reconnaissance visuelle.

– En situation d'allopatrie, les femelles des deux espèces préfèrent s'accoupler à des mâles aux motifs noir et blanc très contrastés de leur propre espèce.

– En situation de sympatrie, les femelles de *F. hypoleuca* préfèrent les mâles aux couleurs brun et blanc, celles de *F. albileuca* les mâles aux motifs noir et blanc très contrastés, avec un large collier blanc. Aussi les hybridations entre les deux espèces sont-elles rares dans l'aire de chevauchement, bien plus rares que ce que l'on attendrait si les accouplements se faisaient au hasard entre les oiseaux des deux espèces : 2,6 % *versus* 13,8 %. D'autre part, près des trois-quarts des œufs des couples dont l'un ou les deux parents sont hybrides n'éclosent pas. L'isolement reproductif post-zygotique apparaît donc efficace.

Dans l'aire de chevauchement, les changements corrélés de la coloration du plumage des mâles et des préférences des femelles chez *F. hypoleuca* est un exemple de déplacement de deux caractères, l'un phénotypique, l'autre éthologique[1]. Ce déplacement, qui renforce l'isolement reproductif prézygotique des deux espèces, résulterait de l'évolution des hétérochromosomes *Z* et *W* au cours de la spéciation. Cette évolution a été moins importante pour les autosomes, ce qui explique la persistance d'un taux d'isolement reproductif post-zygotique faible mais non nul[2].

Une étude antérieure à la précédente a évalué en laboratoire l'efficacité de l'isolement reproductif entre deux types de populations, allopatriques et sympatriques, de deux espèces jumelles, *Drosophila arizonae* et *D. mojavensis*, mouches des zones arides nord-américaines dont les larves s'alimentent des fruits blets de divers cactus. Tout se passe comme si l'isolement prézygotique était renforcé en situation de sympatrie. L'hypothèse du renforcement de l'isolement prézygotique en situation de sympatrie apparaît plausible, mais les résultats obtenus peuvent être interprétés autrement. Nous ignorons comment s'est amorcée la spéciation mais supposons que cela se soit fait en allopatrie. Pour chacune des deux espèces, le niveau d'isolement prézygotique aurait varié d'une population à l'autre sous l'effet de la pléiotropie et/ou de l'auto-stop génétique. Suite à leur expansion, certaines populations sont venues en contact et plusieurs cas ont pu se présenter. Il semblerait que, d'une part l'isolement prézygotique ait devancé celui post-zygotique à mesure qu'augmentait la divergence génétique entre les populations, d'autre part que les deux types d'isolement reproductif aient joué ensemble quand la spéciation fut achevée[77].

La plupart des recherches sur ce thème aboutissent à la conclusion qu'il est souvent difficile de démontrer sur des cas concrets l'existence d'un renforcement de l'isolement prézygotique. Ce dernier ne se manifesterait que pendant un petit nombre de générations dans la situation où deux espèces sœurs *Y* et *Z*, individualisées en situation d'allopatrie, deviennent sympatriques.

Sous-espèces ou espèces très proches : une distinction arbitraire ?

L'espace de répartition des jeunes espèces s'accroît quand les conditions de l'environnement leur sont favorables, et ce, d'autant plus vite que leur capacité de dispersion est élevée et qu'elles sont opportunistes sur le plan écologique. Au cours de cette expansion, les espèces se différencient par le génome, le phénotype, le comportement et la niche écologique. Cette structuration s'exprime de deux manières selon les espèces, soit par des variations graduelles sous la forme de clines (gradients spatiaux), soit par des contrastes plus ou moins forts, ce qui permet de définir des catégories intraspécifiques, dont la sous-espèce.

La structuration spatiale d'une espèce peut être évaluée par des indices de *distance génétique* entre populations. Calculé pour celles de la souris de la sous-espèce *Mus musculus musculus*, l'un de ces indices n'est que de 0,04 pour les populations du sud de l'Europe comparées deux à deux, alors qu'il varie de 0,07 à 0,10 pour les souris du Maghreb comparées à celles de la région précédente, de 0,10 à 0,15 pour les populations du Proche-Orient comparées aux deux ensembles précédents. Les écarts entre ces valeurs montrent que les flux géniques ont diminué en fonction de la distance géographique entre les populations.

De tels indices peuvent aussi être utilisés pour comparer la divergence génétique entre sous-espèces d'une même espèce ou entre espèces proches. L'un d'eux, différent de celui utilisé pour les souris, prend les valeurs suivantes chez des drosophiles américaines : 0,03 pour les populations locales de *Drosophila willistoni*, 0,23 pour des espèces filles naissantes, 0,58 pour des espèces proches se ressemblant beaucoup par le phénotype, 1,06 pour des espèces proches bien distinctes par le phénotype.

Ces indices permettent-ils de différencier les catégories intermédiaires entre clone ou population et espèce, telles que *sous-espèce*, *semi-espèce*, *race géographique*, *race chromosomique*, *race d'hôte* ? Rien n'est moins sûr, d'où un certain flou dans les définitions de ces entités infraspécifiques. Exemple : un indice exprimant le degré de divergence de séquences homologues de l'ADN mitochondrial a été mesuré pour 35 paires d'espèces proches de passereaux nord-américains. Il est inférieur à 0,03 pour 11 paires, chacune correspondant à deux sous-espèces selon les auteurs de l'étude ; ces derniers jugent que, pour les 24 autres paires, dont l'indice varie de 0,04 à 0,11, ce sont des espèces, certes proches mais distinctes[2].

Ainsi, l'évaluation des distances génétiques ne permet pas de définir à quel niveau se situent les limites entre les catégories infraspécifiques susnommées et les espèces sœurs bien individualisées. Compte tenu de la lenteur des processus de spéciation décrits dans ce chapitre, il est souvent arbitraire d'utiliser ces catégories. C'est en particulier le cas des situations allopatriques : tant que les tests d'isolement reproductif ne sont pas pratiqués entre individus issus de populations, de sous-espèces ou d'espèces très proches, on ne peut préciser quel est le degré d'avancement de la spéciation. On se situe alors dans la « zone grise » évoquée au début de ce chapitre[1].

La structuration spatiale des espèces peut-elle aboutir à des spéciations ?

La question est posée dans deux cas distincts de différenciation des populations.

Une forte structuration de l'espèce est-elle susceptible d'amorcer une spéciation ?

L'exemple des guppies de Trinidad, la plus méridionale des Petites Antilles – elle n'est distante du Venezuela que de huit milles marins – répond par la négative à la question. Les poissons de l'espèce *Poecilia reticulata* vivent dans les eaux douces dormantes et courantes de la Guyane, du Surinam, du Venezuela et de plusieurs des Petites Antilles. Les mâles sont plus ou moins vivement colorés – sept types distincts de motifs ont été répertoriés sur l'île Trinidad –, les femelles plus grosses et à livrée terne facilitant le camouflage. Après insémination, les œufs sont incubés dans les ovaires (ovoviviparité), les nouveau-nés ressemblent à de minuscules adultes. Après une seule insémination, une femelle peut produire 40 jeunes en six portées successives. Plus sédentaires que les mâles, il est fréquent que les femelles s'associent pour « éduquer » les jeunes afin qu'ils évitent les prédateurs. Les guppies vivant dans les ruisseaux et rivières des montagnes du nord de Trinidad ont été l'objet de nombreuses études depuis les années 1950[78].

Plusieurs de ces populations sont fortement différenciées, tant dans un même bassin hydrographique que d'un bassin à l'autre, les poissons ne pouvant remonter les cascades. Les caractères de différenciation sont multiples – 47 traits distincts du phénotype ont été répertoriés, y compris ceux du comportement des adultes de chaque sexe –, et sous contrôle génétique comme le montrent les études en laboratoire.

Les variations de ces caractères sont fortement corrélées au risque de prédation par d'autres poissons. Comme ces prédateurs chassent surtout à vue, les mâles brillamment colorés sont plus vulnérables que ceux ternes, et ce, d'autant plus que les eaux sont claires et les poissons piscivores nombreux. Mais la sélection sexuelle joue en sens inverse pour ce trait, les femelles préférant les mâles les plus colorés et dont la nageoire caudale est la plus grande, ainsi que la tache colorée qui l'orne. Une forte corrélation génétique existe entre la préférence des femelles et la richesse en coloris des mâles, aussi ces deux traits évoluent-ils en parallèle : les mâles deviennent de plus en plus vivement colorés au fil des générations jusqu'à ce que cela devienne trop dangereux en présence des prédateurs.

Plusieurs des conditions requises pour l'amorçage d'une spéciation apparaissent donc réunies. Et pourtant, celle-ci n'a pas vraiment eu lieu jusqu'à ce jour[79], et ce, pour trois raisons principales : la grande mobilité des mâles, bien supérieure à celle des femelles ; le fait que la sélection sexuelle est d'autant plus faible que la pression de prédation est localement forte ; la variabilité de cette pression à cause de modifications de l'habitat, tant naturelles (turbidité due aux orages) qu'anthropiques (drainage, captation d'eau). Placées en aquarium en situation de choix entre mâles similaires par la taille et la coloration, les femelles préfèrent ceux originaires de leur propre bassin hydrographique mais à peine plus que ceux d'autres bassins : aucun isolement reproductif entre populations locales n'est donc apparu.

La structuration spatiale en anneau de sous-espèces peut-elle aboutir à une spéciation ?

Chez certaines espèces, l'expansion d'une population initiale P s'est graduellement réalisée autour d'un vaste espace inaccessible ou aux conditions hostiles à mesure que se différenciaient des populations contiguës ou partiellement chevauchantes P_1, P_2, P_3 ... P_n, P_1 étant la plus ancienne, P_n la plus récente. Supposons que les deux populations extrêmes P_1 et P_n entrent en contact dans une région R, d'où une répartition spatiale en anneau. Les flux géniques entre les populations contiguës, de P_1 à P_n, ne suffisant pas à contrer leur différenciation et les pressions de sélection changeant d'un territoire à l'autre, les divergences ont augmenté de proche en proche de P_1 à P_n. Dans la région R, là où se ferme l'anneau, les individus de P_1 et de P_n sont-ils ou non isolés pour la reproduction ? S'ils le sont, une spéciation est-elle amorcée ou en cours ?

Quelques exemples semblaient valider ce scénario jusqu'à ce que des études récentes l'aient remis en cause. L'un d'eux, souvent cité, concerne le complexe d'espèces et de sous-espèces de goélands (genre *Larus*) des régions littorales tempérées et froides de l'hémisphère boréal (Encadré 17).

Encadré 17

L'histoire évolutive des goélands revue et corrigée

Les goélands – 21 espèces et sous-espèces du genre *Larus* à vaste répartition dans l'hémisphère Nord – diffèrent par la taille, la couleur du bec, des pattes et du plumage des jeunes et des adultes. Jusqu'à deux articles publiés en 2004, un scénario de spéciation en anneau avait été proposé pour expliquer la coexistence sans hybridation des goélands argentés (*L. argentatus*) et bruns (*L. fuscus*) près des côtes du nord de l'Europe : ces deux espèces seraient les maillons terminaux d'une chaîne de sous-espèces encerclant le nord de la zone tempérée[1].

La comparaison de séquences homologues de l'ADN mitochondrial a abouti à un tout autre scénario[2], résumé comme suit.

– Au maximum d'un des plus récents épisodes glaciaires, une population *A* aurait trouvé refuge près des côtes de l'Atlantique, une autre *B* autour de la mer Caspienne.

– Lors des réchauffements, les populations se seraient dispersées dans plusieurs directions, parfois sur de grandes distances, si bien que des contacts auraient eu lieu entre certaines d'entre elles, mais *sans continuum* comme dans l'ancien scénario. Celle *A* serait à l'origine, entre autres, des populations actuelles de *L. argentatus*, de *L. atlantis* et de *L. marinus* près des côtes de l'Atlantique Nord, jusqu'à l'est du Canada pour la dernière espèce. Celle *B* serait l'origine, entre autres, des populations actuelles de *L. fuscus*, de *L. smithsonianus* et de *L. glaucoides* en Amérique du Nord et en bordure du Groenland.

– L'isolement reproductif des populations, sous-espèces et espèces de goélands n'est pas corrélé à leur distance génétique, c'est-à-dire au degré de la divergence des génomes.

Le scénario d'un anneau de spéciation apparaît validé pour deux passereaux, la mésange charbonnière (*Parus major*)[80] et le pouillot verdâtre (*Phylloscopus trochiloides*)[81]. Ce dernier étant le mieux étudié, il est le seul exposé ici.

Une seule sous-espèce du pouillot verdâtre, *P. trochiloides nitidus*, est isolée des autres dans une bande péricaucasienne qui se prolonge au nord de l'Irak et de l'Iran. Trois autres sous-espèces vivent à l'est (*P. trochiloides obscuratus*), au sud (*P. trochiloides trochiloides*) et à l'ouest (*P. trochiloides ludlowi*) du haut plateau Tibétain. La dernière citée est en continuité avec la sous-espèce *P. trochiloides viridanus* dont l'aire de répartition est bien plus vaste : du sud de la Baltique à la Sibérie centrale. L'aire de répartition d'une sixième sous-espèce, *P. trochiloides plumbeitarsus*, couvre le nord de la Chine, la Mongolie, la Mandchourie et la Sibérie orientale où elle chevauche celle de *P. trochiloides viridanus*. Si les déforestations dans une région *R* du nord de la Chine n'avaient pas interrompu la répartition entre *P. trochiloides plumbeitarsus* et *P. trochiloides obscuratus*, la courbe serait refermée en anneau autour du Tibet et de la Mongolie.

La comparaison de séquences homologues d'ADN mitochondrial montre que des flux géniques entre populations contiguës de *P. trochiloides obscuratus*, *P. trochiloides trochiloides*, *P. trochiloides ludlowi* et *P. trochiloides viridanus* se font tout du long de cette répartition. Par contre, le flux est nul entre celles de *P. trochiloides viridanus* et de *P. trochiloides plumbeitarsus* qui ne s'hybrident pas dans la zone de chevauchement en Sibérie.

La comparaison du chant des mâles sur sonagrammes montre de multiples formes de transition entre sous-espèces, sauf pour les deux dernières qui, de ce fait, apparaissent isolées pour la reproduction dans les régions où elles cohabitent. On peut donc les considérer comme des espèces distinctes.

Il est donc possible que des espèces s'individualisent aux extrémités d'anneaux de répartition de sous-espèces mais, à ce jour, fort peu de cas valident ce scénario.

Peut-on évaluer la durée des processus de spéciation lente ?

Pour les espèces à reproduction biparentale, le nombre de générations correspondant à la période de transition – du début de la divergence de deux populations X_a et X_b d'une espèce X à l'individualisation des deux espèces sœurs Y et Z qui en sont issues, ou d'une espèce fille Z et de sa mère X – ne peut être qu'estimé à partir des modèles théoriques dont les paramètres se rapprochent au plus près de ceux des conditions réelles. La validité de ces modèles étant difficile à tester, les estimations qui suivent restent vagues[2] malgré l'espoir apporté par l'utilisation de certaines techniques[82].

Les spéciations dans les situations d'allopatrie sont les plus lentes à se réaliser[83]. Le nombre de générations serait de plusieurs milliers quand sont réunies les conditions suivantes : au début, populations de faible effectif favorisant la dérive génétique ; intense sélection naturelle et/ou sexuelle. Ce nombre irait jusqu'à plusieurs dizaines de milliers quand les populations séparées ont un grand effectif et quand la disjonction des espaces de répartition se fait dans un espace assez homogène.

Il semble que plusieurs centaines ou quelques milliers de générations suffisent à réaliser les spéciations qui s'amorcent en situation de parapatrie ou de sympatrie, mais cette évaluation est controversée.

Le verrouillage de l'isolement reproductif entre jeunes espèces est souvent bien plus long à se réaliser, et plus pour les spéciations qui se sont réalisées en allopatrie que pour celles en sympatrie[84].

Certains biologistes attribuent la richesse en espèces des écosystèmes terrestres tropicaux, en particulier des grands massifs forestiers humides, non seulement aux faibles variations climatiques – d'où un taux d'extinction inférieur à celui de spéciation – mais à la grande diversité des interactions biotiques, surtout celles interspécifiques. Cette diversité renforcerait indirectement les processus d'isolement reproductif et raccourcirait le nombre de générations de la période de transition des spéciations[85].

Chapitre 7

Les spéciations buissonnantes adaptatives

Lors des escales du *Beagle*[1] aux îles Galápagos en 1835, Charles Darwin observa et piégea des oiseaux ressemblant à des pinsons. Après son retour en Angleterre, il confia les dépouilles à l'ornithologue John Gould, qui distingua par plusieurs traits du phénotype 14 espèces proches de passereaux sud-américains. Darwin imagina alors ce scénario : 1° une petite population d'une de ces espèces se serait établie sur l'une des îles de l'archipel ; 2° la concurrence y étant faible, l'effectif aurait augmenté au fil des générations ; 3° certains de ces oiseaux ayant colonisé d'autres îles de l'archipel, la diversité des habitats et des ressources aurait favorisé la différenciation des populations puis l'individualisation de nouvelles espèces, chacune d'elles ayant sa propre niche écologique.

Après avoir validé ce scénario, des études effectuées au cours du XXe siècle ont montré que ces spéciations sur les Galápagos étaient couplées à des adaptations morphologiques, comportementales et écologiques[2].

Ces observations ont conduit à proposer l'expression « radiation adaptative », traduction littérale de celle anglo-saxonne. Lui sera préférée ici l'expression *spéciations buissonnantes adaptatives* : elle exprime mieux la réitération de spéciations corrélée à une diversification des espèces d'un même taxon dans un certain espace, celle-ci apparaissant le plus souvent adaptative du fait que les individus de chaque espèce présentent des particularités qui leur permettent de vivre et de se reproduire dans un certain contexte environnemental.

Quelques exemples de spéciations buissonnantes adaptatives

Le rythme d'individualisation de nouvelles espèces n'est nullement corrélé à la durée de la période de transition de chaque spéciation. Si cette durée est très longue, il se peut que plusieurs spéciations soient en cours au même moment sur des lignées distinctes du taxon considéré, c'est-à-dire sur des branches parallèles de l'arbre phylogénétique. Et il se peut même que s'hybrident des espèces individualisées depuis peu mais pas encore verrouillées pour la reproduction. La fréquence moyenne des spéciations dans un ensemble monophylétique buissonnant étant difficile à mesurer, on cherche à évaluer le *taux de diversification en espèces* dans cet ensemble pendant la période considérée.

Les arbres phylogénétiques de toutes les figures de la suite du texte, qui représentent les relations de parenté présumées entre les espèces actuelles – et non des arbres généalogiques de ces espèces (se reporter à la Figure 1, page 82) –, ont été reconstruits selon la méthodologie résumée dans le Chapitre 3. Comme dans la Figure 8, page 146, ils sont orientés à angle droit de celui C de la Figure 1.

Les spéciations buissonnantes adaptatives en situation d'endémisme

Des spéciations réitérées ont eu lieu dans des îles et des lacs isolés pendant de longues durées et aux habitats hétérogènes, situations favorables à la diversification des niches écologiques. Ces espaces insulaires sont de véritables « laboratoires naturels » permettant d'analyser les processus de l'évolution, de proposer des modèles théoriques, puis de les valider[3].

* Les « pinsons de Darwin » [4] sont endémiques des Galápagos, archipel volcanique distant de quelque 1 000 km de la côte de l'Équateur – à l'exception de *Pinaroloxias inornata* de l'île Cocos, située à l'ouest du Costa Rica et distante d'environ 800 km des Galápagos (Figure 9).

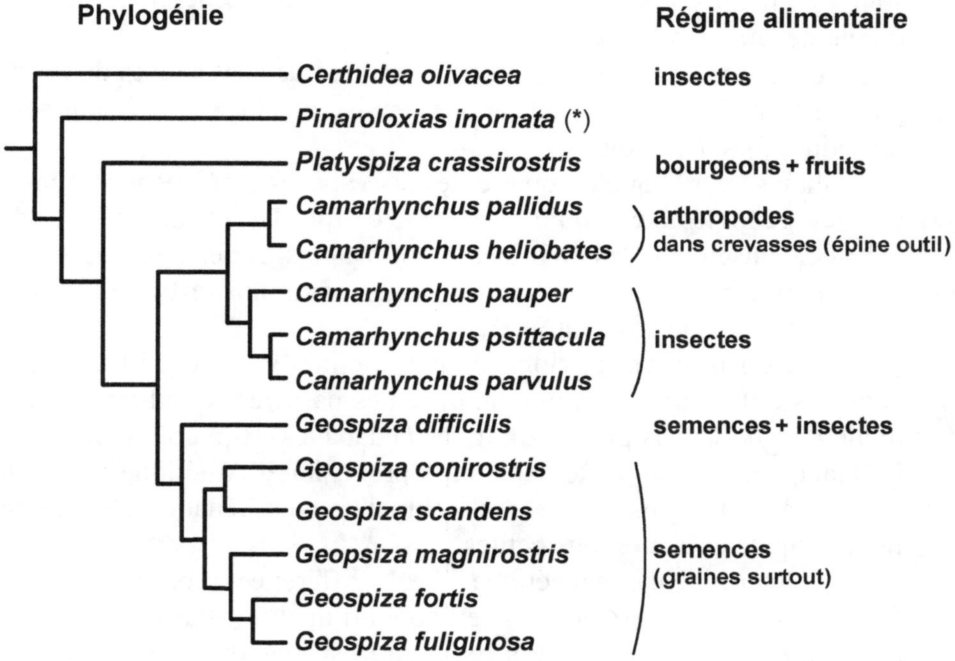

Figure 9. Le buissonnement d'espèces adaptatif des « pinsons de Darwin » des Galápagos (sauf * : espèce de l'île Cocos), modifié d'après diverses sources.

Ces passereaux diffèrent par le régime alimentaire et la manière de se nourrir.

– Les oiseaux de huit espèces vivent sur les cactus, arbres et arbustes. Certains sont végétariens, consommant fruits et bourgeons (*Platyspiza crassirostris*) ou s'alimentent de nectar et de petits arthropodes (*Certhidea olivacea*, deux sous-espèces, *C. o. olivacea* et *C. o. fusca*). Les *Camarhynchus* recherchent des insectes, surtout des larves, soit dans les cactus (deux espèces du sous-genre *Cactospiza*), soit dans le bois carié où ils extraient les proies avec une brindille ou une longue épine tenue par le bec – exemple d'utilisation d'un outil.

– Les oiseaux des six espèces du genre *Geospiza* sont végétariens et consomment surtout des semences qu'ils recherchent, soit sur le sol, soit dans les cactées. Ils diffèrent surtout par la taille corporelle, les dimensions du bec (longueur, largeur et hauteur à la base) et la puissance de la musculature mandibulaire. Ces traits du phénotype sont fortement corrélés à la taille des semences recherchées et à la dureté de leur enveloppe.

La comparaison sur sonagrammes montre que ces espèces diffèrent par les motifs des vocalisations, puissant facteur d'isolement reproductif prézygotique[5].

L'analyse génétique de quatre des six espèces de *Geospiza* montre que les génomes sont moins différenciés que les phénotypes. Elles hybrident aisément, les hybrides étant viables et fertiles quand les conditions climatiques sont bonnes, nettement moins fertiles que leurs ascendants dans le cas contraire[6].

La reconstruction phylogénétique montre que les 14 espèces actuelles ont un ancêtre commun avec des passereaux sud-américains (celle de l'île Cocos proviendrait des Galápagos). L'établissement sur les Galápagos d'une petite population provenant d'Amérique du Sud a été daté à -3 millions d'années, l'archipel ne comprenant alors qu'une île principale et quatre plus petites.

Le déterminisme génétique des différences phénotypiques, éthologiques et écologiques est en cours d'analyse. Par exemple, les paramètres de forme des becs de quatre espèces du genre *Geospiza* sont déterminés chez l'embryon par le niveau d'expression de deux gènes, l'un qui encode la *calmoduline*, l'autre la protéine *Bmp4*[7]. Dans les ébauches osseuses de la mandibule et du maxillaire, la concentration en calmoduline est plus élevée chez les oiseaux à bec long que chez ceux à bec court, celle en *Bmp4* plus forte chez les oiseaux à bec haut et large à sa base que chez ceux à bec étroit[8].

* Au moins 60 espèces de drépanididés, passereaux endémiques des îles Hawaï – certaines sont endémiques d'une seule île –, vivaient dans les milieux arborés de l'archipel avant l'arrivée des Polynésiens. Ceux-ci en ont fait disparaître les deux tiers. Les descriptions faites depuis la fin du XVIIIe siècle montrent une diversité des phénotypes supérieure à celle des « pinsons de Darwin », la variété des niches écologiques étant du même ordre. Le buissonnement des espèces aurait eu lieu après l'établissement d'une ou de quelques espèces venant de l'Asie du Sud-Est[9].

* Les anoles (genre *Anolis*), des lézards proches des iguanes, comptent au moins 140 espèces dans les Caraïbes. Chaque espèce a ses préférences pour l'habitat et les conditions locales – température, humidité et ensoleillement. La plupart des anoles se perchent sur des plantes canopée des arbres, tronc et canopée, tronc, tronc et sol,

buisson, plante herbacée[10]. À chaque habitat correspondent des phénotypes particuliers dénommés *écomorphes*[11].

En moins de 40 millions d'années, plusieurs colonisations ont eu lieu dans les Petites Antilles et les quatre grandes îles des Caraïbes – Cuba, Jamaïque, Hispaniola (Haïti + République Dominicaine) et Porto Rico. Par exemple, il y en eut trois à Porto Rico où l'une d'elles est à l'origine du plus grand nombre d'espèces et d'écomorphes (10 sont représentées dans la Figure 10).

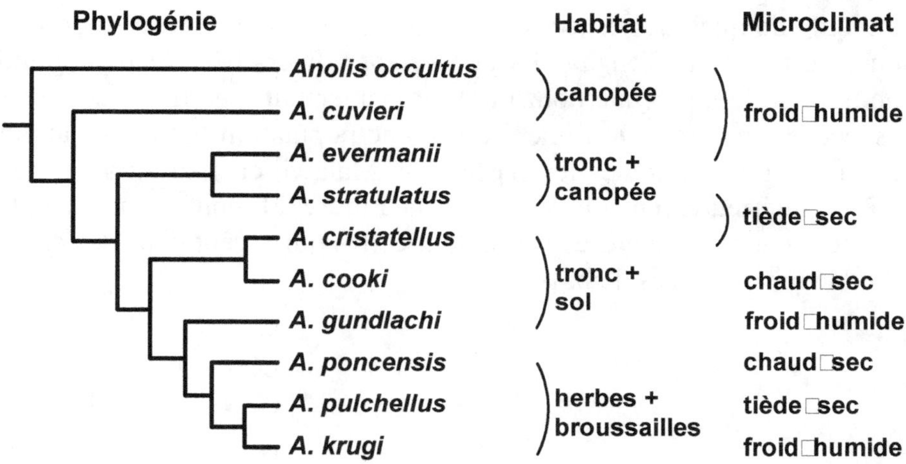

Figure 10. Le buissonnement adaptatif de dix espèces de lézards anoles de l'île Porto Rico, modifié d'après la figure 2.3 de la référence n° 12 du texte. La longueur des branches est arbitraire.

Les différents écomorphes se rencontrent sur chacune des grandes îles des Caraïbes, des *évolutions parallèles* s'y étant faites sous la pression de la sélection naturelle dans chaque type de milieu[12].

* Les cichlidés, poissons des eaux douces d'Afrique, de Madagascar, du sud de l'Inde, du Sri Lanka et d'Amérique tropicale, sont pour la plupart brillamment colorés, surtout les mâles, signe d'une intense sélection sexuelle. Des spéciations buissonnantes ont eu lieu dans les grands lacs d'Afrique orientale après qu'ils aient été colonisés par les cichlidés des cours d'eau qui s'y jettent, et ce, avec une telle profusion que l'on parle d'*essaims d'espèces*. Il y aurait de 660 à 1 000 espèces dans le lac Malawi, 170 à 250 dans le Tanganyika, environ 500 dans le Victoria[13]. Le Tanganyika et le Malawi occupent de profondes dépressions depuis 12 millions

d'années pour le premier, deux millions pour le second ; leur niveau a subi de fortes baisses, surtout vers -25 000 ans, avec assèchement périphérique et/ou formation de sous-lacs. Le lac Victoria, plus récent (vers -500 000 à -400 000 ans) et peu profond, s'est partiellement asséché trois fois, surtout lors du dernier épisode, les eaux revenant vers -14 600 ans. De nombreuses recherches ont été entreprises depuis les années 1970 sur les cichlidés de ces lacs[14].

La forte endémicité des cichlidés dans chacun des trois grands lacs serait due au fait que ces derniers auraient été colonisés par de petits effectifs de quelques espèces. Les phylogénies moléculaires montrent que c'est dans le Tanganyika que se sont diversifiées le plus grand nombre de lignées (une douzaine), probablement à partir de quelques espèces pionnières. De l'une d'elles, une population fondatrice aurait été à l'origine de toutes les espèces du Malawi, et il en aurait été de même ultérieurement du Victoria ; la Figure 11 donne un exemple limité à une trentaine d'espèces, dont celles qui vivent dans des cours d'eau alimentant ces deux lacs.

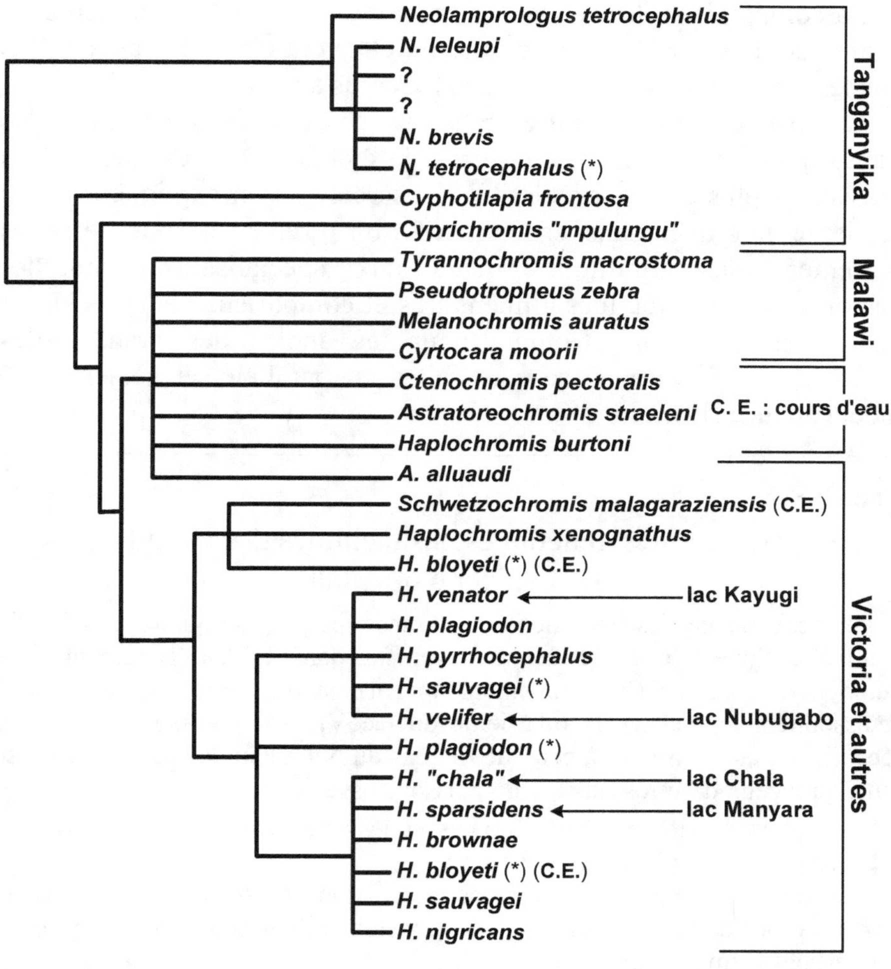

Figure 11. Les relations phylogénétiques entre quelques espèces de cichlidés des lacs d'Afrique orientale et des cours d'eau de leur bassin hydrographique (C.E.). L'arbre a été construit à partir des distances génétiques entre séquences homologues d'ADN (* : position incertaine dans l'arbre). La longueur des branches est arbitraire. Modifié d'après plusieurs sources.

Le rythme des spéciations a été si élevé dans le lac Victoria – quelque 500 espèces en moins de 15 000 ans – que la phylogénie n'est pas résolue pour certaines espèces (cinq polytomies dans l'arborescence de cette Figure).

La comparaison des séquences homologues d'ADN et de génomes entiers de plusieurs espèces montre qu'elles ont divergé d'autant plus que les espèces ont évolué dans des lacs plus anciens.

Comparés à ceux d'autres poissons osseux, les génomes et les transcriptomes de quelques espèces de cichlidés de ces grands lacs présentent plusieurs particularités. Mais celles-ci n'expliquent qu'en partie le fait que, dans chacun des trois grands lacs, les espèces présentent des similitudes quant aux spécialisations morpho-anatomiques, aux régimes alimentaires et comportements associés, et aux types d'habitats. Comme pour les anoles des grandes îles Caraïbes, les évolutions se sont faites en parallèle, et ce, en toute indépendance (Encadré 18).

Encadré 18

Les particularités génétiques des cichlidés des Grands Lacs de l'Afrique orientale

Après séquençage, les génomes et les transcriptomes de quatre espèces de cichlidés, l'une d'une rivière se déversant dans le lac Tanganyika, la deuxième de ce lac (buissonnement ancien), la troisième du lac Malawi (buissonnement récent), la quatrième du lac Victoria (buissonnement très récent), ont été comparés à ceux de tilapias du Nil, cichlidés peu diversifiés, ainsi qu'à ceux d'autres espèces de poissons osseux.

Il est alors apparu que les génomes et les transcriptomes de ces quatre espèces présentent plusieurs particularités.

– Le taux de mutations de certains gènes, dont ceux qui s'expriment par des variations de la morphogenèse, de la vision et de la coloration corporelle, est particulièrement élevé.

– Le taux de duplication génique est lui aussi élevé, ce qui a permis un changement de fonction des copies sans modification de la valeur adaptative des génotypes.

– Des régions génomiques ont été dupliquées et les copies transposées en d'autres sites du génome, ce qui a modifié l'expression de certains gènes.

– Des ARN de petites tailles propres aux quatre espèces ont modifié l'expression d'autres gènes.

– Des gènes et des mécanismes régulateurs ont divergé indépendamment chez ces quatre espèces[1].

Ces particularités n'expliquent qu'en partie la forte diversification des cichlidés des Grands Lacs d'Afrique orientale. Pourquoi la sélection a-t-elle autant favorisé la divergence des génomes et des transcriptomes ? D'autre part, comment expliquer l'évolution parallèle de traits spécialisés du phénotype, du comportement et de l'écologie dans ces lacs ? [2]

Les épisodes d'assèchement local ou partiel des lacs, suivis du retour des eaux plus ou moins longtemps après, auraient provoqué de profondes perturbations des écosystèmes. D'où l'extinction de certaines espèces. Pour les autres, il y aurait eu rupture de l'isolement reproductif encore non verrouillé[15], ou son renforcement après un contact secondaire, ou amorçage de nouvelles spéciations dans de petites populations isolées.

* Des spéciations réitérées de cichlidés ont eu lieu dans trois lacs de cratère du Cameroun, le Bermin, le Barombi Mbo et l'Ejagham, les volumes étant bien inférieurs à ceux des grands lacs cités. Une petite population fondatrice s'est établie dans chacun d'eux à partir d'œufs de cichlidés des cours d'eau avoisinants, les oiseaux aquatiques ayant servi de vecteurs – les œufs se collent à leurs pattes puis se détachent. D'après les données de la phylogénie moléculaire basée sur des séquences homologues d'ADN mitochondrial, plusieurs espèces de cichlidés seraient issues de chacune des trois populations fondatrices, et ce, en quelques millénaires[16]. Compte tenu du volume de ces lacs, les spéciations s'y seraient amorcées en sympatrie. Chaque espèce se singularise par l'habitat, le régime alimentaire, le mode de prise de nourriture, avec des spécialisations morphologiques et physiologiques, en particulier l'adaptation aux eaux pauvres en dioxygène dissous pour les cichlidés vivant en profondeur.

* Les gammariens, crustacés amphipodes des eaux douces et saumâtres, des franges littorales et des fonds marins, comptent plus de 370 espèces dans le lac Baïkal, 95 % étant endémiques. Ce lac est exceptionnel par son ancienneté (quelque 30 millions d'années), son volume (le cinquième de toutes les eaux douces mondiales), sa profondeur (jusqu'à -1 620 m), la richesse en dioxygène dissous de ses eaux et le grand nombre d'espèces endémiques, en particulier des bactéries et des archées dans les eaux profondes et les sédiments.

Alors que la taille adulte de la plupart des gammariens ne dépasse pas 2 cm dans le reste du monde – c'est le cas des gammares que l'on trouve à marée basse sous le varech et les pierres – celle des espèces du Baïkal s'échelonne entre 0,2 et 9 cm. À l'exception d'une espèce qui vit en pleine eau[17], ces crustacés fouissent les sédiments superficiels ou vivent sur le fond, sous les pierres, parmi les algues, les plantes aquatiques et/ou les éponges, s'alimentant des détritus et des micro-organismes qui s'y développent. La grande diversité des phénotypes est corrélée à l'habitat et à la niche écologique : les gammariens des fonds bien éclairés proches des berges sont vivement colorés, leurs yeux développés, leurs antennes et pattes de taille moyenne ; ceux des grands fonds sont incolores et/ou plus ou moins transparents, leurs appendices longs et fins, leurs yeux vestigiaux ou absents.

La comparaison des séquences d'ADN nucléaire et mitochondrial a permis de reconstruire la phylogénie de ces crustacés[18].

* Les drosophiles endémiques de l'archipel hawaïen offrent un bel exemple de spéciations buissonnantes. Sur une aire globale inférieure à celle de l'Île-de-France vivent plus du tiers des espèces de la famille des drosophilidés : plus de 600 ont été décrites en quatre décennies, plusieurs centaines d'autres sont connues mais attendent d'être étudiées[19]. Et ce, dans un archipel volcanique dont la plus ancienne île actuelle s'est formée il y a 5,1 millions d'années, la plus récente de 800 000 ans. Les habitats sont très divers, des milieux de basse altitude à ceux proches du sommet des volcans, des zones arides aux forêts humides ; certaines espèces ne vivent que dans les *kipukas*, petits massifs de forêt tropicale situés entre les anciennes coulées de laves.

Les niches écologiques de ces insectes sont très diversifiées. Selon les espèces, les larves se nourrissent de champignons, ou des levures qui pullulent dans les fruits blets, les cactus pourrissants, ou sont parasitoïdes d'araignées. La plupart vivent sur terre mais certaines larves sont aquatiques. Les adultes s'alimentent de levures ou de jus sucrés, leurs comportements liés à la reproduction sont variés, souvent complexes.

Le caractère adaptatif de nombreux traits de la morpho-anatomie, de la physiologie et de l'éthologie, tant des larves que des adultes, n'est pas évident pour toutes ces espèces. Le poids vif des mouches varie dans une large gamme selon les espèces (de 1 à 40), le dimorphisme sexuel est plus ou moins accusé, la coloration du corps diversifiée (les ailes de nombreuses espèces portent des marbrures sombres à forme spécifique), toutes ces différences apparaissant peu corrélées aux conditions du milieu.

* Des spéciations buissonnantes adaptatives ont eu lieu chez diverses plantes des îles Hawaï, en particulier dans deux familles, les astéracées et les campanulacées.

– Les « épées argentées », astéracées aux feuilles pointues et recouvertes d'une pilosité dense, d'où l'aspect argenté, montrent une grande diversité des phénotypes : coussinets herbacés, rosettes simples ou ramifiées, buissons, lianes, arbustes. Pour chaque espèce, plusieurs traits foliaires – forme, disposition, pilosité, degré de turgescence, vitesse de transpiration – sont corrélés aux particularités de l'habitat et expriment des adaptations. La reconstruction de la phylogénie de ces plantes basée sur la comparaison de séquences d'ADN suggère que les spéciations se seraient effectuées pendant les cinq derniers millions d'années (Figure 12)[20].

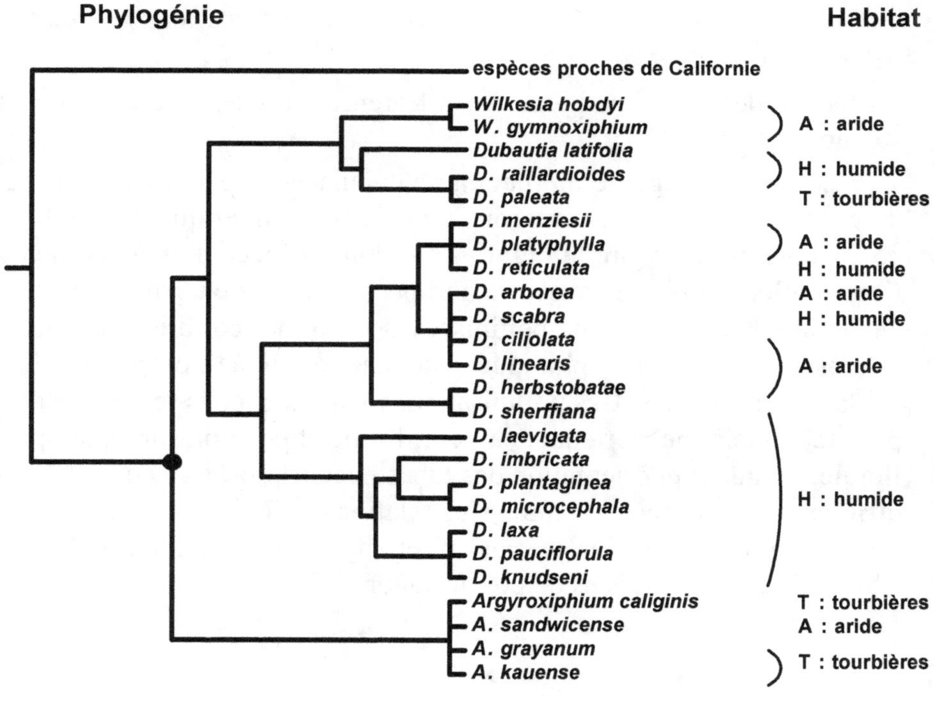

Figure 12. Le buissonnement d'espèces adaptatif des « épées argentées », astéracées endémiques hawaïennes, modifié d'après la Figure 1.2 de la référence n° 12. Cercle noir : ancêtre commun hypothétique à toutes ces espèces.

– Les quelque 125 espèces de campanulacées (ou lobéliacées) de six genres, dont *Lobelia* et *Cyanea*, sont issues de spéciations réitérées après une seule colonisation par des semences. L'espèce pionnière aurait été ligneuse, adaptée à des milieux ouverts de moyenne altitude, les fleurs pollinisées par des oiseaux. Les phénotypes des espèces actuelles apparaissent très diversifiés : tige plus ou moins ligneuse, de taille moyenne ou grande (jusqu'à 9 m de haut), fleurs et fruits de taille, de couleur et de conformation variées. Il en est de même des modalités de la pollinisation et de la dispersion des semences, plusieurs de ces traits manifestant des adaptations à l'habitat, des forêts humides[21]. La réitération de spéciations adaptatives aurait été particulièrement importante dans le genre *Cyanea*, le plus riche en espèces actuelles dans ces îles.

Les spéciations buissonnantes adaptatives déclenchées par des interactions spécifiques

La nature de ces interactions est différente dans les deux exemples suivants.

* Les ancolies (genre *Aquilegia*, renonculacées), plantes vivaces de divers habitats, comptent environ 70 espèces en Amérique du Nord – 15 sont mentionnées sur la Figure 13 –, dont l'espèce *A. vulgaris* aux fleurs violettes présente aussi en Europe. Sur un vaste territoire nord-américain, leurs fleurs sont pollinisées, soit par des colibris, soit par des insectes : papillons sphingidés, mouches à longue trompe, abeilles solitaires ou sociales. Ces pollinisateurs manifestent des préférences pour tel ou tel type de fleurs : couleur, forme et position sur la hampe florale, longueur et orientation des tubes nectarifères, traits qui diffèrent d'une espèce à l'autre. Ces relations spécifiques auraient favorisé la réitération des spéciations en rapport avec la répartition géographique des espèces de pollinisateurs[22].

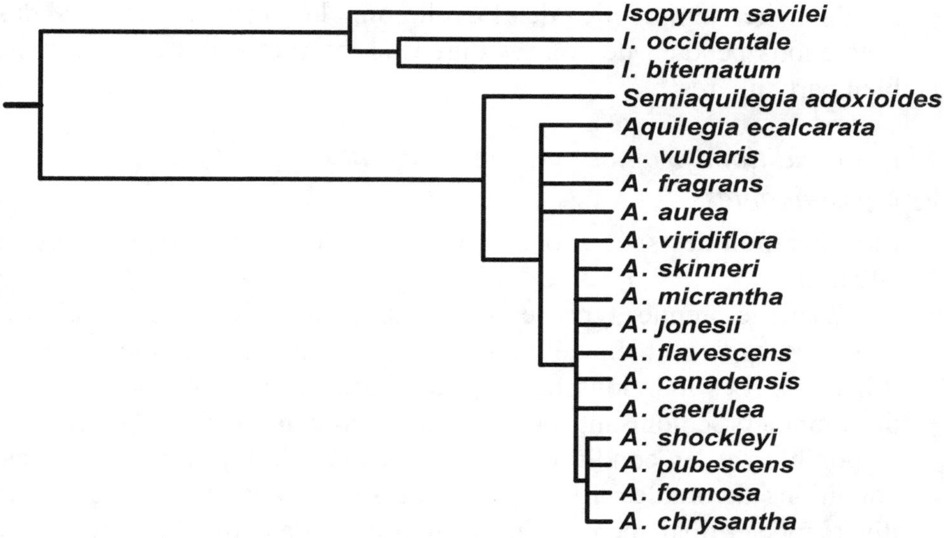

Figure 13. Le buissonnement adaptatif de 19 espèces d'ancolies nord-américaines (renonculacées), modifié d'après la Figure 2.5 de la référence n° 12. La longueur des branches est arbitraire.

* Le genre *Heliconius* (lépidoptères nymphalidés) compte plus de 40 espèces bien répertoriées dont la répartition va du sud des États-Unis au nord du Chili, plusieurs étant endémiques de biotopes arborés des pentes andines. Les substances toxiques des plantes consommées par les chenilles – surtout diverses espèces de passiflores – sont séquestrées sous une forme insoluble qui, passant aux chrysalides et aux papillons, dissuade l'attaque des oiseaux expérimentés. Dans plusieurs biotopes, les motifs colorés des ailes des papillons d'une espèce d'*Heliconius* miment par ceux d'une autre espèce du même genre ou d'un autre genre, ce qui leur assure une protection réciproque – exemple d'évolution convergente d'un trait adaptatif. Plusieurs spéciations réitérées ont eu lieu dans ce contexte[23].

Des spéciations buissonnantes autres que celles venant d'être citées ont été étudiées dans différentes régions du monde par des naturalistes, des écologues, des généticiens des populations[24].

Les spéciations buissonnantes ont fait l'objet d'analyses théoriques[25] et de reconstruction des phylogénies sur des marqueurs moléculaires[26].

La genèse des spéciations buissonnantes adaptatives

À l'échelle temporelle de l'évolution, la forte réitération des spéciations pendant de courtes durées s'observe dans des conditions bien particulières[27].

Les conditions propices à l'amorçage des spéciations buissonnantes

La réitération des spéciations aurait été favorisée dans deux types de situations.

– Dans le premier type, le plus répandu, les spéciations ont eu lieu dans des espaces bien délimités et présentant une grande diversité d'habitats. Les individus fondateurs se sont trouvés dans la situation de pionniers colonisant un espace hétérogène par les ressources disponibles et les conditions du milieu, tant biotiques qu'abiotiques, conditions favorables à l'amorçage de spéciations, aux processus de divergence et finalement à l'individualisation de nouvelles espèces.

– Dans le second type, les fortes fluctuations climatiques des deux derniers millions d'années ont perturbé les interactions interspécifiques, par exemple entre plantes à fleurs et pollinisateurs comme dans le cas des ancolies nord-américaines. Les espaces de répartition des espèces de chaque partenaire ayant changé, de nouvelles interactions se sont mises en place, situation favorable à la réitération des spéciations.

Dans les deux types de situations, il semble que les individus de l'espèce, ou des espèces fondatrices, et des premières espèces filles aient été des *généralistes* – pour l'habitat, l'exploitation des ressources et/ou les particularités de la reproduction –, ceux des espèces individualisées ultérieurement des *spécialistes.* Les niches écologiques de ces dernières étant distinctes, les compétitions entre individus ont été mineures[27].

Dans le premier type de situations, la dérive génétique aléatoire a dû être importante pendant les premières générations des pionniers compte tenu des faibles effectifs. Les effets de la sélection naturelle sont devenus prépondérants par la suite, et éventuellement ceux de la sélection sexuelle comme cela apparaît chez plusieurs espèces de cichlidés, d'anoles et de drépanididés, ainsi que chez certaines des drosophiles de l'archipel hawaïen.

Certaines des hypothèses venant d'être énoncées sont vérifiées par l'exemple qui suit.

Une spéciation buissonnante bien amorcée : les épinoches des populations lacustres en Colombie Britannique

Plusieurs écomorphes d'épinoches de l'espèce *Gasterosteus aculeatus* ont été décrits dans des lacs du sud-ouest du Canada, en Colombie Britannique. Après avoir été isolés du Pacifique vers -12 000 ans, certains lacs ont à nouveau communiqué avec l'océan vers -10 000 ans puis sont restés isolés à la fois de celui-ci et entre eux. Les poissons des populations marines, au phénotype peu varié dans chaque sexe, sont pourvus de structures protectrices – une large rangée de larges écailles sur chaque flanc – et dissuasives vis-à-vis des prédateurs – trois épines alignées sur le dos, une paire de longues et fortes épines pelviennes et une courte épine en avant de la nageoire caudale. Les poissons des lacs, qui diffèrent de ceux marins surtout par leurs flancs peu protégés (petites et fortes écailles moins nombreuses, ou pas d'écaille) et la réduction des épines, tant en nombre qu'en taille, appartiennent à deux types distincts par le phénotype et l'écologie : l'écomorphe benthique, à corps robuste, vivant près du fond et du rivage, et celui limnique, à corps plus fin et allongé, nageant en pleine eau[28]. Les premiers s'alimentent de petits animaux qui se déplacent sur le fond et parmi la végétation, les seconds du plancton lacustre, et ils diffèrent par la forme des mâchoires et la manière de s'alimenter. Plusieurs lacs n'hébergent qu'un seul type d'écomorphes alors que les deux types coexistent dans quelques lacs, avec une grande diversité dans certains de ces derniers. Les évolutions se sont faites en parallèle dans ces lacs, tout comme chez les anoles des Caraïbes et les cichlidés des grands lacs d'Afrique orientale.

Le déterminisme génétique des divergences entre écomorphes marins et d'eau douce est en partie connu : inversions chromosomiques, changement du niveau d'expression de certains gènes[29]. L'un d'eux régule le développement de structures telles que les écailles latérales des flancs[30], un autre détermine la présence ou l'absence, la longueur et la robustesse des épines[31]. D'autres gènes à fonction régulatrice sont modifiés[32].

La reconstruction phylogénétique basée sur la comparaison de séquences de l'ADN mitochondrial extrait d'individus prélevés dans des populations marines et lacustres a permis de proposer le scénario suivant. Les lacs auraient été colonisés par des épinoches marines en deux occasions, les différenciations en écomorphes se seraient effectuées indépendamment dans chaque lac[33]. Ces données suggèrent que des spéciations buissonnantes sont déjà bien engagées dans ces lacs[34].

À quel rythme les spéciations buissonnantes adaptatives se sont-elles effectuées ?

Les exemples qui précèdent apportent deux informations : celle relative à la richesse en espèces actuelles d'un taxon monophylétique buissonnant dont l'ancêtre *X* vivait dans un passé lointain (gammariens du lac Baïkal) ou récent (cichlidés du lac Victoria) ; celle qui concerne la diversification génétique, phénotypique, éthologique et écologique de ces espèces. À moins de disposer de nombreux fossiles, on ne peut estimer le nombre d'espèces qui ont disparu lors de chacune des spéciations buissonnantes citées. Aussi *le rythme des spéciations* dans un tel ensemble ne peut-il être évalué que si l'on est sûr qu'il soit monophylétique – d'où la nécessité de reconstruire une phylogénie la plus fiable possible – et si l'on connaît à la fois la durée globale pendant laquelle se sont effectuées les spéciations, le nombre d'espèces actuelles et le nombre d'espèces disparues pendant cette durée[35].

Compte tenu de toutes ces contraintes, le rythme de ces spéciations ne peut être évalué qu'avec une large marge d'erreur. Il est en général exprimé par un *intervalle de diversification* qui estime la durée moyenne séparant deux spéciations successives sur l'ensemble des branches de l'arbre phylogénétique du taxon considéré. Cet intervalle est-il plus bref dans ce dernier que dans des taxons de même rang mais ne présentant pas un tel mode de diversification rapide ? La comparaison ne saurait être valide que si les intervalles de diversification ont été calculés de la même manière, soit en considérant toutes les espèces, tant vivantes que connues par les seuls fossiles, soit en excluant les espèces qui ont disparu sans laisser de trace. Dans les deux cas, les intervalles sont exprimés en millions d'années ou en centaines de milliers plutôt qu'en nombre de générations, la durée de celles-ci étant souvent inconnue. Les trois exemples suivants montrent les incertitudes des estimations du fait que l'on ignore combien d'espèces ont disparu pendant les spéciations dans les taxons concernés.

– Alors que les intervalles de diversification varient de 4 à 13 millions d'années pour les familles de plantes à fleurs étudiées à ce jour, ceux des « épées argentées » hawaïennes sont inférieurs à 1,8 million d'années.

– Ces intervalles varient de 1,6 à 2,6 millions d'années pour la plupart des familles d'oiseaux, ils sont estimés à 0,8 à 1,1 million d'années pour les « pinsons de Darwin ».

– Certaines spéciations récentes se sont réitérées à un rythme très rapide, le cas des cichlidés du lac Victoria étant exemplaire : pendant les 14 derniers millénaires, trois ou quatre nouvelles espèces seraient apparues par siècle, peut-être cinq ou six si des extinctions se sont produites. Selon des études en cours, des rythmes un peu plus lents auraient existé pour certains taxons de poissons dans le lac Lanao aux Philippines, le lac Titicaca dans les Andes[35], la lagune Chichancanab au sud du Mexique[36].

Chapitre 8

Les cospéciations, aboutissements de processus coévolutifs ?

Les individus de toutes les espèces évoluent de concert avec ceux des espèces avec lesquels ils interagissent, directement ou non, au moins à un moment de leur cycle de vie. La longue histoire du vivant est riche en exemples d'évolutions corrélées, ou *coévolutions*[1]. Les principales interactions sont, d'une part celle de la dépendance d'un exploiteur vis-à-vis d'un exploité (prédateurs-proies, parasites-organismes hôtes), d'autre part celle de l'interdépendance de deux partenaires (plantes à fleurs-animaux pollinisateurs, hôtes-symbiontes). Sur le long terme, plus ces interactions sont spécialisées, plus la coévolution s'exprime par des adaptations de chacun des partenaires[2].

La coévolution se joue d'abord sur le plan des génomes, et ce, d'autant plus activement que les partenaires interagissent en spécialistes. Quand les individus prédateurs ou parasites d'une espèce *X* dépendent de manière étroite ou exclusive de ceux d'une espèce *A*, tout changement génétique survenant en *A* et modifiant l'interaction risque d'interrompre cette dernière, à moins que ne survienne en *X*, et dans de brefs délais, un changement génétique dont l'expression permette le maintien de l'interaction. Il en est de même quand les fleurs ou les hôtes d'une espèce *A* sont en relation de dépendance réciproque avec les pollinisateurs ou les symbiontes d'une espèce *X*. Dans les deux cas, les modifications des génotypes en *A* et en *X* s'expriment par celles des phénotypes, des comportements et de certaines particularités écologiques. Qu'advient-il de *X* si *A* s'engage dans un processus de spéciation ? L'espèce *X* disparaît-elle, change-t-elle de partenaire ou fait-elle une spéciation corrélée à celle de *A*, une *cospéciation* ? [3]

Comprendre comment peuvent se réaliser des cospéciations suppose que l'on connaisse les modalités de la coévolution d'espèces en interaction étroite ou exclusive.

La diversité des processus coévolutifs

La dépendance des prédateurs ou des parasites vis-à-vis de leurs proies ou hôtes et l'interdépendance mutualiste ou symbiotique entre partenaires sont d'autant plus fortes que les interactions sont spécifiques.

La coévolution dans les couples prédateur-proie et phytophage-plante

Les processus coévolutifs s'étendant sur de nombreuses générations, il est difficile d'en suivre la progression, et ils ne peuvent guère être reproduits par l'expérimentation. D'où le recours à des scénarios, qu'il faut ensuite valider.

Un premier scénario est celui d'une « course » sur plusieurs générations entre l'efficience offensive des prédateurs spécialisés de l'espèce *X* et le potentiel défensif de leurs proies préférées de l'espèce *A* – ce qui est souvent comparé à la course entre armements et moyens défensifs lors des guerres de longue durée. La coévolution s'exprime par une augmentation progressive des performances des prédateurs lors des poursuites, des proies lors des fuites. Cette « escalade » est non seulement coûteuse, ne serait-ce qu'en termes métaboliques, mais elle bute sur des limites naturelles : à une certaine génération, les performances offensives en *X* atteignent une limite supérieure de ce que permettent l'anatomie et la physiologie, et il en est de même de l'efficience défensive en *A*. La coévolution cesse alors. À moins que des individus de *A* adoptent une nouvelle tactique défensive, par exemple en déroutant le prédateur par une course en zigzags ; la coévolution peut alors reprendre. De nombreux exemples valident ce scénario, mais peu d'entre eux ont fait l'objet d'études génétiques.

Le processus coévolutif peut se poursuivre indéfiniment dans le cas des interactions entre les plantes et les animaux qui en dépendent pour la nutrition et/ou la reproduction[4]. Des substances défensives très diverses, certaines dissuasives ou répulsives, d'autres toxiques[5], permettent aux plantes de limiter les dommages causés par les parasites, mais ces derniers sont plus ou moins capables de résister à ces substances, de les détoxifier ou de les séquestrer dans des structures qui les isolent du métabolisme.

Considérons le scénario suivant[6]. Les plantes annuelles d'une espèce *A* sont parasitées par les insectes d'une espèce *X* qui s'en nourrissent exclusivement. Supposons que, d'une part les plantes d'une population synthétisent en quantité variable une substance *S* toxique pour les insectes, la synthèse étant sous le contrôle d'un ou de quelques gènes, d'autre part que les insectes sympatriques diffèrent par la capacité de détoxification de *S*, qui dépend de l'activité d'une enzyme *E*, activité sous le contrôle d'un gène ou de quelques gènes. Les effectifs des deux populations ne changeant pas au fil du temps, supposons que survienne en *A* une mutation qui s'exprime par la synthèse d'une substance *S'* dérivée de *S*, *S'* ne coûtant pas plus à synthétiser que *S*, et l'enzyme *E* des insectes ne la détoxifiant pas mieux qu'elle ne le fait de *S*. Dans cette situation, la fréquence de l'allèle muté augmente dans la population de *A* en même temps que diminue l'effectif de la population de *X*. Mais cela change dès qu'apparaît en *X* un mutant s'exprimant par la sécrétion d'une enzyme *E'* dérivée de *E*, enzyme qui ne coûte pas plus à synthétiser et qui détoxifie efficacement *S'*. Dans cette nouvelle situation, la fréquence de l'allèle muté augmente dans la population de *X*, dont l'effectif de *X* s'accroît au détriment de celui de *A*. Et ainsi de suite, le jeu coévolutif des génotypes se poursuivant indéfiniment du fait que le coût de la synthèse de la substance défensive par les plantes et celui de l'enzyme de détoxification par les insectes restent à peu près les mêmes[7]. Ce scénario de coévolution des génotypes sur de longues durées est validé par de nombreuses études portant sur les variations cycliques avec décalage temporel qui se produisent entre l'efficacité des défenses chimiques des plantes et celle des capacités de détoxification de leurs parasites ou agents pathogènes.

Une métaphore empruntée à Lewis Carroll est souvent utilisée pour résumer le processus décrit, celle de la Reine rouge dans *De l'autre côté du miroir* : cette pièce du jeu d'échecs, transformée en personnage lucide et autoritaire, entraîne Alice dans une course sans fin en lui démontrant que c'est le seul moyen de rester à la même place dans un monde qui ne cesse d'avancer. Transposé en termes d'interactions, cela signifie qu'à toute variation génétique en *X* qui renforce la pression en *A*, la sélection naturelle avantage les variants en *A* qui disposent *au même moment* des défenses les plus efficaces.

Ultérieurement, ce seront les variants en *X* ayant la capacité de déjouer ces défenses qui seront avantagés. Et ainsi de suite.

La coévolution dans les couples parasite-hôte et agent pathogène-hôte

Le scénario de la Reine rouge s'applique aux couples venant d'être cités. Il est validé par de nombreuses études.

La modélisation des interactions entre les individus d'une espèce hôte *A* et ceux d'une espèce parasite ou pathogène *X* considère les variations de la pression de sélection naturelle dans des populations sympatriques de *A* et de *X* sous l'effet des changements génétiques alternatifs – en *A*, puis en *X*, puis en *A*, etc.

Le modèle le plus simple est celui qui fait intervenir un seul gène de chaque espèce, chacun d'eux ayant deux allèles, l'un dominant, l'autre récessif. En *A*, l'allèle dominant *R* détermine le niveau de défense ou de résistance vis-à-vis des individus de *X*. En *X*, l'allèle récessif *v* détermine le niveau de virulence vis-à-vis des individus de *A*. Les hôtes de génotypes *RR* et *Rr* résistent au parasite, sauf si celui-ci est de génotype *vv*. Quant aux hôtes de génotype *rr*, ils sont sensibles au parasite quel que soit le génotype de ce dernier. Mais la résistance de l'hôte ayant un coût métabolique, les individus *RR* et *Rr* sont désavantagés par rapport à ceux *rr* dans une population de *A* en l'absence de l'espèce *X*. La situation est symétrique en *X*, par exemple si les individus *VV* et *Vv* se multiplient plus lentement que les *vv*, mais à un moindre coût. Si la population de *A* comprend une majorité d'individus *rr*, les parasites de génotypes *VV* et *Vv* sont avantagés pendant un certain nombre de générations par rapport à ceux *vv*, et la situation s'inverse dès que les hôtes de génotype *RR* et *Rr* deviennent plus nombreux.

D'autres modèles considèrent des interactions plus complexes, d'une part quand le gène en *A* et celui en *X* ont chacun plusieurs allèles, d'autre part quand deux ou plusieurs gènes sont impliqués. Dans les populations de *A* et de *X*, les fréquences des allèles fluctuent au fil des générations, ce qui s'exprime par des variations cycliques ou irrégulières de l'efficacité de la résistance des individus de *A* et du degré de virulence de ceux de *X*.

Même s'ils ne permettent pas de prédire l'évolution des coévolutions sur le long terme, ces modèles rendent compte de la variabilité de la résistance de diverses plantes et animaux et de la virulence de leurs parasites ou pathogènes spécifiques. Les exemples sont multiples[8] : plantes et champignons pathogènes, insectes et leurs parasitoïdes[9], animaux et leurs virus comme dans le cas de la myxomatose[10]. Les variations au fil des générations, d'une part de la résistance des humains et animaux domestiques, d'autre part de la virulence des micro-organismes qui leur sont pathogènes, ont une grande importance dans les décisions à prendre pour contrôler les épidémies et les épizooties : un traitement préventif par vaccination s'impose-t-il ou non ? [11]

La coévolution dans les couples mutualistes

Se manifestant par des interactions à bénéfices et à dépendances réciproques entre les individus de deux espèces *A* et *X* – qu'ils soient associés de manière brève, longue ou en permanence –, le mutualisme résulte d'une longue évolution des relations entre les deux partenaires. Aussi la situation en apparence équilibrée peut-elle devenir instable si certains individus de *A*, ou de *X*, se mettent à « tricher ».

Certaines situations aboutissent à un équilibre stable, au moins pendant un certain temps.

S'il s'agit d'une symbiose entre individus d'une espèce *A* et micro-organismes d'une espèce *X*, ces derniers sont le plus souvent transmis verticalement dans leurs gamètes par les femelles de *A*. Aussi peuvent-ils être considérés comme des parasites à virulence nulle ou minime, ne surexploitant que très rarement leur hôte en proliférant de manière excessive. Il est d'ailleurs fréquent qu'ils ne puissent vivre chez les individus de *A* que dans des tissus ou organes particuliers et que toute multiplication hors de ceux-ci déclenche une réaction immunitaire de l'hôte. De ce fait, l'équilibre obtenu est en général stable pendant de nombreuses générations. Un exemple de coévolution entre symbiontes et hôtes est présenté dans l'Encadré 19.

Encadré 19

La coévolution des cicadelles et de leurs symbiontes bactériens

De nombreux insectes piqueurs aspirent la sève brute issue du système racinaire des plantes à graines[1]. Cette solution est très diluée et déséquilibrée sur le plan nutritionnel. L'excès de liquide est évacué par l'anus sans passer par l'intestin[2]. Des bactéries symbiotiques synthétisent les nutriments manquants ou en trop faible concentration. Ces symbiontes, hébergés dans des organes abdominaux dénommés *bactériomes*, s'associent aux ovocytes et sont transmis de la mère à sa progéniture (transmission verticale).

Plusieurs bactéries symbiotiques ont été caractérisées chez des espèces de huit taxons, dont celui des cicadelles, qui ressemblent à de minuscules cigales. Les insectes de la plupart de ces espèces hébergent la bactérie *Sulcia muelleri*, qui manque chez trois des huit taxons – elle y est remplacée par d'autres symbiontes. Une autre bactérie, *Baumannia cicadellinicola*, coexiste avec *Sulcia muelleri* uniquement chez les espèces de cicadelles étudiées.

Les reconstructions phylogénétiques effectuées en parallèle chez les espèces d'insectes et leurs symbiontes à partir des génomes ou de séquences génomiques ont abouti aux conclusions suivantes[3].

– La symbiose entre la lignée de *Sulcia muelleri* et celles des insectes des huit taxons serait très ancienne, remontant à quelque 270 millions d'années d'après l'horloge moléculaire.

– Il y a environ 50 millions d'années, *Baumannia cicadellinicola* se serait associé à *Sulcia muelleri* chez l'ancêtre commun des cicadelles actuelles.

– Une coévolution a eu lieu entre ces deux symbiontes et les cicadelles.

– Pendant la coévolution, le génome des deux symbiontes a perdu plusieurs gènes, aussi ces bactéries sont-elles incapables de vivre en autonomie[4].

– Les capacités de synthèse des deux espèces sont complémentaires : alors que *Sulcia muelleri* synthétise tous les acides aminés sauf l'histidine, *Baumannia cicadellinicola* le fait pour l'histidine et des facteurs vitaminiques.

D'autres situations sont instables du fait qu'un des partenaires triche.

– Parmi les insectes qui assurent la pollinisation croisée, certains trichent en exploitant la plante sans la polliniser. Des bourdons prélèvent du pollen et/ou du nectar sur des fleurs en évitant de les polliniser[12]. Dans l'aire de répartition originelle des yuccas (agavacées américaines), les femelles de 13 espèces de petits lépidoptères des genres *Tegeticula* et *Parategeticula* (prodoxidés) pondent dans les ovaires des fleurs où un certain nombre d'ovules seront dévorés par les chenilles – ce qui a peu d'importance vu le grand nombre de fleurs par plante – tout en assurant le transfert du pollen à d'autres plantes ; les femelles de six autres espèces trichent en pondant dans les ovaires mais sans transférer de pollen[13].

– *A contrario*, plusieurs espèces de plantes à fleurs attirent des insectes qui les pollinisent sans qu'ils en tirent un quelconque bénéfice : ils sont leurrés. Ainsi, les fleurs de nombreuses espèces d'orchidées attirent les mâles de divers hyménoptères, surtout des abeilles solitaires, par la forme, la pilosité, les motifs colorés, et même en émettant des substances volatiles chimiquement proches de la phéromone sexuelle des femelles vierges de ces insectes[14]. Les mâles de certaines espèces font une *pseudo-copulation* sur ces fleurs[15]. La conformation des fleurs est telle que les mâles leurrés entrent en contact avec les pollinies[16] qui se fixent sur son corps puis se détachent au contact du stigmate de la fleur qui est visitée par la suite.

Comment prouver la réalité des cospéciations ?

Soit deux espèces *A* et *X* dont les individus interagissent de manière exclusive. Par exemple si ceux de *X* sont des parasites ou des symbiontes spécifiques de *A*, ou si ce sont des animaux de *X* ne visitant que les fleurs de *A*, qui dépendent d'eux pour la pollinisation. Supposons que deux espèces sœurs *B* et *C* s'individualisent à partir de l'espèce *A* par l'un des processus décrits dans le Chapitre 6. Quatre possibilités se présentent aux individus de *X* pendant cette spéciation.

– Ne pouvant s'adapter aux individus de *B* ni à ceux de *C*, les individus de *X* changent d'hôte ou de partenaire. Selon que *X* est une espèce parasite ou mutualiste, cette nouvelle situation est favorable ou défavorable aux jeunes espèces sœurs *B* et *C*.

– L'espèce *X* s'éteint si ses individus ne peuvent changer d'hôte ou s'adapter aux espèces sœurs *B* et *C*. Comme dans le cas précédent, cette disparition est avantageuse ou non à *B* et à *C* selon que les individus de *X* étaient parasites ou mutualistes de ceux de *A*.

– Certains individus des populations de *X* s'adaptent à ceux de l'espèce *B*, les autres le font à ceux de *C* : l'espèce *X* a coévolué.

– Deux espèces *Y* et *Z* s'individualisent à partir de l'espèce *X* en même temps que s'effectue la spéciation de l'espèce *A*, et ce, de telle sorte que les individus de *Y* interagissent avec ceux de *B* et les individus de *Z* avec ceux de *C* : une *cospéciation* s'est produite.

Quand le scénario d'une cospéciation apparaît plausible, comment le valider ?

La spéciation en *A* se réalisant en plusieurs générations, comment celle en *X* peut-elle s'effectuer sans que les interactions s'interrompent ? Le scénario le plus simple est le suivant. Les génotypes des populations sœurs A_a et A_b divergent au fil des générations dans l'espèce *A*. Dans celle *X*, certains des génotypes des populations sœurs X_a et X_b divergent eux-mêmes suffisamment pour que les interactions entre les individus de A_a et ceux de X_a d'une part, entre les individus de A_b et ceux de X_b d'autre part, continuent au fil des générations, même si la mortalité est importante pendant cette coévolution. Le processus achevé, les individus de l'espèce *B* issue de A_a interagissent avec ceux de l'espèce *Y* issue de X_a, les individus de l'espèce *C* issue de A_b font de même avec ceux de l'espèce *Z* issue de X_b. Ce scénario ressemble à celui évoqué plus haut sous le nom de « la Reine rouge » mais, dans cette « course », à chaque étape de la divergence entre A_a et A_b, l'évolution en X_a ou en X_b risque de ne plus pouvoir suivre. Aussi la réussite des cospéciations apparaît-elle plus problématique que celle des coévolutions.

Peut-on prouver l'existence des cospéciations par l'examen conjoint, d'une part des espèces sœurs *B* et *C* issues de *A*, d'autre part des espèces sœurs *Y* et *Z* issues de *X* ? Une méthode a été proposée pour deux types de situations : 1° celle où les partenaires de mutualismes, symbiontes-hôtes ou pollinisateurs-fleurs, sont dans une relation de stricte interdépendance ; 2° celle où des parasites dépendent des individus d'une seule espèce, cas de divers parasites externes dont la totalité du cycle de vie se déroule sur un seul hôte. Elle consiste à reconstruire de manière indépendante, d'une part la phylogénie de plusieurs espèces d'hôtes, d'autre part celle de leurs symbiontes, pollinisateurs, ou parasites spécifiques, puis de les disposer en vis-à-vis : plus les arbres obtenus sont symétriques, plus il est plausible d'invoquer l'existence de cospéciations.

Des modalités de cospéciation distinctes sont inférées à l'examen de deux taxons de micro-organismes qui vivent dans l'organisme d'arthropodes[17]. Pour les bactéries du genre *Wolbachia* (Encadré 5, page 32), la phylogénie des hôtes et celle des bactéries ne concordent pas. Comme l'illustre la Figure 14A, les arbres à gauche et à droite diffèrent fortement, les lignes en tirets qui expriment l'interaction entre les espèces de *Wolbachia* et celles de leur hôte (deux espèces de crustacés + sept d'insectes, l'une d'elles avec trois populations distinctes) se croisent.

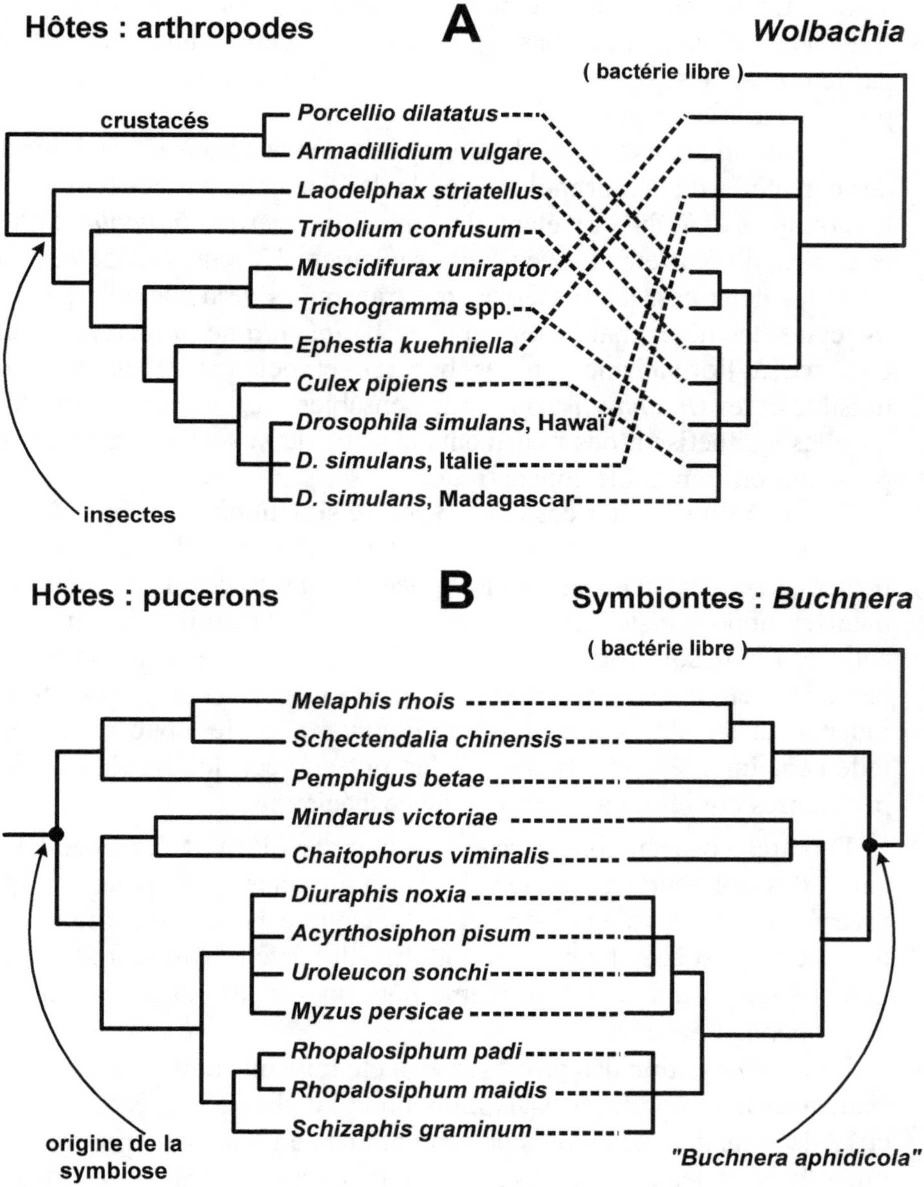

Figure 14. Deux confrontations de phylogénies d'arthropodes et de bactéries qui leur sont associées. La « bactérie libre », entre parenthèses, désigne une espèce externe au taxon *Wolbachia*. La longueur des branches est arbitraire. D'après plusieurs sources.

La situation est différente pour les bactéries symbiotiques du genre *Buchnera* et les pucerons qui les hébergent dans des tissus particuliers : les deux phylogénies sont symétriques de manière presque parfaite (Figure 14B).

Dans ces deux exemples, la phylogénie des pucerons est établie sur des caractères de la morphologie, celle des bactéries sur des séquences homologues d'ADN – révélant ainsi que "*Buchnera aphidicola*" est un complexe de plusieurs espèces dont seulement 12 sont considérées ici. Dans les deux cas, les bactéries sont transmises verticalement par les ovocytes des hôtes mais, alors que les *Wolbachia* ne procurent aucun bénéfice à l'organisme qui les héberge et peuvent même lui être nuisibles, les *Buchnera* sont indispensables aux pucerons du fait qu'elles synthétisent des nutriments absents de la sève des plantes ou présentes en trop faible concentration.

Comment interpréter ces deux types de situations ? Les hypothèses les plus plausibles sont les suivantes. Pour les *Wolbachia*, ces bactéries seraient passées d'une lignée d'arthropodes à une autre de manière opportuniste, leur valeur sélective étant optimisée sans que celle de l'hôte soit trop fortement diminuée. Aussi la spéciation de ces bactéries et celle des hôtes se sont-elles effectuées en toute indépendance. Au contraire, les *Buchnera* et les pucerons sont tellement interdépendants que seules ont survécu les lignées où les partenaires ont réussi à effectuer une cospéciation.

D'autres cospéciations auraient eu lieu dans l'ouest des États-Unis entre des rongeurs géomyidés[18] et les insectes mallophages[19] qui vivent en parasites dans leur pelage, chaque espèce étant inféodée à une seule espèce hôte. La totalité du cycle biologique d'un mallophage s'effectue sur le même hôte ou sur ses congénères ayant été en contact avec lui.

La reconstruction des phylogénies a été faite en comparant les séquences homologues d'ADN mitochondrial chez 15 espèces d'hôtes et 17 de parasites. Les arbres présentent une certaine symétrie, mais imparfaite, et deux des lignes en tirets qui expriment les interactions entre hôtes et parasites sont bifurquées (Figure 15A), données suggérant que des changements d'espèce hôte se seraient produits en plus des cospéciations.

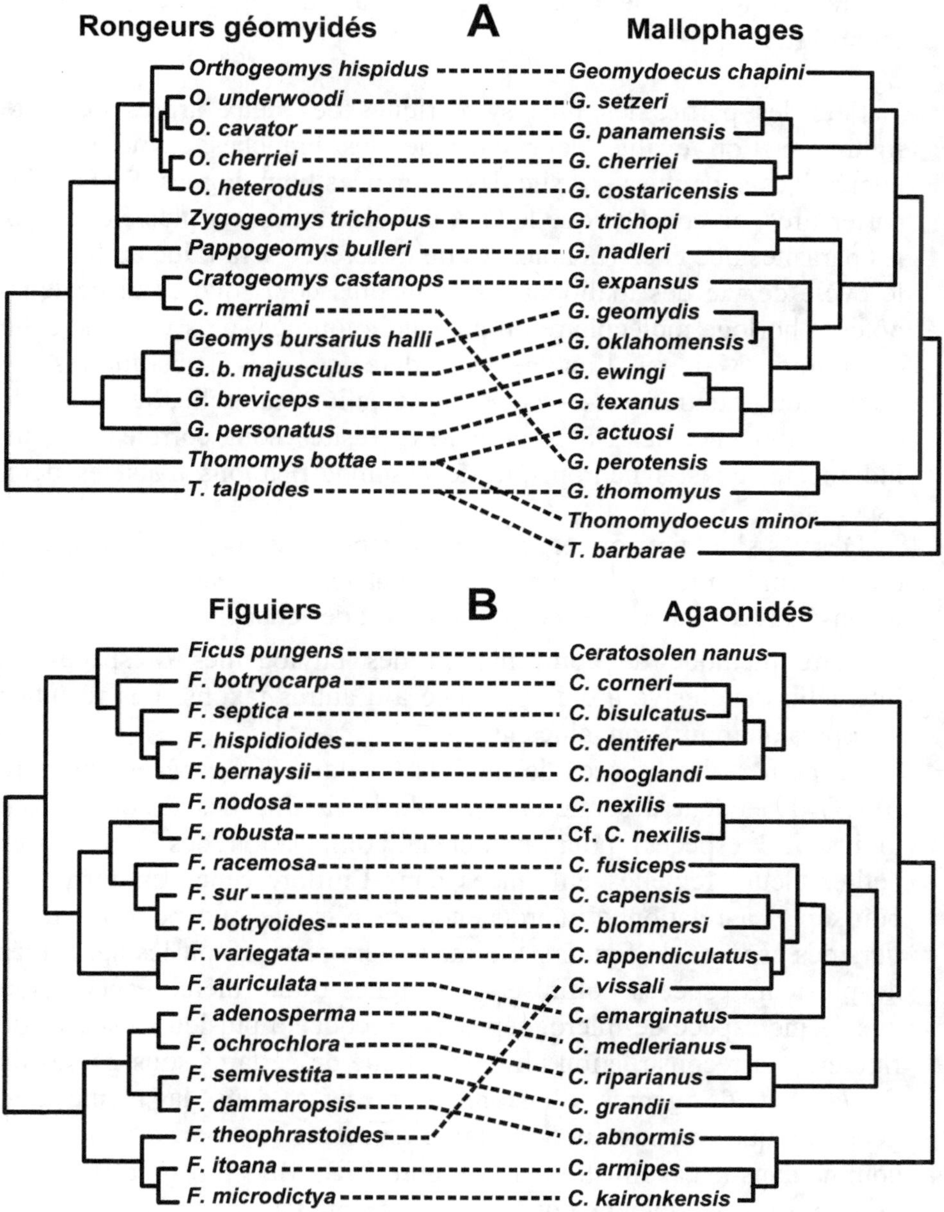

Figure 15. Deux confrontations de phylogénies : A : de rongeurs et de mallophages, d'après la Figure 8.3 de la référence n° 20 b ; B : de figuiers et de microguêpes agaonidés de la vaste région mélanésienne,

d'après la Figure 2 de la référence n° 24 a. La longueur des branches est arbitraire.

Pour les parties les plus symétriques des deux arbres de cette figure, si l'on évalue pour chacune des branches le nombre de nucléotides substitués par site des séquences homologues d'ADN des partenaires, on constate que le taux de substitution est plus élevé chez les parasites que chez les hôtes. Cette différence serait due au fait que, le cycle de vie des mallophages étant plus court que celui de leurs hôtes, l'horloge moléculaire du parasite « tourne » plus vite que celle de l'hôte. Mais si l'on ne considère que les substitutions de nucléotides neutres vis-à-vis de la sélection naturelle, les taux de substitution chez les hôtes et leurs parasites sont corrélés, ce qui indique un quasi-synchronisme de ces modifications dans les deux espèces[20].

Des cas similaires ont été mis en évidence entre des mallophages et d'autres mammifères[21] et entre mallophages et oiseaux de plusieurs taxons[22], avec là aussi des cospéciations et des changements d'hôte.

Cette méthode de confrontation des phylogénies d'espèces en interaction exclusive a été appliquée à d'autres taxons. Les résultats sont plus ou moins convaincants.

La plupart des espèces de figuiers (quelque 800 espèces du genre *Ficus*) dépendent des microguêpes de la famille des agaonidés (au moins 750 espèces) pour assurer la pollinisation des nombreuses petites fleurs femelles enfermées dans l'inflorescence en forme de bourse[23]. La relation d'interdépendance n'existe que pour les deux tiers des espèces de figuiers[24]. Pour le tiers restant, soit les agaonidés de plusieurs espèces pollinisent les figues d'une même espèce, soit une même espèce de microguêpes est inféodée à plusieurs espèces de figuiers. La reconstruction phylogénétique de certains sous-genres de figuiers et de genres d'agaonidés présents dans la même aire géographique montre une certaine symétrie des arbres obtenus, comme dans le cas illustré par la Figure 15B. Mais il reste difficile de prouver qu'il y a bien eu cospéciation compte tenu de trois disparités : 1° celle de la durée des générations, plus de 100 fois supérieure pour les figuiers que pour les microguêpes ; 2° celle des effectifs des populations, bien inférieurs chez les premiers comparés aux seconds ; 3° celle de l'intensité des flux géniques, supérieure chez les seconds.

La confrontation des phylogénies moléculaires entre partenaires mutualistes permet de discriminer les cas de cospéciation présumée de ceux de changements d'hôte au cours des spéciations. Ainsi, au cours de la coévolution de 18 espèces de plantes du genre *Glochidion* et du même nombre d'espèces de papillons du genre *Epicephala*[25], six cas seulement pourraient correspondre à des cospéciations[26]. La coévolution de certains champignons et des fourmis coupeuses de feuilles[27] est un autre exemple : elle aurait abouti à une cospéciation pour au moins quatre espèces de ces fourmis et de champignons qu'elles cultivent au cœur de leur nid[28]. Deux autres constats ont été faits : la « domestication » de coprins et/ou d'agarics par les fourmis aurait réussi plus d'une fois ; certaines espèces de champignons cultivés par ces insectes seraient revenues à un mode de vie indépendant de celui des fourmis[29].

Les limites des preuves sur la cospéciation

Comme l'ont montré plusieurs des exemples précédents, la confrontation des arbres phylogénétiques des espèces hôtes et de leurs parasites ou symbiontes n'a de sens que si les deux partenaires ne diffèrent pas trop par la durée du cycle de vie – en fait par le rythme de leur horloge moléculaire – et par l'intensité des flux géniques. Le cas extrême est celui des virus : le taux de mutation de la plupart des virus, en particulier de ceux à génome ARN, étant très supérieur à celui de leur hôte, l'éventuelle symétrie des arbres phylogénétiques confrontés ne permet nullement d'inférer qu'il y a eu coévolution.

Dans quelles conditions des cospéciations sont-elles susceptibles de se produire ? Il est probable que les facteurs qui favorisent la spéciation en *A* le font aussi en *X*, amorçant en quasi-synchronisme la divergence puis l'individualisation, d'une part des espèces sœurs *B* et *C* à partir de *A*, d'autre part des espèces sœurs *Y* et *Z* à partir de *X*. Par exemple, si la spéciation en *A* est amorcée par une fragmentation de son espace de répartition, la vicariance concerne également son partenaire exclusif *X*. Les populations en *X* se trouvant séparées, les différents cas précédemment énoncés sont possibles, y compris celui de la cospéciation[30]. Toutefois, proposer des scénarios de cospéciation, puis essayer de les valider, supposent que soient connues *dans toutes les dimensions* l'histoire des espèces hôtes et celle des espèces parasites ou mutualistes, tant pour les relations phylogénétiques que pour les changements génétiques, phénotypiques, éthologiques, écologiques et de répartition géographique.

Chapitre 9

Quand la domestication a abouti à des spéciations

Nos lointains ancêtres ont consommé les individus, entiers ou en partie, de nombreuses espèces sauvages. Ne se contentant pas de cueillette, de chasse et de pêche, ils protégeaient diverses plantes dans leur habitat naturel en vue d'une exploitation rituelle ou médicamenteuse, mais les cultivaient rarement, capturaient des animaux et les nourrissaient en enclos, les apprivoisaient parfois mais sans les domestiquer.

Le qualificatif « domestique » est employé ici par opposition à « sauvage », que les plantes ou les animaux soient admis ou non à l'intérieur ou près des habitats humains (*domesticus* en latin : de la maison). Sont considérées comme domestiquées les espèces dont les individus vivent et se reproduisent sous le contrôle plus ou moins strict d'humains. Le lent processus de domestication a consisté à cultiver ou élever dans des milieux anthropisés des plantes ou des animaux après en avoir observé les qualités. Et ce, afin de les exploiter à diverses fins tout en les protégeant autant que possible des prédateurs et des parasites. Les cultivateurs et éleveurs ont ensuite pratiqué des sélections empiriques, souvent si efficaces que de nombreuses espèces domestiques ont fini par tellement différer des ancêtres sauvages qu'il faut les considérer comme résultant de spéciations et leur donner un nom particulier[1].

Mis à part le cas du chien, domestiqué par certaines populations du Paléolithique, les domestications ont commencé au Néolithique quand, il y a quelque 12 000 ans, de petites communautés humaines se sédentarisèrent dans une vaste aire allant du sud-est de la Turquie à l'Iran. Vivant dans de petits villages aux constructions pérennes, les habitants, qui s'alimentaient de gibier, de poissons, de fruits et graines sauvages, se mirent à cultiver des plantes et à élever des animaux. Durant les sept millénaires qui suivirent, la sédentarisation gagna un nombre croissant de populations dans le monde. Cultures et élevages furent le plus souvent associés afin de diversifier l'alimentation et d'exploiter certaines productions végétales et animales. De nouvelles structures sociales furent créées, les villages s'accrurent en étendue et en densité, l'effectif global de l'humanité fut multiplié par cinq pendant cette période. Les pratiques de la cueillette, de la chasse et de la pêche continuèrent mais, les sociétés s'étant plus ou moins stratifiées et de ce fait devenues inégalitaires, l'aristocratie et/ou les classes sociales aisées se réservèrent la chasse des animaux sauvages jugés les plus « nobles ».

Au cours des cinq derniers millénaires, un grand nombre d'espèces ont été domestiquées par les humains, et ce, sous des contraintes et avec des méthodes distinctes pour les animaux et les plantes.

Les processus de domestication

Les relations des humains avec les individus domestiqués étant plus ou moins mutualistes, des coévolutions se sont produites entre les partenaires, qui sont devenus interdépendants de manière plus ou moins stricte au fil des générations. Les humains exploitent les plantes et les animaux qu'ils asservissent tout en les protégeant autant que possible, en optimisant leurs capacités reproductives et en assurant la continuité des générations.

Les contraintes imposées en vue de la domestication

Elles se sont probablement mises en place sur un grand nombre de générations de plantes ou d'animaux, les méthodes empiriques se transmettant au fil des générations dans les communautés humaines. Trois techniques, toujours en usage, ont été très tôt utilisées pour modifier les caractéristiques des plantes et des animaux en cours de domestication ou déjà domestiqués : 1° le repérage et la multiplication des rares mutants qui présentent des particularités utiles ou recherchées ; 2° la sélection artificielle sur un ou quelques traits ; 3° des croisements entre variétés végétales ou races animales distinctes, voire entre espèces proches, afin d'obtenir des hybrides fertiles ou des lignées introgressées.

Les plantes cultivées doivent présenter les particularités suivantes : 1° dispersion des semences faible ou nulle, ce qui facilite leur cueillette et le contrôle de la reproduction ; 2° pour celles alimentaires, qualités gustatives et nutritives de ce qui est consommable ; 3° bonne productivité conjuguée à une résistance suffisante aux aléas du régime climatique, aux maladies (virus, viroïdes, bactéries, champignons) et aux parasites (protistes, nématodes, acariens, insectes) ; 4° faibles exigences quant au type de sol.

Les animaux domestiques doivent présenter plusieurs qualités : 1° acceptation de la présence humaine, sans réaction agressive ou de fuite ; 2° acceptation du contrôle de la reproduction, l'éleveur imposant le partenaire sexuel et décidant du devenir de la progéniture ; 3° selon les espèces, bonne productivité en viande, en lait, en laine, etc., grande force motrice ou de charge, éventuellement alliée à la vitesse ; 4° acceptation des aliments présentés par l'éleveur.

Les degrés de la domestication

Le processus de domestication n'a pas atteint le même niveau chez toutes les espèces.

Plusieurs espèces sauvages sont cultivées ou élevées dans des conditions artificielles et exploitées de diverses manières sans être significativement modifiées : plantes des enceintes de recherche scientifique, des parcs, jardins et arboretums ; animaux de compagnie apprivoisés, ceux des cirques, des parcs zoologiques, ceux maintenus en captivité à des fins expérimentales (races pures de nombreuses espèces utilisées en recherche scientifique, médicale, pharmacologique, cosmétologique, militaire, etc.), mammifères à fourrure (chinchilla, ragondin). Ces espèces sont faiblement isolées pour la reproduction de celles sauvages. Libérées ou évadées, elles retournent à l'état sauvage.

D'autres espèces ont été suffisamment modifiées par le processus de domestication pour qu'elles aient divergé des populations restées sauvages, génétiquement et par des particularités du phénotype, du comportement et de l'écologie. Leur isolement reproductif est moyen, et les individus libérés ou évadés s'insèrent aisément dans les biocénoses. Le processus de spéciation apparaissant incomplet, il n'est pas justifié de désigner ces espèces par un autre binom latin que celui de leurs homologues sauvages[1].

Enfin, plusieurs espèces végétales et animales sont fortement isolées pour la reproduction de leurs ancêtres sauvages, le plus souvent par des barrières prézygotiques. Évadées, elles peuvent s'insérer dans des biocénoses mais elles gardent la plupart des traits de la domestication. Étant des espèces à part entière, il est justifié de leur attribuer un binom latin particulier[1]. Certaines ont été tellement modifiées par la domestication qu'il est difficile de déterminer quelle est l'espèce sauvage dont elles sont issues[2]. Malgré le fort isolement reproductif, les cultivateurs ou les éleveurs peuvent produire dans certaines conditions des hybrides viables et fertiles avec les ancêtres, ce qui, en termes de génétique, permet d'introgresser des allèles sauvages dans le génome des espèces domestiquées[3]. *Un processus complet de spéciation est donc à l'origine de ces espèces, les seules à être traitées ici.*

Les expressions du syndrome de domestication

Aux premières générations de la domestication d'une espèce sauvage, les individus choisis par les humains sont en petit effectif, d'où des effets délétères dus à la *consanguinité*. La *sélection* prédomine pendant toute la durée de la domestication, des modifications génétiques s'accumulent au fil des générations. S'ensuivent des changements des phénotypes au sens le plus large, dont certains traits de la physiologie, de la reproduction et, pour les animaux, du comportement[4]. L'expression *syndrome de domestication* désigne l'ensemble de ces changements, avec deux faces : augmentation des performances recherchées par les éleveurs et les cultivateurs, diminution de la rusticité. Cette « évolution dirigée », d'abord très lente, s'accélère, devenant bien plus rapide que celle naturelle, certaines espèces ayant été domestiquées en moins de 100 générations au cours du XXe siècle. Non seulement l'homme a protégé les plantes cultivées et les animaux d'élevage de leurs prédateurs – et à un moindre degré de leurs parasites –, mais il a atténué les effets de la sélection naturelle, lui substituant celle qu'il impose. D'autre part, il a empêché autant qu'il le pouvait les flux géniques spontanés entre variétés végétales et entre races animales, décidant quelle sélection dirigée et quels croisements lui seraient bénéfiques.

Jusqu'à l'avènement de la génétique, les pratiques de culture des plantes et de domestication des animaux se sont faites de manière empirique. En général, mais sans que les deux facteurs soient bien corrélés, plus la domestication est ancienne, plus les modifications génétiques, phénotypiques et éthologiques sont importantes.

Ne seront traités ici que *les spéciations qui ont été déclenchées puis pleinement réalisées par des cultivateurs et des éleveurs.* Tâche difficile car les processus de transition entre les espèces sauvages et celles domestiquées sont mal connus. Le fait que les individus des espèces ainsi domestiquées gardent les caractéristiques du syndrome de domestication quand ils reviennent à l'état sauvage prouve qu'il s'agit bien de spéciations.

Le chien, première espèce domestiquée

Toutes les analyses génétiques montrent que le chien (*Canis familiaris*) est plus proche du loup gris (*C. lupus*) que de tous les autres canidés sauvages – il est parfois dénommé *C. lupus familiaris*. Par exemple, les séquences étudiées de l'ADN mitochondrial diffèrent de moins de 0,2 % entre les deux espèces, soit 20 fois moins qu'entre les séquences de ce loup et du coyote (*C. latrans*). Le chien et le loup gris ont donc un ancêtre commun récent[5]. L'ancienneté et la localisation du processus de domestication sont discutées. Les résultats des datations par le carbone-14 d'os fossilisés – crâne et dentition surtout – présentant des symptômes du syndrome de domestication et les évaluations par l'« horloge moléculaire » indiquent des dates échelonnées entre -30 000 et -19 000 ans, donc bien avant l'émergence des sociétés agro-pastorales. La domestication du chien a donc commencé au Paléolithique puis a continué au Néolithique[6], d'abord en Europe occidentale puis en Asie centrale, probablement à partir d'au moins trois populations de loups distinctes, ce qui expliquerait certaines différences entre les races de chiens actuelles[7].

Le loup gris manifeste des prédispositions à la domestication : vie sociale avec des rapports hiérarchisés, organisation en meute ayant un seul couple reproducteur, nourrissage collectif des jeunes. Il se peut que chasseurs et loups, d'abord en compétition pour la mise à mort des proies blessées ou sur des carcasses abandonnées par de grands prédateurs, se soient succédé sur les carcasses. L'élevage de louveteaux orphelins devenus apprivoisés aurait favorisé les relations affectives avec les humains. Les expérimentions sur le long terme effectuées avec le renard argenté en Sibérie suggèrent que le syndrome de domestication aurait pu apparaître en quelques dizaines de générations (Encadré 20), puis se renforcer à mesure que se prolongeait la cohabitation avec les humains.

Encadré 20

Comment la domestication du chien a-t-elle pu se passer ?

Le généticien russe Dmitri K. Beliaïev a essayé de répondre à cette question en testant l'hypothèse suivante : les hommes du Paléolithique auraient sélectionné sur plusieurs générations les loups qui se rapprochaient de leurs campements, ne fuyaient pas à leur approche, manifestaient moins d'agressivité, puis se montraient de plus en plus dociles. En auraient résulté des modifications morphologiques, physiologiques et comportementales aboutissant à des chiens domestiqués.

L'hypothèse a été validée par une longue expérimentation sur les renards argentés élevés en Sibérie pour leur fourrure gris-bleu, cendrée sur les flancs[1]. Elle commença en 1959 à Novossibirsk en prenant comme reproducteurs à chaque génération 20 % des femelles les moins agressives et les plus dociles et seulement 4 ou 5 % des mâles. Dès la quinzième génération, certains renards étaient dociles et montraient des traits proches de ceux de nos chiens : fourrure avec des régions dépigmentées, museau plus court, oreilles tombantes, queue recourbée et se relevant, vocalisations variées. Ils étaient plus prolifiques, la chronologie du développement était différente, le taux des hormones de stress sécrétées par les corticosurrénales plus bas. Toutes ces modifications expriment l'émergence d'un syndrome de domestication. Cet élevage sélectif pendant près de 60 ans se poursuit, la caractérisation des principaux gènes qui participent à l'encodage des traits cités (les QTL, voir Chapitre 1, page 39) est en cours[2].

La domestication du chien à partir du loup s'est-elle effectivement passée ainsi ? Une interrogation subsiste quand on compare les renards aux loups : contrairement aux premiers, ces derniers vivent en groupe, sont solidaires pendant la chasse et l'élevage des jeunes[3], et ne se soumettraient pas au protocole expérimental décrit.

De taille inférieure à celle du loup gris, les premiers chiens avaient le museau plus court, le profil crânien avec une rupture de pente à l'avant des orbites comme chez les louveteaux – exemple de caractère juvénile conservé chez l'adulte (néoténie). Ils acceptaient la proximité d'humains, peut-être avec réserve : de nos jours, des chiens rustiques, en semi-liberté et sans maître défini, coopèrent les chasseurs de certaines ethnies, en Namibie par exemple[8]. Et les humains ne contrôlaient probablement pas les accouplements. Les chasseurs-cueilleurs emmenèrent des chiens avec eux lors des migrations, d'où une large répartition sur l'Ancien Monde puis, plus récemment, dans les Amériques et au Groenland. S'ensuivirent des modifications génétiques, phénotypiques et éthologiques, en particulier des adaptations à des conditions climatiques et à des régimes alimentaires variés, ainsi que l'accumulation d'allèles délétères, les humains et les chiens coévoluant au fil des générations[9].

La plupart des autres processus de domestication et spéciation ont eu lieu dans des sociétés agraires ou agropastorales, qui sont apparues dans des régions éloignées (Encadré 21). Dans la plupart des cas, la domestication d'animaux a été couplée à celle de plantes, ce qui nécessitait une organisation de l'espace et la capacité de séparer les herbivores des cultures.

Encadré 21

Les foyers d'origine de l'agriculture

L'agriculture, inventée dans six ou sept *aires primaires*, ne s'est guère étendue hors du foyer d'origine pour deux ou trois d'entre elles, au contraire des quatre autres qui sont des *foyers rayonnants*. S'y ajoutent quatre *aires secondaires*, plus récentes[1].

1) Des quatre grands foyers rayonnants, trois sont à l'origine de sociétés humaines dites *agraires*, qui se sont structurées en classes plus ou moins hiérarchisées.

– Le *foyer proche-oriental* est situé sur les territoires actuels de l'Irak, de la Syrie et d'Israël. Entre -9 500 et -8 500 ans ont été cultivés des poacées (blés, orge et seigle), des fabacées (pois, lentille, pois chiche, vesce, gesse), le melon, le lin, l'oranger, l'amandier, le pistachier. L'extension de ces cultures a pris plus de 5 000 ans, rayonnant en Afrique par la vallée du Nil et le Maghreb, en Iran, dans les Indes, en Asie centrale, en Anatolie, à Chypre, en Europe méridionale et centrale. D'après des études récentes portant sur 735 sites néolithiques, cette diffusion résulterait moins d'une transmission de proche en proche des techniques culturales que de migrations d'agriculteurs à une vitesse moyenne de 60 à 130 km par siècle[2].

– Le *foyer chinois*, plus récent (-8 000 à -7 000ans), est situé sur les terrasses riches en lœss du cours moyen du Fleuve Jaune. Y ont été cultivés le riz chinois, un sorgho, le millet des oiseaux, le soja, les choux, le navet, la moutarde, le radis, l'aubergine, le pêcher, l'abricotier, le kiwi, le litchi, le théier, le gingembre. L'expansion s'est faite en quelque 5 000 ans, d'abord dans toute la Chine actuelle, puis vers le nord, dans tout le sud-est de l'Asie et l'Indonésie, enfin vers l'ouest jusqu'en Europe pour certaines espèces dont les plants ou les semences ont été transportés par les caravanes des « routes de la soie ».

– Le *foyer centre-américain*, d'abord localisé au sud du Mexique actuel, s'est peu à peu étendu vers le nord-est et le nord-ouest, et surtout vers le sud jusqu'à la Colombie et le Venezuela après passage sur l'isthme de Panamá. Entre -9 000 et -4 000 ans, ont été cultivés le maïs, la courgette, la citrouille, le haricot, le poivron, le piment, le tabac, l'avocatier, l'ananas, le papayer, le cacaoyer, le vanillier, le cotonnier à longues fibres.

– Le *foyer néo-guinéen*. Vers -9 000 ans, les ancêtres des Papous auraient protégé puis cultivé le taro, le bananier, la canne à sucre dans les hautes terres de Nouvelle-Guinée, cultures qui ont ensuite été exportées vers de nombreuses îles du Pacifique. Sur ces hautes terres, un arbre qui fixe le diazote de l'air par des nodules racinaires, *Casuarina oligodon*, a été cultivé vers -2 300 ans.

2) Deux foyers, longtemps peu ou pas rayonnants, ont été caractérisés dans le Nouveau Monde.

– Le *foyer sud-américain*, localisé au Pérou à partir de -6 000 ans, est celui de la culture de la pomme de terre, de la tomate, du quinoa, de l'arachide, du lupin, du haricot de Lima. Il a été rejoint vers -4 500 ans par les cultures issues du foyer centre-américain cité plus haut.

– Le *foyer nord-américain*, localisé à l'est des Appalaches et au bassin du Mississipi, est celui de la culture, entre -4 000 et -3 000 ans, du tournesol, du topinambour, de la courge, de la canneberge, ces plantes étant des compléments alimentaires pour des populations encore nomades et vivant de chasse, de pêche et de cueillette. Bien plus tard, entre -2 200 et -1 800 ans, celles qui devinrent sédentaires cultivèrent la petite orge, la renouée, une espèce de millet, le tabac. Puis les cultures venant du foyer centre-américain se joignirent à celles indigènes.

Un foyer aurait existé en Thaïlande vers -9 000 ans mais la question est discutée. Les cultures de cette région, dont l'existence est prouvée à partir de -5 000 ans, proviendraient du foyer chinois.

3) Des *aires secondaires de domestication* sont apparues plus tardivement, souvent en même temps que l'expansion des foyers rayonnants. En se limitant aux plantes les plus connues :

– Europe : une seule espèce de céréale a été ajoutée aux poacées d'origine proche-orientale, l'avoine cultivée (*Avena sativa*) dont l'ancêtre sauvage est *A. fatua* ; la domestication aurait été involontaire, les graines étant semées avec celles d'autres poacées cultivées. La carotte, la laitue, la chicorée et l'artichaut ont été sélectionnés à partir d'espèces sauvages peu ou non comestibles.

– Afrique tropicale au nord de l'équateur : mil, riz africain, sorgho africain, igname africain, melon, pastèque, palmier à huile, caféier sur les hauts plateaux à l'est du continent.

– Caucase : des variétés de cerisier et de poirier à gros fruits sucrés.

– Asie centrale : pommier, ail, oignon, échalote, ciboulette, épinard, sarrasin.

– Indes et Birmanie : riz indien, concombre, aubergine, citronnier, manguier.

– Asie du Sud-Est : mandarinier.

– Nord et ouest de l'Amérique du Sud : manioc, patate douce ; exploitation du latex de l'hévéa.

Les spéciations de quelques plantes cultivées

Sur les quelque 3 000 espèces de plantes actuellement cultivées à diverses fins, moins d'une centaine sont suffisamment importantes pour que la production annuelle soit évaluée au niveau mondial. La survie alimentaire de millions de personnes dépend d'une trentaine d'espèces appartenant à une dizaine de familles : poacées (blés, orge, seigle, riz, maïs, mils, sorgho), fabacées (fève, pois, haricot, lentille, soja), brassicacées (choux, navet), solanacées (pomme de terre), dioscoréacées (ignames), euphorbiacées (manioc), chénopodiacées (quinoa), polygonacées (sarrasin), convolvulacées (patate douce), aracées (taro). Sauf exception – par exemple le manioc dont l'élimination des composés cyanogènes du tubercule de plusieurs variétés exige un traitement particulier –, les espèces cultivées à des fins alimentaires sont pauvres en substances répulsives ou toxiques.

Le figuier, première plante domestiquée ?

L'examen de figues fossilisées dans un des plus anciens villages néolithique du Proche-Orient, dans la vallée du Jourdain – daté à -11 300 ± 100 ans –, a montré que toutes leurs graines s'étaient développées sans intervention de microguêpes agaonidés comme chez les figuiers sauvages[10]. Cette transition de la reproduction bisexuée à la parthénogenèse exprimerait un syndrome de domestication, interprétation qui a été discutée[11]. Si elle est avérée, le figuier *Ficus carica* aurait, comme de nos jours, entièrement dépendu des humains pour sa multiplication, et ce, avant la culture des premières céréales.

Les poacées domestiquées

Étudié pour des plantes cultivées de longue date sur de vastes territoires et de grande importance alimentaire, mils, riz, blés et maïs, le processus de spéciation a été facilité par des prédispositions des espèces sauvages de poacées (ex-graminées) : cycle annuel, germination rapide, grains ne se détachant pas spontanément, se conservant bien d'une année sur l'autre, riches en nutriments aisément digestibles, substances amylacées surtout, et dépourvus de substances répulsives ou toxiques.

– Les mils cultivés, des millets à très petits grains bien adaptés aux climats chauds à longue saison sèche, comprennent quelques espèces classées dans six genres de poacées, dont *Eleusine* en Inde et *Pennisetum* en Afrique subsaharienne où l'espèce *P. glaucum* serait issue de celle sauvage *P. mollissimum*, les deux s'hybridant spontanément dans la nature. Les différences des phénotypes des deux dernières espèces expliquent l'intérêt de *P. glaucum* : les tiges d'un même pied poussent de manière synchrone, sont fortes et peu nombreuses ; les épis, larges et robustes, ont des épillets sans barbes ; les grains mûrissent en même temps et ne se détachent de l'épi qu'à maturité, leurs enveloppes sont fines. Ces traits sont déterminés par une dizaine de gènes dialléliques très proches sur le même chromosome, d'où un très faible taux de recombinaison des haplotypes. D'autre part, les mils ayant un fort taux d'autofécondation comme bien d'autres poacées, les flux géniques par le pollen entre l'espèce domestiquée et celle sauvage du même territoire sont limités. À une date indéterminée en Afrique subsaharienne, il est probable que les hommes ont commencé par récolter les plus larges épis de *P. mollissimum*, les moins barbus, portant les plus gros grains, qu'ils en ont consommé une partie après broyage et gardé le reste afin d'ensemencer des terres qu'ils avaient dégagées près du village, soit par brûlis local de la savane, soit par abattis et brûlis de la forêt. Selon les généticiens, les premiers résultats de cette sélection systématique et empirique auraient dû être visibles en 10 à 20 générations, encourageant ainsi la poursuite de l'expérience jusqu'à la spéciation. Le mil sauvage subsistant près des cultures, le problème de la formation spontanée d'hybrides entre les deux espèces n'a pu être résolu qu'en surveillant les germinations et détruisant les plantules indésirables. Le processus ainsi engagé a dû très vite modifier la vie dans les villages[12].

– La spéciation des riz s'est probablement effectuée à partir de trois espèces, *Oryza breviligulata* en Afrique, *O. nivara* en Inde, *O. rufipogon* en Chine. La première est à l'origine d'*O. glaberrima*, qui a gardé de nombreux caractères sauvages, les deux autres de trois sous-espèces fortement modifiées par la domestication, *O. sativa japonica* (à grains longs), qui aurait commencé à être cultivée en Chine méridionale dès -8 000 ans, peut-être plus tôt, *O. sativa indica* (à grains ronds), d'abord cultivée entre Brahmapoutre et Asie du Sud-Est, et *O. sativa aus* au centre de l'Inde et au Bangladesh. La sous-espèce *O. sativa japonica* aurait été la première à être cultivée en Chine, puis se serait hybridée aux deux autres sous-espèces, d'où des introgressions d'allèles[13]. Les modes de sélection et de culture ont peu évolué en Afrique, bien plus en Asie où certaines variétés des sous-espèces d'*O. sativa* ont été hybridées, et ce, au gré des migrations humaines. Les particularités du syndrome de domestication, dont celles qui déterminent la non dispersion des grains, ont été caractérisées par les allèles de plusieurs gènes, dont certains liés en haplotypes[14].

– La spéciation des blés a pris plus de temps que celle des mils et des riz, son histoire est complexe et présente des lacunes : en plus de la sélection exercée par les hommes, sont intervenus des remaniements chromosomiques et des hybridations spontanées entre plusieurs espèces du genre *Triticum* (Encadré 10, page 114). Entre -10 500 et -9 500 ans au Proche et au Moyen-Orient, les hommes moissonnaient deux espèces sauvages, *T. monococcoides* et *T. dicoccoides*, en se servant de faucilles en bois à concavité armée de petits silex. La première espèce, diploïde, est à l'origine de l'engrain (*T. monococcum*), la seconde, tétraploïde, de l'amidonnier (*T. dicoccum*)[15]. Vers -8 500 ans, les hommes de cette région ont repéré des hybrides spontanés et sélectionné ce qui est devenu l'épeautre (*T. spelta*), le blé hérisson (*T. compactum*) et le blé tendre ou froment (*T. aestivum*), espèces hexaploïdes. Vers -2 000 ans, et hors de l'aire originelle, on a sélectionné le blé dur (*T. durum*) et le blé poulard (*T. turgidum*), tétraploïdes à chromosomes remaniés. Tous ces blés diffèrent plus ou moins de leurs ancêtres sauvages par des traits qui ont facilité la sélection par les premiers agriculteurs : tiges résistant à la verse, épis compacts dont les épillets restent attachés à l'axe, gros grains à enveloppes minces, riches en amidon, mûrissant en même temps, sans dormance et germant de manière synchrone. Le syndrome de domestication est caractérisé par l'expression de plusieurs gènes, dont l'un, dénommé *Q*, a un effet majeur[16].

– Les premières cultures du maïs (*Zea mays*) ont commencé entre -9 000 et -7 000 ans dans une région située au sud-ouest du Mexique et du Guatemala, probablement à partir de téosintes (*Zea mays*, sous-espèce *parviglumis*) ; chaque pied de ces plantes sauvages comprend au moins six tiges grêles qui se terminent par des inflorescences mâles ou par cinq à 12 épis de moins de sept cm de long, à grains triangulaires coriaces et se détachant à maturité. Les analyses génétiques ont permis de localiser les sites génomiques qui diffèrent – deux distants sur le chromosome n° 1, un sur chacun des chromosomes n° 2 à 5[17] – et de proposer le scénario suivant. Auraient d'abord été sélectionnés les mutants de téosinte dont le développement des tiges latérales était inhibé[18], puis ceux à forte tige lignifiée et à grains nus[19], puis ceux à gros épis, enfin ceux dont les grains restaient attachés et ne pouvaient se disperser seuls : la plante dépendant alors totalement de l'homme pour sa reproduction, la spéciation était réalisée[20]. Il y aurait peut-être eu des introgressions de gènes de la sous-espèce *mexicana*.

Les plantes ligneuses domestiquées

Seuls deux exemples se spéciation sont cités, le pommier et la vigne.

La seule espèce domestiquée du genre *Malus* est le pommier *M. domestica*, sa production fruitière est au deuxième rang mondial après celle du bananier. L'espèce sauvage la plus proche est *M. sieviersii* des montagnes du Kazakhstan. La culture du pommier aurait commencé en Asie centrale il y a plus de 4 000 ans puis se serait répandue vers l'ouest, en particulier en suivant les Routes de la soie. Au cours de ce déplacement, *M. domestica* se serait épisodiquement hybridé il y a quelque 1 500 ans avec l'espèce sauvage européenne *M. sylvestris*, d'où des introgressions génomiques, plus rarement avec l'espèce sauvage caucasienne *M. orientalis*[21].

La vigne (*Vitis vinifera*), la seule cultivée de la soixantaine d'espèces du genre, serait issue de l'hybridation de deux espèces, probablement avec une allopolyploïdisation accompagnée du développement de fleurs hermaphrodites[22]. Une viticulture primitive aurait commencé vers -6 500 ans en Asie centrale, puis au Caucase et au Proche-Orient. Le vin est attesté dès -4 500 ans en Égypte. Les techniques de culture et de vinification furent transposées par les Grecs dans leurs colonies, de la Géorgie à la péninsule Ibérique. Les Romains prirent le relais, puis les chrétiens afin de produire du vin de messe.

Les spéciations de quelques animaux d'élevage

Le contrôle reproductif des animaux domestiques ne s'effectue pas seulement par le choix des partenaires sexuels, l'éleveur bouleverse la structure naturelle des populations, par exemple en castrant les mâles ou en les éliminant plus ou moins tôt chez les espèces polygames. Nos relations avec les animaux domestiques sont diversifiées, les humains n'admettant dans leur logis ou à proximité que certains d'entre eux, les autres restant cantonnés en périphérie, en semi-liberté ou dans des enclos[23].

Bien que les espèces citées ici soient fortement isolées de leurs ancêtres sauvages pour la reproduction, des hybridations peuvent occasionnellement se produire, en particulier quand les animaux domestiques s'évadent.

La domestication des animaux ne s'est pas seulement fait dans un but utilitaire. Certains ont été capturés, enfermés et élevés pour des rituels religieux, d'autres pour la guerre, pour des jeux, souvent cruels, ou pour le prestige qu'ils confèrent à leur propriétaire. D'autres, comme le chien et le chat, se sont insérés dans notre intimité. La relation entre l'homme et les mammifères asservis étant intense du fait de la richesse du répertoire de communication, la domestication revêt une dimension anthropologique[24].

La domestication de plusieurs espèces de mammifères herbivores a commencé dans les foyers primaires cités dans l'Encadré 21, en particulier dans celui proche-oriental et ses extensions au Moyen-Orient et en Égypte, et ce, à diverses fins : viande, lait, cuir, laine ou fourrure, traction ou portage.

* Les ruminants ont d'abord été domestiqués pour leurs multiples qualités : chair excellente, digestion des matériaux cellulosiques leur permettant de s'alimenter de plantes très diverses, même sèches (foin, grains), femelles allaitantes dont le lait peut être consommé frais ou transformé en divers produits se conservant mieux, vie en groupe hiérarchisé – un individu dominant, mâle ou femelle selon les espèces, un ou quelques mâles inséminant en priorité les femelles en œstrus (polygamie), femelles acceptant de nourrir des jeunes d'autres mères. L'intérêt de leurs déjections pour la fumure des terres agricoles n'a été compris qu'après leur mise en stabulation, la nuit et/ou pendant les intempéries.

– La chèvre (*Capra hircus*) aurait été le premier ruminant domestiqué, dès -10 500 ans dans les hautes vallées du Tigre et de l'Euphrate, à partir de l'aegagre (*C. aegagrus*) dont quelques populations sauvages subsistent en Crète, en Turquie et en Iran[25]. Rustique et éclectique dans le choix des plantes à brouter, la chèvre a été adoptée par de nombreuses ethnies, d'abord dans les montagnes du Zagros, puis dans tout l'Ancien Monde.

– Le mouton (*Ovis aries*) a commencé à être domestiqué peu après la chèvre au Moyen-Orient à partir du mouflon oriental (*O. orientalis*), le processus n'ayant été achevé que vers -5 000 ans dans la même région, puis en Turquie et en Égypte[26]. Les animaux ont d'abord été élevés pour la chair. Les traits intéressants de la toison seraient apparus après mutations vers -4 500 ans, plusieurs activités en dérivent : tonte annuelle, filature, teinture, etc. La traite des brebis aurait été plus tardive que celle des chèvres.

– L'histoire des bovidés domestiques varie d'une région à l'autre de l'Ancien Monde. C'est à partir de deux populations distinctes de l'aurochs (*B. primigenius*), espèce sauvage à vaste répartition eurasiatique avant qu'elle ne soit restreinte à une population résiduelle polonaise – le dernier vivant fut tué en 1627 –, qu'ont été domestiqués le bœuf (*Bos taurus*) au Proche-Orient vers -10 000 ans et, plus tard, le zébu (*B. indicus*) en Inde[27]. Ces deux espèces ont été adoptées par de nombreuses ethnies disposant de pâturages sur sols humides et d'abreuvoirs naturels, au Moyen-Orient puis en Europe pour le bœuf, en Asie pour le zébu. Quatre autres espèces ont été domestiquées en Asie méridionale et en Indonésie, le buffle indien (*Bubalus bubalis*), le banteng (*Bibos banteng*), l'anoa (*Anoa depressicornis*), le yak (*Bos grunniens*) au Tibet. Le bœuf et le zébu ont été introduits plus tard en Afrique, où ils se sont hybridés localement à plusieurs reprises.

– Le chameau de Bactriane (*Camelus bactrianus*) a été domestiqué en Asie centrale dès -5 000 ans à partir de l'espèce sauvage *C. ferus*, le dromadaire (*C. dromedarius*) 1 500 ans plus tard dans le sud de la péninsule Arabique, d'où il a été introduit en Égypte, au Maghreb, en Inde du Nord-Ouest, enfin au Turkestan au Ve siècle de notre ère. Deux camélidés sud-américains, le lama (*Lama glama*) utilisé pour le portage, l'alpaga (*L. pacos*) pour sa toison d'excellente qualité, les deux aussi pour la viande et la peau, ont été domestiqués à des dates indéterminées à partir des vigognes (*Vicugna vicugna*).

* D'autres mammifères herbivores, non ruminants, ont été domestiqués.

– Le cheval (*Equus ferus*, sous-espèce *caballus*) provient d'une espèce qui s'est individualisée dans les steppes de la Sibérie vers -700 000 ans après la migration par l'isthme de Béring de chevaux d'Amérique du Nord, qui y disparurent ensuite. L'aire de répartition en Eurasie fluctua en rapport avec les variations du climat avant de régresser à cause de chasses intensives. Le peuple Botaï vivant dans les steppes de l'Asie centrale aurait été le premier à domestiquer des chevaux sauvages vers -5 500 ans[28]. Comme le montre la reconstruction phylogénétique à partir d'ADN fossile et actuel, les chevaux de Przewalski auraient été domestiqués avant de redevenir sauvages, nos chevaux descendent d'une seconde réussite de domestication ayant eu lieu dans une région hypothétique il y a 4 000 ans environ, probablement dans le nord de l'actuel Kazakhstan[29]. Le génome mitochondrial des chevaux actuels montre une forte diversité, avec 17 lignées maternelles distinctes, indiquant un grand nombre de populations ancestrales. La comparaison de séquences homologues de l'ADN extrait d'os fossilisés, du génome du cheval de Przewalski – élevé dans des enclos et plus ou moins métissé –, et de chevaux domestiques actuels montre qu'ont été sélectionnés chez ces derniers plusieurs allèles dont l'expression sur des traits du phénotype (coloris de la robe, robustesse des membres antérieurs), de la physiologie, de la locomotion et du comportement, constitue une véritable signature. Comme pour le chien, des allèles délétères ont été sélectionnés au cours du processus de domestication[30].

– L'âne (*Equus asinus*) aurait été domestiqué à partir d'ânes africains (*E. africanus*) en Nubie et/ou en Somalie vers -6 000 ans[31]. Frugal et résistant, il a vite été adopté en Égypte, au Proche-Orient et au Maghreb comme animal de bât, aussi comme monture des pauvres.

* Les Romains ont capturé puis élevé en captivité le lapin de garenne (*Oryctolagus cuniculus*) bien avant sa domestication par les moines européens au Moyen Âge. Très prolifiques, les lapins se réadaptent vite à la vie sauvage et peuvent alors causer de gros dégâts en l'absence de prédateurs, comme en Australie et sur diverses îles.

* Mammifère omnivore, le porc (*Sus domesticus*) a été domestiqué à partir de deux espèces de sangliers, *S. scrofa* dont l'aire de répartition couvre le Maghreb et l'Eurasie, et *S. cristatus* des Indes et de la Birmanie[32]. La domestication aurait débuté au Proche-Orient

vers -9 000 ans, en Chine à une date indéterminée – l'existence d'un foyer néo-guinéen est moins certaine –, ou indépendamment dans six régions distinctes de l'Ancien Monde[33].

* Le chien mis à part, le chat (*Felis silvestris*, sous-espèce *catus*) a été le seul mammifère carnivore vraiment domestiqué après au moins cinq tentatives faites entre -10 000 et -8 000 ans au Proche-Orient à partir de chats gantés égyptiens (*F. sylvestris lybica*), l'une des cinq sous-espèces de chats sauvages africains. Une fois apprivoisé, il a été fort apprécié en tant qu'actif prédateur des souris. Introduit à Chypre vers -7 500 ans et probablement d'autres îles de la Méditerranée par les agriculteurs qui s'y installaient, il a été adopté en Égypte, puis en Grèce, dans toute l'Europe, les Indes et le sud de l'Asie[34]. Une autre espèce, *Prionailurus bengalensis*, aurait été domestiquée en Chine centrale vers -5 400 ans mais sans devenir, *F. sylvestris lybica* prenant sa place[35]. Comme pour le cheval, on a caractérisé par l'analyse génomique comparée une signature de la domestication, plusieurs allèles ayant été sélectionnés, en particulier ceux qui interviennent dans l'odorat, les réactions à la peur et les capacités à l'apprentissage[36]. Resté indépendant de l'homme, le chat retourne aisément à l'état sauvage (harets) où il cause des ravages quand il prolifère.

Contrairement aux espèces de mammifères venant d'être citées, la grande majorité des espèces d'animaux domestiques sont peu ou moyennement isolées de leurs ancêtres sauvages pour la reproduction. De ce fait, le processus de spéciation apparaît incomplet, même si les éleveurs ont multiplié par sélection et croisements le nombre de races. C'est le cas de nombreux oiseaux – poule, dinde, pintade, canard colvert et canard de barbarie, oie cendrée, pigeon biset –, de poissons d'eau douce : carpe (carpe miroir, carpe à écailles géantes, carpe cuir), carassin doré (poisson rouge, certaines races sont ornementales comme celles à queue en voile, aux yeux « en télescope »).

Une espèce d'insecte, le bombyx du mûrier (*Bombyx mori*), est née de la domestication du bombyx sauvage d'Inde et d'Extrême-Orient (*B. mandarina*). Il est très rare que le bombyx domestique s'hybride avec son ancêtre sauvage, l'isolement reproductif étant très fort, contrairement à l'abeille mellifique élevée par les apiculteurs[37]. La domestication du bombyx aurait commencé vers -4 500 ans en Chine. Les chenilles s'alimentent des feuilles jeunes, encore pauvres en tanins, du mûrier blanc (*Morus alba*), arbre originaire d'Iran. Avant d'entrer en métamorphose, chacune d'elle produit un très long fil de soie (800 à 1 600 m) dont elle s'enveloppe en un cocon protecteur, d'où le nom « ver à soie » qui lui est donné. Une fois le cocon ébouillanté, le fil est déroulé, embobiné puis tissé, seul un petit effectif de bombyx étant gardé pour la reproduction à chaque génération. La soie, tissu d'excellente qualité, fin, léger, isolant et solide, fut recherchée par les riches en Inde, en Perse et en Europe dès l'Antiquité.

Les spéciations à l'origine des plantes et des animaux domestiques, puis l'amélioration des pratiques agricoles et l'augmentation des rendements, ont bouleversé les sociétés humaines puis favorisé l'accroissement démographique de l'humanité[38]. Alors que les sociétés où continuaient la chasse, la pêche et la cueillette se modifiaient lentement et devenaient de plus en plus marginalisées, celles agropastorales étaient le siège d'une coévolution entre humains et espèces domestiques. La riche gamme d'interactions à l'intérieur de ces sociétés a été à l'origine, d'une part de leur différenciation géographique, d'autre part de la création de multiples variétés de plantes cultivées et de races animales.

Chapitre 10

Les spéciations au futur : des questions en suspens

L'emprise de l'humanité sur la nature s'est fortement accélérée depuis une centaine d'années, avec des effets délétères croissants sur de nombreux écosystèmes et plusieurs agrosystèmes. En même temps, les connaissances en biologie et en écologie ont fortement progressé, y compris dans le domaine des spéciations, ce qui permet de se poser les trois questions suivantes : pouvons-nous créer de nouvelles espèces ? Pouvons-nous favoriser l'émergence de nouvelles espèces en accélérant des spéciations en cours ? Une spéciation peut-elle se produire à partir de notre espèce ?

Pouvons-nous créer de nouvelles espèces ?

Les spéciations décrites dans le précédent chapitre se sont faites de manière empirique en exploitant des variations aléatoires d'espèces sauvages. D'autres essais ont été entrepris sur des plantes et des animaux mais avec fort peu de résultats positifs, les individus ne différant guère de leurs ancêtres sauvages. Réaliser de nouvelles spéciations de manière rationnelle apparaît difficile, et ce, malgré les avancées des techniques de bio-ingénierie.

Les essais de domestication sans spéciation

Réussir la mise en culture de plantes ou l'élevage d'animaux à partir d'individus sauvages ne signifie pas pour autant qu'un processus de spéciation ait eu lieu, même si le syndrome de domestication est plus ou moins manifeste.

De nombreuses espèces sauvages de plantes sont cultivées en serre ou en plein champ, souvent depuis fort longtemps. La reproduction a été plus ou moins bien contrôlée selon les espèces, des sélections et/ou des croisements ont été effectués, mais sans modification significative du génome sauvage et sans réalisation d'un isolement reproductif complet.

Les humains ayant des relations plus étroites avec les animaux qu'avec les plantes[1], nous avons plus d'informations sur les tentatives de domestication animale n'ayant pas abouti à des spéciations.

Certaines tentatives de domestication se sont soldées par des échecs : l'hyène tachetée, la gazelle, l'oryx et l'addax en Égypte antique, de la sarcelle dans la Rome antique. Celles en cours – l'éland du Cap en Afrique australe, le bœuf musqué en Amérique du Nord, l'élan en Europe du Nord – sont encore trop peu avancées pour qu'une prédiction soit possible.

Plusieurs mammifères ont été capturés, apprivoisés, dressés, plus ou moins sélectionnés à certaines époques mais sans présenter de syndrome de domestication. C'est le cas de carnivores (le guépard au Moyen-Orient, la genette et le furet en Europe, la mangouste en Inde), d'herbivores (l'éléphant d'Asie en Inde et en Asie du Sud-Est, le renne au nord de la Sibérie et de la péninsule Scandinave, le daim dans des parcs en Chine), d'omnivores (le pécari dans le bassin de l'Amazone).

Certains oiseaux sont élevés, parfois depuis fort longtemps, sans que soit apparu un syndrome de domestication. Des prédateurs sont utilisés pour la pêche (un cormoran en Chine) ou la chasse (un aigle en Mongolie, les autours et les faucons au Proche et au Moyen-Orient, puis en Europe). D'autres oiseaux sont élevés à diverses fins, dans des parcs (le paon bleu, le canard mandarin, le cygne tuberculé), des enclos (l'autruche), des volières (la caille, la tourterelle domestique), certains s'apprivoisent aisément et deviennent des animaux de compagnie (le serin des Canaries, qui fait l'objet de sélections portant sur la vocalisation, la coloration et l'aspect du plumage).

Les poissons élevés en milieu marin (le saumon atlantique, le bar, la daurade royale, le turbot) ou d'eau douce (la truite arc-en-ciel, le tilapia) font l'objet de sélections mais ne présentent pas de syndrome de domestication, de même que les crevettes du genre *Penaeus*, celles à pattes blanches (*P. vannamei*) et celle tigrée (*P. monodon*).

Les abeilles élevées par les apiculteurs (*Apis mellifera*) ne sont pas vraiment domestiquées comme l'indique la note n° 37 du précédent chapitre.

Cela étant, rien ne permet d'exclure la possibilité que, dans un avenir proche ou lointain, surviennent des spéciations chez les espèces venant d'être citées. Les modifications des génomes par les techniques de la bio-ingénierie permettraient-elles d'amorcer des spéciations, qui pourraient ensuite se réaliser sous le contrôle des cultivateurs ou des éleveurs selon les processus décrits dans le chapitre précédent ? [2]

La création accidentelle de nouvelles espèces

Les transferts d'espèces qui accompagnaient les migrations humaines ont été amplifiés à partir de la découverte du Nouveau Monde puis ont accéléré au cours des deux derniers siècles. Alors que l'acclimatation de nombreuses espèces allogènes s'est effectuée sans dommage pour les biocénoses naturelles et anthropisées, certaines espèces sont devenues invasives, ont introduit des pathogènes ou des parasites et/ou ont provoqué l'extinction d'espèces indigènes[3]. Le rapprochement involontaire d'individus de la même espèce provenant de populations distinctes a même pu déclencher des spéciations. Ainsi, une nouvelle espèce d'écrevisses, *Procambarus virginalis*, a été créée en Allemagne dans les années 1990 par des aquariophiles qui élevaient des écrevisses marbrées, *P. fallax*, provenant de Floride[4]. Échappées des aquariums, ces écrevisses se sont répandues en Allemagne, en Italie, en Ukraine, jusqu'au Japon et à Madagascar, s'adaptant à des habitats d'eau douce très variés par les conditions abiotiques et évinçant les écrevisses indigènes car plus compétitives. De plus, elles propagent la mycose à *Aphanomyces astaci* destructrice des écrevisses indigènes du genre *Astacus*. La spéciation s'est faite en une dizaine de générations, l'événement déclencheur étant une autopolyploïdisation (Chapitre 5). Des ovocytes ayant été fécondés par des spermatozoïdes anormaux diploïdes, en a résulté une triploïdie de la progéniture puis de la descendance, ces écrevisses se reproduisant indéfiniment par parthénogenèse. Ce qui a entraîné l'isolement reproductif de cette nouvelle espèce[5].

La création délibérée de micro-organismes synthétiques

Entre autres projets, la biologie de synthèse se propose de créer des micro-organismes – bactéries, archées et levures – à génome synthétique ou artificialisé en vue d'analyser le métabolisme puis de le modifier à volonté. À terme, cela peut accroître la productivité de certaines espèces mais pourrait-on en créer de nouvelles en utilisant ces techniques ?

Pour les bactéries, les travaux ont surtout été entrepris par l'équipe de Craig Venter[6] sur des mycoplasmes parasites à très petits génomes[7]. Le choix s'est d'abord porté sur *Mycoplasma genitalium*, une bactérie pathogène des voies génitales, qui peut être cultivé *in vitro*, dont le génome a été séquencé et dont le nombre minimal de gènes nécessaires à la physiologie cellulaire et à la multiplication a été précisé[8]. Utilisant les techniques de bio-ingénierie qui avaient permis de créer des génomes synthétiques viraux[9], le génome de *M. genitalium* a été reconstruit autour d'un génome de synthèse : la bactérie obtenue a été dénommée *M. laboratorium* ; puis un génome artificiel, dit « JCVI-1.0 », a été introduit dans un autre mycoplasme, *M. capricolum*, dont le génome avait été retiré, et s'y est répliqué normalement *in vitro*[10]. Plus récemment, le génome d'un autre mycoplasme, *M. mycoides*, a été découpé en plusieurs fragments, qui ont ensuite été réassemblés en éliminant les gènes non indispensables ; en ont résulté des cellules à génome synthétique, dit « JCVI-3.0 », qui se répliquent toutes les trois heures *in vitro*. Des 473 gènes que comprend ce génome, 195 participent à la régulation de son expression, 85 à la structure et aux fonctions de la membrane, 81 au métabolisme, 33 à la préservation de l'information génétique ; 79 ont une fonction encore inconnue[11]. Ces micro-organismes à génome artificiel peuvent servir en recherche fondamentale pour analyser les fonctions cellulaires, ils n'auraient aucun avenir économique vu le coût du milieu de croissance. Autre bactérie modifiée, le colibacille (*Escherichia coli*) : elle a deux types de plasmides, l'un porteur d'un gène qui code pour un transporteur transmembranaire, l'autre synthétique comprenant une paire de bases qui n'existent pas dans la nature[12].

Pour les levures, une avancée technique a été faite sur celle utilisée en brasserie et en boulangerie, *Saccharomyces cerevisiae*, dont le génome nucléaire a été séquencé en 1996. Un chromosome synthétique basé sur l'un des 16 chromosomes de cette espèce lui a été substitué et, bien que 14 % plus court que lui, s'est avéré complètement fonctionnel[13].

Si elle gagne en efficacité, la construction de génomes en partie ou entièrement synthétiques ouvre de nombreuses perspectives tout en soulevant des problèmes éthiques. Les organismes ainsi créés pourraient-ils devenir autonomes, s'intégrer à des biocénoses sans y causer des bouleversements ? Pourraient-ils y déclencher de nouvelles spéciations ? Dans l'affirmative, quels seraient les effets des nouvelles espèces sur les humains, les espèces domestiques, les écosystèmes ?

Pouvons-nous favoriser l'émergence de nouvelles espèces ?

Les exemples exposés dans les Chapitres 4 à 7 montrent que les spéciations ont été plus fréquentes quand certaines conditions étaient réunies. Celles-ci existent-elles dans la nature actuelle ? Les activités humaines permettent-elles au processus de spéciation en cours d'aboutir à l'individualisation de nouvelles espèces ? Bien que le traitement de ces questions apparaisse moins urgent que celui de la protection des espèces menacées d'extinction – thème de la biologie de la conservation[14] –, il semble pertinent de concevoir quelles décisions et actions permettraient d'accélérer les spéciations en cours ou de favoriser l'émergence de nouvelles espèces sauvages.

Les conditions favorables à de nouvelles spéciations

Tout ce qui favorise la polyploïdisation au sein des espèces, l'hybridation entre espèces proches, et surtout l'apparition d'un isolement reproductif prézygotique, est susceptible de faire émerger de nouvelles espèces.

Les conditions favorables aux polyploïdisations, seules ou couplées aux hybridations interspécifiques, sont celles qui ont prévalu lors des spéciations décrites dans le Chapitre 5.

Les conditions favorables à l'apparition d'un isolement reproductif prézygotique sont celles décrites dans les Chapitres 4 et 6.

Les décisions et actions humaines qui seraient favorables

Compte tenu de l'expansion des activités humaines sur les territoires encore peu dégradés et des multiples atteintes anthropiques à tous les écosystèmes de la planète, les premières actions consistent à limiter les dommages à l'environnement et à préserver les espaces encore peu altérés. Vœux pieux tant que l'humanité continuera dans la démesure…

Cela étant, certaines mesures peuvent contribuer à faciliter l'émergence de nouvelles espèces sauvages.

La protection des écosystèmes insulaires au sens large – îles vraies, oasis, grottes et réseaux karstiques, mares, étangs et lacs, tourbières, reliefs isolés, en particulier ceux des grandes forêts tropicales humides – apparaît prioritaire. Dans ces « laboratoires naturels de l'évolution », toutes les conditions sont réunies pour que s'amorcent des spéciations, soit à partir d'espèces locales à faible capacité de dispersion, soit après l'installation de colons provenant d'espèces exogènes.

La protection des espèces vivantes dont les populations sont fortement différenciées dans l'espace est tout aussi importante, surtout si le potentiel de dispersion est faible. Plus les flux géniques sont faibles, plus la différenciation est susceptible d'amorcer des spéciations.

Les espaces de contact entre écosystèmes différents, ou *écotones* – zones littorales marines et d'eaux douces, lisières forestières – sont également à protéger car ils associent des espèces aux exigences écologiques distinctes et créent les conditions favorables aux coévolutions.

De manière générale, tous les espaces qui ont été définis comme des « points chauds » à protéger parce qu'ils hébergent les biocénoses les plus riches en espèces, au fort taux d'endémicité et comprenant de nombreuses espèces menacées[14], sont aussi ceux qui sont les plus susceptibles de permettre l'émergence de nouvelles espèces sauvages (Encadrés 22 et 23). Deux raisons pour qu'ils soient à préserver en priorité.

Encadré 22

Les régions les plus susceptibles de permettre l'émergence de nouvelles espèces

Territoires continentaux :

En Afrique : les forêts qui bordent le nord et le fond du golfe de Guinée – les bordures du désert du Karoo – le delta du fleuve intérieur Okavango – la province floristique du Cap (« fynbos ») – la région des Grands Lacs + les forêts orientales du Kenya et de la Tanzanie.

En Europe : le sud de la péninsule Ibérique – la périphérie + les îles du bassin de la Méditerranée les zones non urbanisées et l'arrière-pays – le Caucase et les régions environnantes.

En Asie : la bordure maritime et l'arrière-pays de l'Anatolie – le Proche-Orient + le sud-ouest de la péninsule Arabique – les « ghâts » occidentaux du sous-continent indien – tout le sud-est de l'Asie + l'ouest de la Chine centrale et méridionale.

En Australie : au sud-ouest, l'arrière-pays du district de Perth

Dans les Amériques : la moitié sud de la péninsule de Floride – la province floristique de la Californie – le nord-ouest et le sud du Mexique – toute l'Amérique Centrale – la Colombie + l'Équateur occidental + le Pérou + la Bolivie – le Chili central et ses côtes – au Brésil : la forêt amazonienne + les forêts proches de l'Atlantique.

Territoires insulaires :

Madagascar + La Réunion + l'île Maurice + les Seychelles

Le Sri Lanka (Ceylan)

L'Indonésie + Bornéo + les Célèbes + les Moluques + les Philippines

Les îles de la Micronésie et de la Polynésie

La Nouvelle-Guinée

La Nouvelle-Calédonie

La Nouvelle-Zélande

Les trois îles Juan Fernández - l'archipel des Galápagos

L'archipel des Hawaï

Les Caraïbes

Les Canaries + Madère

Encadré 23

Les hauts-fonds marins et les formations coralliaires susceptibles d'être favorables à l'émergence de nouvelles espèces

Dans l'océan Pacifique :

Le pourtour de la péninsule mexicaine de Californie

Le pourtour de l'archipel des Hawaï

Le pourtour de l'archipel des Galápagos

Le pourtour de l'île de Pâques

Le pourtour de l'archipel Juan Fernández

Le pourtour de l'archipel des Nouvelles-Hébrides (Vanuatu)

Le pourtour de la Nouvelle-Calédonie et des îles proches

Les abords de la côte nord-est de l'Australie, la Grande Barrière de Corail

Le pourtour des Philippines

Le pourtour de Taiwan et des îles Ryūkyū

Dans l'océan Indien :

Le pourtour de Java et des îles de la Sonde
Les abords de la côte ouest de l'Australie
Le pourtour du sud de l'Inde et du Sri Lanka
Le pourtour des Maldives
Le pourtour de La Réunion, de l'île Maurice et des Seychelles
Les abords de la côte sud-est de l'Afrique
La mer Rouge

Dans l'océan Atlantique :

Le fond du golfe de Guinée
Le pourtour des îles du Cap Vert
Le pourtour de l'île de Sainte-Hélène
Le pourtour de l'île de l'Ascension
L'ouest de la mer Caraïbe et abords de la côte est de l'Amérique Centrale.

Mais, quelles que soient les décisions et les actions entreprises, elles ne seront efficaces que si elles persistent sur de longues durées. Vœux pieux dans le contexte actuel…

Une spéciation peut-elle se produire à partir de notre espèce ?

Nous sommes les seuls survivants d'une vingtaine d'espèces qui, au cours des six ou sept derniers millions d'années, se sont succédé ou, pour certaines d'entre elles, ont été contemporaines, le plus souvent dans des régions différentes, parfois en cohabitant pendant un certain temps. C'est en particulier le cas des humains de notre espèce et, d'une part des néandertaliens en Europe et en Asie centrale, d'autre part des dénisoviens en Asie. Alors que les néandertaliens vivaient seuls depuis -80 000 ans sur de vastes territoires s'étendant jusqu'à 55° de latitude, les populations d'*Homo sapiens* progressèrent de l'Europe orientale vers l'ouest à partir de -35 000 ans. Les néandertaliens se subsistaient plus que dans deux petites régions 5 000 ans après, une dans l'ouest de la France, l'autre au sud de la péninsule Ibérique, avant d'y disparaître définitivement. Plusieurs hypothèses, toutes invérifiables, ont été émises sur les causes – probablement multiples et ayant joué en synergie – du déclin et de l'extinction des derniers néandertaliens[15]. L'une d'elle n'est pas à exclure : l'hostilité entre humains qui différaient par l'aspect, le comportement, la structure sociale, les références culturelles – qui n'aurait pas empêché des rapports sexuels épisodiques comme le révèle la comparaison des génomes (Encadré 7, page 83). Une telle hostilité s'observe depuis longtemps dans notre espèce quand les individus d'une ethnie entrent en contact avec ceux d'une autre. Et elle se manifesterait probablement si une population d'*Homo sapiens* se différenciait fortement au sein de l'humanité, scénario développé dans certains livres de science fiction.

L'individualisation d'une nouvelle espèce humaine ne pourrait probablement se faire que par l'un des scénarios de spéciation lente présentés dans le Chapitre 6. Compte tenu de la durée moyenne d'une génération humaine, l'amorçage puis la réalisation d'un isolement reproductif de cette espèce ne seraient effectifs qu'en plusieurs siècles, laps de temps pendant lequel les génomes, les phénotypes, les comportements et la niche écologique auraient divergé. L'exemple des néandertaliens suggère que cela ne pourrait probablement pas se réaliser en situation de sympatrie. Les seuls scénarios plausibles sont ceux de la spéciation allopatrique par vicariance – séparation progressive de l'humanité en deux ensembles vivant dans des espaces très différents, ou suite à la colonisation d'un nouvel espace par une population pionnière – et de la spéciation parapatrique – isolement d'une population en périphérie du reste de l'humanité. Pour l'instant, tout cela relève de la science fiction…

Conclusions et perspectives

En introduisant de la nouveauté dans l'immense histoire du vivant, toute spéciation rompt la continuité des changements qui se produisent au fil des générations de chaque espèce. Cette innovation, le plus souvent d'une ampleur modeste, n'en est pas moins créatrice de diversité. À l'échelle d'une ou de quelques spéciations, elle n'est nullement orientée dans le sens d'une évolution vers un objectif. Alors que les variations au sein des espèces enrichissent la biodiversité au niveau intraspécifique, les spéciations créent de la biodiversité à un niveau supérieur, celui des espèces et, partant, des biocénoses.

Que la spéciation se fasse à partir d'une espèce mère ou après hybridation de deux espèces proches, et ce, en quelques dizaines de générations, en quelques centaines ou en plusieurs milliers, elle se réalise par les processus mêmes de l'évolution au sein des espèces, mais avec la survenue de singularités. Celles-ci aboutissent à l'individualisation génomique, phénotypique, comportementale et écologique de l'espèce fille, ou des espèces filles, puis à leur isolement reproductif vis-à vis des espèces proches.

Quand la spéciation commence par l'hybridation de deux espèces proches, point de non-retour, cela inaugure la différenciation de l'espèce fille vis-à-vis de chacune des espèces mères. Les processus évolutifs sont diversifiés : réorganisations génomiques et survenue de mutations sans effet majeur sur la viabilité et la fertilité, effets de la dérive génétique aléatoire, puis de la sélection naturelle à mesure que s'accroît l'effectif de l'espèce fille.

Quand la spéciation débute par une polyploïdisation, point de non-retour, les processus évolutifs sont ceux de la survenue de mutations sans effet majeur sur la viabilité et la fertilité, des effets de la dérive génétique aléatoire, puis de la sélection naturelle.

Quand la spéciation se réalise à partir d'une espèce mère, l'aventure des espèces filles commence par l'amorçage de leur divergence et, après une période de transition plus ou moins longue, se termine par le verrouillage de leur isolement reproductif. Les processus évolutifs interviennent pendant toute la période de transition : survenue de mutations sans effet majeur sur la viabilité et la fertilité, parfois réorganisations génomiques, effets de la dérive génétique aléatoire, de la sélection naturelle, éventuellement de celle sexuelle, ainsi que des migrations génératrices de flux de gènes.

Plusieurs domaines sont encore peu explorés par les biologistes. D'abord celui de la spéciation des micro-organismes – virus et autres particules infectieuses, bactéries et archées, microalgues, protozoaires et microchampignons –, pourtant si importants par leurs fonctions écologiques et leurs effets sanitaires. Ensuite celui de la spéciation dans les immenses espaces marins. Enfin le domaine des cospéciations : autant les processus de coévolution sont bien analysés et illustrés par de nombreux exemples, autant ceux de la spéciation couplée d'espèces en interaction étroite ou exclusive sont encore mal connus.

Une autre carence concerne notre propre espèce. Nous commençons à savoir où et quand elle s'est individualisée, quels événements ont eu lieu au cours de son histoire, mais ignorons comment s'est réalisée la spéciation originelle. À partir de quelle espèce ? Par quels processus ? En combien de générations ?

La spéciation concerne plusieurs dimensions propres aux espèces : les génomes et leur expression en phénotypes et en comportements, la niche écologique. Et ce, souvent avec un certain découplage, les phénotypes différant parfois moins que les génotypes, les comportements et les caractéristiques écologiques comme le montrent les exemples des espèces jumelles et de celles cryptiques. Bien que les processus de spéciation se déroulent à plusieurs niveaux, des gènes à la niche écologique, et qu'ils le fassent dans un certain contexte géographique, il n'est pas pertinent de privilégier l'un plutôt que l'autre.

Compte tenu de la diversité des modalités de spéciation et du grand nombre de générations nécessaires à l'individualisation de nouvelles espèces, les processus ne peuvent guère être compris que par inférence à partir d'observations sur le terrain et par leur confrontation à des modèles théoriques. Cela n'exclut nullement l'expérimentation en conditions contrôlées afin de tester la validité de tel ou tel processus particulier auquel font appel les modélisateurs. Mais les « laboratoires naturels de l'évolution » – lacs, îles isolées et archipels, grottes, etc. – offrent plus d'opportunités à la validation des modèles relatifs à la spéciation et à la diversification des espèces. Aussi ces espaces doivent-ils être protégés en priorité contre les excès des activités humaines.

Une multitude de facteurs et de processus intervenant dans la réalisation des spéciations, de l'échelle du gène à celle de la biocénose, il est indispensable que collaborent les généticiens, les écologues, les biogéographes et les modélisateurs, tant pour élaborer des concepts, des modèles et des scénarios que pour mettre en œuvre des techniques apportant des informations complémentaires.

Notes et références bibliographiques

Les abréviations ci-après sont utilisées afin de ne pas alourdir les références. Au-delà de trois auteurs d'articles de revues scientifiques, ne sont cités que le premier et le nombre de coauteurs. Les notes et références bibliographiques de certains Encadrés suivent celles du texte.

Abréviations

coord. : coordinateur(s)
dir. : sous la direction de
Éds : Éditions
ed. *ou* eds : « editor » *ou* « editors » : coordonnateur(s) d'un ouvrage collectif en anglais
AREES : Annual Review of Ecology, Evolution & Systematics
ARM : Annual Review of Microbiology
BJLS : Biological Journal of the Linnaean Society
BRCPS : Biological Reviews of the Cambridge Philosophical Society
CRASP : Comptes rendus de l'Académie des sciences, Paris
CSHSQB: Cold Spring Harbor Symposia on Quantitative Biology
FEMSMR : FEMS Microbiological Reviews
JEB : Journal of Evolutionary Biology
MBE: Molecular Biology and Evolution
PNAS : Proceedings of the National Academy of Sciences of the USA
PRSLB : Proceedings of the Royal Society of London, series B
PTRSLB : Philosophical Transactions of the Royal Society of London, series B
PUF : Presses Universitaires de France, Paris
Réf., Réfs : référence(s). Se rapporte souvent à une ou plusieurs références au(x) numéro(s) indiqué(s) du chapitre en cours ou de celui mentionné
TAN : The American Naturalist
TEE : Trends in Ecology and Evolution
TQRB : The Quartely Review of Biology
Trad. : traduit par…

Notes et références bibliographiques du texte

Prologue

1. Première édition en 1859, cinq suivirent avec des remaniements, la sixième en 1872, remodelée en 1876. Traduction française d'Edmond Barbier sous le titre complet : *L'Origine des espèces au moyen de la sélection naturelle ou la préservation des races favorisées dans la lutte pour la vie* (le terme *races* désigne ici les variants d'une même espèce), 1876, texte établi par Daniel Becquemont, Flammarion 1992, 2008.
2. Avant de traiter de la sélection naturelle, Charles Darwin a décrit les effets de la sélection artificielle sur des animaux domestiques.

Introduction

1. Ouvrage de synthèse réalisé par deux généticiens : Lherminier, P. & Solignac, M., *De l'espèce*, Syllepse, 2005.
2. Consulter les définitions dans le Glossaire, page 243.
3. L'âge des premiers êtres vivants est inconnu vu les difficultés à prouver que les microstructures carbonées des roches très anciennes sont des fossiles. Ce doute n'existe pas pour les micro-organismes des stromatolites, bien caractérisés dès -3,7 milliards d'années. Réf. : Nutman, A. P. + 4 coauteurs, Rapid emergence of life shown by discovery of 3,700-million-year-old microbial structures, *Nature* 537, 535-538, 2016. Les stromatolites, constitués de nappes microbiennes superposées dont la trame mucilagineuse se minéralise peu à peu, existent de nos jours sur le littoral marin et au bord de lacs dans plusieurs régions du monde.

Chapitre 1

1. Aux traits du comportement instinctif, génétiquement déterminés – voir Dawkins, R., *The Extended Phenotype. The Long Reach of the Gene*, Oxford University Press, 1982 –, il faut ajouter l'aptitude à adapter le comportement aux changements du milieu.
2. Les nucléotides, chacun constitué d'une base azotée, d'un sucre à cinq atomes de carbone et d'un groupe phosphate, diffèrent par le sucre : ribose pour les ARN (au pluriel car de plusieurs types), désoxyribose pour l'ADN, et par la base azotée : adénine, guanine, cytosine (ADN et ARN) et thymine (ADN) ou uracile (ARN). L'ADN, constitué de deux brins disposés en double hélice, est associé à des protéines, dont des enzymes, l'ensemble constituant le chromosome simple des bactéries et des archées, la chromatine dans le noyau des cellules eucaryotes, celle-ci se condensant en chromosomes dans certaines conditions. Les acides aminés, au nombre d'une vingtaine, présentent chacun une extrémité basique ($–NH_2$) et une autre acide (–COOH), ils s'unissent en di-, tri- et polypeptides qui présentent un « squelette » de motifs (–C*H–CO–NH–C*H–), chaque atome de carbone C* étant lié un radical hydrophobe ou hydrophile, celui-ci à caractère neutre, acide ou alcalin en solution aqueuse. Les protéines sont constituées d'un ou de quelques polypeptides associés, leurs conformations et leurs fonctions sont très diversifiées, certaines catalysant les réactions chimiques au sein des cellules (enzymes).
3. Lewontin, R. C., *La triple hélice. Les gènes, l'organisme, l'environnement*, Seuil, 2003.

4. Dans le cas le plus simple – gènes des bactéries et certains gènes des archées et des eucaryotes –, la traduction s'effectue comme cela vient d'être décrit, l'information génétique est transmise de manière univoque : un gène → un ARN messager → un polypeptide. Il n'en est pas de même de nombreux gènes des eucaryotes et des archées, qui sont constitués de séquences codantes, les exons, séparés par des régions non codantes, les introns : des ARN messagers distincts peuvent être obtenus par élimination de certains introns puis raboutage des segments d'ARN. Le transfert d'information est alors plurivoque : un gène → un ARN prémessager → plusieurs ARN messagers distincts → des polypeptides différents. Voir : Aubœuf, D., Un gène, combien de protéines ? *Pour la Science* dossier hors-série *L'hérédité sans gènes. Comment l'environnement rebat les cartes*, 36-41, 2013.

5. a) Debroise, A., Les multiples fonctions de l'ADN « poubelle », *La Recherche* 469, 20-21, 2012 – b) Duret, L. & Charlat, S., Éloge de l'ADN poubelle, dossier *Pour la Science* de la Réf. n° 4, 10-17.

6. a) Bazin, C. + 3 coauteurs, Séquences d'ADN mobiles et évolution du génome, *Pour la Science* hors-série *L'Évolution*, 106-109, 1997 – b) Merlin, C. & Toussaint, A., Les éléments transposables des bactéries, *Médecine/Sciences* 15, I-VIII, 1999 – c) Anxolabéhère, D., Nouaud, D. & Miller, W. J., Éléments transposables et nouveautés génétiques chez les eucaryotes, *Médecine/Sciences* 1, I-IX, 2000.

7. a) Felden, B., Le nouveau visage des ARN, *Pour la Science* 431, 50-57, 2013 – b) Quatre articles du dossier *Pour la Science* de la Réf. n° 4 : Felden, B., Les ARN multitâches, 64-70 – Barrick, J. & Breaker, R., Les ARN aux commandes, 42-48 – Pinzón Restrepo, N. + 3 coauteurs, Les petits ARN entrent dans l'arène, 50-56 – Häfner, S. & Rougeulle, C., La matière noire du génome, 58-63.

8. Mais interviennent également des processus d'auto-organisation, indépendants et complémentaires de ceux déterminés par des gènes.

9. de Jong, H. + 3 coauteurs, Genetic network analyzer : quantitative simulation of genetic regulatory networks, *Bioinformatics* 19, 336-344, 2003.

10. Diversité bien décrite par Graham Bell dans son livre *The Masterpiece of Nature. The Evolution and Genetics of Sexuality*, Croom Helm, 1982.

11. Al Rawi, S. + 4 coauteurs, Post-fertilization autophagy of sperm organelles prevents paternal mitochondrial DNA transmission, *Science* 334, 1144-1147, 2011. Complément *in* Germain., M., Pourquoi l'embryon hérite-t-il des mitochondries de sa mère ? *La Recherche* 518, 40-41.

12. a) Dumas, C. + 3 coauteurs, L'auto-incompatibilité des plantes à fleurs : des secrets bien gardés, *La Recherche* 253, 470-472, 1993 – b) Gaude, T. + 3 coauteurs, L'auto-incompatibilité chez les plantes à fleurs, *Médecine/Sciences* 17 : I-IX, 2001.

13. Parfois en s'associant à des virusoïdes. Certains virus parasitent d'autres virus, ceux-ci de grande taille, Réf. : Klinger, C., Sputnik, premier virus de virus, *La Recherche* 426, 36-39, 2009.

14. Welch, M. D. B. & Meselson, M. S., Evidence for the evolution of bdelloid rotifers without sexual reproduction or genetic exchange, *Science* 288, 1211-1215, 2000.

15. Briggs, D. & Walters, S. M., *Plant Variation and Evolution*, 3rd ed., Cambridge University Press, 1997.

16. Maynard Smith, J., a) *The Evolution of Sex*, Cambridge University Press, 1978 – b) *Evolutionary Genetics*, Oxford University Press, 1989.
17. a) Kærn, M. + 3 coauteurs, Stochasticity in gene expression : from theories to phenotypes, *Nature Reviews Genetics* 6, 451-464, 2005 – b) Kupiec, J.-J., L'expression aléatoire des genes, *Pour la Science* 342, 78-83, 2006 – c) Klinger, C., Les gènes jouent-ils aux dés ? *La Recherche* 434, 46-50, 2009 – d) Heams, T., Du hasard dans l'expression des gènes, *Pour la Science* 385, 80-86, 2009 – e) Kupiec, J.-J. : 1) L'ADN entre hasard et contraintes, *Pour la Science* 385, 88-95, 2009 – 2) L'ADN entre hasard et contraintes, dossier *Pour la Science* de la Réf. n° 12, 72-78 – 3) La probabilité a sa place dans le fonctionnement des cellules, entretien avec N. Chevassus-au-Louis, *La Recherche* hors-série n° 21, *Hérédité. Ce que nous transmettons vraiment. La part des gènes, du hasard et de l'environnement*, 40-43, 2017.
18. a) Pigliucci, M., *Phenotypic Plasticity. Beyond Nature and Nurture*, The Johns Hopkins University Press, 2001 – b) West-Eberhard, M. J., *Developmental Plasticity and Evolution*, Oxford University Press, 2003 – c) Chaine, A. + 3 coauteurs (J. Clobert & B. Sinervo, dir.), *La plasticité phénotypique*, in *Biologie évolutive* (F. Thomas, T. Lefèvre & M. Raymond, dir.), 453-489, De Boeck CNRS, 2010 – d) Páldi, A., On redécouvre le rôle de l'environnement, entretien avec C. Klinger, *La Recherche* hors-série n° 21, 50-53, 2017.
19. Suite à la substitution d'un seul nucléotide en un site particulier du gène qui encode le polypeptide bêta de l'hémoglobine humaine, l'*acide glutamique*, à radical *R* hydrophile, est remplacé par la *valine*, à *R* hydrophobe. L'hémoglobine dite *S* s'agglomère en longues fibres quand la pression partielle du dioxygène est basse, les globules rouges se déforment, présentent une moindre capacité à transporter de l'O_2, d'où une grave anémie quand les personnes sont homozygotes pour l'allèle muté, et de nombreux autres effets délétères.
20. a) Keese, P. K. & Gibbs, A., Origins of genes : "Big bang" or continuous creation ? *PNAS* 89, 9789-9493, 1992 – b) Long, M. & Langley, C. H., Natural selection and the origin of *jingwei*, a chimeric processed functional gene in *Drosophila*, *Science* 260, 91-95, 1993.
21. a) Lenski, R. E., Phenotypic and genomic evolution during 20,000-generation experiment with the bacterium *Escherichia coli*, *Plant Breeding Reviews* 34, 225-265, 2004 – b) Blount, Z. D., Borland, C. Z. & Lenski, R. E., Historical contingency and the evolution of a key innovation in an experimental population of *Escherichia coli*, *PNAS* 105, 7899-7906, 2008 – c) Blount, Z. D. + 3 coauteurs, Genomic analysis of a key innovation in an experimental *Escherichia coli* population, *Nature* 489, 513-518, 2012.
22. a) Lynch, M., Gene duplication and evolution, in *Evolution. From Molecules to Ecosystems*, A. Moya & E. Font, eds, 33-47, Oxford University Press, 2004 – b) Edwards, S. V., *Evolution of Genes and Genomes*, in Futuyma, D. J., *Evolution*, 3rd ed., 537-564, Sinauer, 2013.
23. a) King, M., *Species Evolution. The role of chromosome change*, Cambridge University Press, 1993 – b) Dutrillaux, B., Une autre manière de créer des espèces, *La Recherche* dossier n° 27 *L'évolution. Comment les espèces s'adaptent*, 46-52, 2007.

24. Drake, J. W. + 3 coauteurs, Rates of spontaneous mutation, *Genetics* 148, 1667-1686, 1998.
25. a) Taddei, F., Matic, I. & Radman, M., Du nouveau sur l'origine des espèces. Le paradigme darwinien revu par l'analyse moléculaire des bactéries, *La Recherche* 291, 52-59, 1996 – b) Radman, M., Mutation, évolution et sélection, in Michaud, Y., *Qu'est-ce que la diversité de la vie ?*, 33-46, Université de tous les savoirs, Odile Jacob, 2003.
26. Frelin, C. & Swynghedauw, B., *Biologie de l'évolution et médecine*, Lavoisier, 2011.
27. a) Surani, M. A., Reprogramming of genome function through epigenetic inheritance, *Nature* 414, 122-128, 2001 – b) Kimmins, S. & Sassone-Corsi, P., Chromatin remodeling and epigenetic features of germ cells, *Nature* 434, 583-589, 2005.
28. Skinner, M. K., Un héritage d'un nouveau genre, *Pour la Science* 449, 64-71, 2015.
29. Cortijo, S. + 13 coauteurs, Mapping the epigenetic basis for complex traits, *Science* 343, 1145-1148, 2014.
30. a) Jablonka, E. & Lamb, M. J., *Epigenetic Inheritance and Evolution. The Lamarckian Dimension*, Oxford University Press, 1995 – b) N° spécial du *JEB*, plusieurs articles sur ce thème, 11, 159-212, 1998 – c) Szyf, M., L'enzyme qui contrôle le silence des gènes, *La Recherche* 324, 56-62, 1999 – d) Kalisz, S & Purugganan, M. D., Epialleles via DNA methylation : consequences for plant evolution, *TEE* 19, 309-312, 2004.
31. Augui, S., Heard, E. & Klinger, C., Le chromosome *X*, maître du silence, *La Recherche* 385, 34-41, 2005.
32. a) Babinet, C., L'empreinte génomique parentale, *Médecine/Sciences* 8, 65-70, 1992 – b) Junien, C., L'empreinte parentale : de la guerre des sexes à la solidarité entre générations, *Médecine/Sciences* 16, 336-344, 2000 – c) Sha, K., A mechanistic view of genomic imprinting, *Review of Genomics and Human Genetics* 9, 197-216, 2008 – d) Jirtle, R. & Weidman, J., L'empreinte parentale, dossier *Pour la Science* de la Réf. n° 12, 112-118 – e) Bourc'His, D., Des gènes soumis à une empreinte parentale, *La Recherche* hors-série n° 21 de la Réf. n° 14, 63, 2017.
33. Gimelbrant, A. + 3 coauteurs, Widespread monoallelic expression on human autosome, *Science* 318, 1136-1140, 2007.
34. a) Guillemot, D., Consommation d'antibiotiques et résistance des bactéries, *Pour la Science* 331, 81-87, 2005 – c) Andremont, A. & Tibon-Cornillot, M., *Le triomphe des bactéries : la fin des antibiotiques*, Max Milo, 2006 – d) Rapport sous la direction de J. O'Neill, Antimicrobial Resistance : Tackling a crisis for the health and wealth of nations, *The Review on Antimicrobial Resistance*, 2014 – e) Bailly, S., Résistance aux antibiotiques, une menace grandissante, *Pour la Science* 469, 90-91, 2016. Le processus de sélection peut être suivi *in vitro* grâce à un dispositif ingénieux décrit en 2016, in Baym, M. + 6 coauteurs, Spatiotemporal microbial evolution on antibiotic landscapes, *Science* 353, 1147-1151, 2016.
35. a) Serre, J.-L., *Génétique des populations. Modèles de base et applications*, Nathan, 1997 – b) Henry, J.-P. & Gouyon, P.-H., Précis de génétique des populations, Masson, 1998 – c) Hartl, D. L. & Clark, A. G., *Principles of Population Genetics,* 4th ed., Sinauer, 2007.

36. a) Falconer, D. S. & Mackay, T. F. C., *Introduction to Quantitative Genetics*, Longman, 1996 – b) Ollivier, L., *Éléments de génétique quantitative*, INRA Éds, 2002.
37. Endler, J. A., *Natural Selection in the Wild*, Princeton University Press, 1986.
38. a) Kettlewell, H. B. D. : Selection experiments on industrial melanism in the Lepidoptera, *Heredity* 9, 323-342, 1955 – Further selection experiments on industrial melanism in the Lepidoptera, *Heredity* 10, 287-301, 1956 – *The Evolution of Melanism*, Oxford University Press, 1973 – b) Majerus, M. E. N., *Melanism : evolution in action*, Oxford University Press, 1998 – c) Cook, L. M., Dennis, R. L. H. & Mani, G. S., Melanic moth frequency in the peppered moth in the Manchester area, *PRSLB* 266, 293-297, 1999.
39. a) Cook, L. M., Changing views on melanic moths, *BJLS* 69, 431-441, 2000 – b) True, J. R., Insect melanism : the molecules matter, *TEE* 18, 640-647, 2003 – b) Majerus, M. E. N., Le papillon de la discorde, *La Recherche* 396, 42-44, 2006.
40. Van't Hof, A. E. + 8 coauteurs, The industrial melanism mutation in British peppered moth is a transposable element, *Nature* 534, 102-105, 2016.
41. a) Poirié, M. & Pasteur, N., La résistance des insectes aux insecticides, *La Recherche* 234, 874-88, 1991 – b) Chevillon, C. + 4 coauteurs, Population structure and dynamics of selected genes in the mosquito *Culex pipiens*, *Evolution* 49, 97-1007, 1995 – c) Guillemaud, T. + 4 coauteurs, Evolution of resistance in *Culex pipiens* : allele replacement and changing environment, *Evolution* 52, 443-453, 1998 – d) Guillemaud, T. + 5 coauteurs, Quantitative variation and selection of esterase gene amplification in *Culex pipiens*, *Heredity* 83, 87-99, 1999 – e) Raymond, M., *Résistance aux insecticides*, in Chapitre *Évolution induite par les activités anthropiques*, L. Bernatchez, dir., in *Biologie évolutive* (F. Thomas, T. Lefèvre & M. Raymond, dir.), 708-713, De Boeck & CNRS, 2010.
42. Berdoy, M., L'homme, le rat et le poison, *La Recherche* 271, 1310-1311, 1994.
43. a) Gabriel, S. E. + 4 coauteurs, Cystic fibrosis heterozygote resistance to cholera toxin in the cystic fibrosis mouse model, *Science* 266, 107-109, 1994 – b) Wiuf, C., Do Delta F 508 heterozygotes have a selective advantage ? *Genetical Research* 78, 41-47, 2001.
44. a) Gibbs, H. L. & Grant, P. R., Oscillating selection in Darwin's finches, *Nature* 327, 511-513, 1987 – b) Grant, P. R., *Ecology and Evolution of Darwin's Finches*, 2nd ed., Princeton University Press, 1999.
45. Bodmer, W. F. & Cavalli-Sforza, L., *Genetics, Evolution, and Man*, W. H. Freeman, 1976.
46. Weis, A. E., Abrahamson, W. G. & Andersen, M. C., Variable selection in *Eurosta*'s gall size, *Evolution* 46, 1674-1697, 1992.
47. Bates Smith, T., Disruptive selection and the genetic basis of bill size polymorphism in the African finch *Pyrenestes*, *Nature* 363, 618-620, 1993.
48. Thompson, J. N., *The Coevolutionary Process*, The University of Chicago Press, 1994.
49. Darwin, C., *La filiation de l'homme et la sélection liée au sexe*, publié en 1871, traduction coordonnée par M. Prum, Syllepse, 2000.
50. a) Gould, J. L. & Gould, C. G., *Sexual Selection*, Scientific American Library, 1989 – b) Willson, M. F., Sexual selection in plants and animals, *TEE* 5, 210-214, 1990 – c) Andersson, M., *Sexual Selection*, Princeton University Press, 1994 – d)

Danchin, É. & Cézilly, F., *La sélection sexuelle : un autre processus évolutif*, in *Écologie comportementale* (É. Danchin, L.-A. Giraldeau & F. Cézilly, coord.), Dunod, 2005, 235-330, 2005 – e) Cézilly, F. & Allainé, D, *La sélection sexuelle*, in *Biologie évolutive* (F. Thomas, T. Lefèvre & M. Raymond, dir.), 387-422, De Boeck CNRS.

51. a) Gross, M. R., Salmon breeding behavior and life history evolution in changing environments, *Ecology* 72, 1180-1186, 1991 – b) Wikelski, M. & Bäurle, S., Pre-copulatory ejaculation solves time constraints during copulations in marine iguanas, *PRSLB* 263, 439-444, 1996.

52. Schilthuizen, M., *Comme les bêtes. Ce que nous apprennent les animaux de notre sexualité*, trad. T. Piélat, Flammarion, 2014.

53. a) Bertram, B. C. R., Social factors influencing reproduction in the wild lions, *Journal of Zoology* 177, 463-482, 1975 – b) Packer, C. & Pusey, A. E., Adaptations of female lions to infanticide by incoming males, *TAN* 121, 716-728, 1983.

54. Wilkinson, G. S. & Reillo, P. R., Female choice response to artificial selection on an exaggerated male trait in a stalk-eyed fly, *PRSLB* 255, 1-6, 1994.

55. a) Hamilton, W. D. & Zuk, M., Heritable true fitness and bright birds : a role for parasites, *Science* 218, 384-387, 1982 – b) Berdoy, M., La couleur des oiseaux : une histoire de parasites ?, *La Recherche* 196, 268-269, 1988.

56. Møller, A. P. : a) Female choice selects for male sexual tail ornaments in the monogamous swallow, *Nature* 332, 640-642, 1988 – b) Effects of a haematophagous mite on the barn swallow (*Hirundo rustica*) : a test of the Hamilton and Zuk hypothesis, *Evolution* 44, 771-784, 1990.

57. Willson, M. F. : a) Sexual selection in plants, *TAN* 113, 777-790, 1979 – b) Réf. n° 50 a – c) Sexual selection in plants : perspective and overview, *TAN* 144, S13-S39, 1994.

58. Stanton, M. L., Snow, A. A. & Handel, S. N., Floral evolution : attractiveness to pollinators increases male fitness, *Science* 232, 1625-1627, 1986.

59. Delph, L. F., Galloway, L. F. & Stanton, M. L., Sexual dimorphism in flower size, *TAN* 148, 299-320, 1996.

60. Kimura, M., *Théorie neutraliste de l'évolution* (l'adjectif *moléculaire* a été malencontreusement omis à la fin du titre), trad. C. Montgelard, Flammarion, 1990.

61. a) Cavalli-Sforza, L. L. & Bodmer, W. F., *The Genetics of Human Populations*, W. H. Freeman & Co, 1971 – b) Van Noordwijk, A. J. & Scharloo, W., Inbreeding in an island population of the great tit, *Evolution* 35, 674-688, 1981 – c) Keller, L. + 4 coauteurs, Selection against inbred song sparrows during a natural population bottleneck, *Nature* 372, 356-357, 1994 – d) Wolfe, L. M., Inbreeding depression in *Hydrophyllum appendiculatum* : role of maternal effects, crowding, and parental mating history, *Evolution* 47, 374-386, 1993 – e) Dudash, M. R., Carr, D. E. & Fenster, C. B., Five generations of enforced selfing and outcrossing in *Mimulus guttatus* : inbreeding depression variation at the population and family level, *Evolution* 51, 54-65, 1997.

62. Biotique : s'applique à tout ce qui est vivant. Abiotique : tout ce qui n'est pas vivant, paramètres physiques, chimiques, climatiques, etc.

Chapitre 2

1. a) Réf. n° 1 de l'Introduction – b) Lherminier, P., L'espèce : entre stabilité et évolution, *Pour la Science* n° spécial 350 *Les frontières floues*, 74-84, 2006 – c) Zimmer, C., Qu'est-ce qu'une espèce ? *Pour la Science* dossier n° 63 *L'évolution. Rien ne l'arrête !*, 68-74, 2009.
2. Yashina, S. + 5 coauteurs, Regeneration of whole fertile plants from 30,000-year-old fruit tissue buried in Siberian permafrost, *PNAS* 109, 4008-4013, 2012.
3. Réf. n° 21 du précédent Chapitre.
4. Réf. n° 1 du précédent Chapitre.
5. Désigne la manière dont les individus acquièrent les ressources au cours du cycle de vie, leurs fonctions au sein des écosystèmes : niveau trophique – production primaire (photosynthèse, chimiosynthèse), consommation (d'ordre 1, 2, etc.), dégradation –, leur place dans le réseau trophique de la biocénose.
6. Par l'étymologie, *concurrence* exprime l'idée de « courir ensemble de manière à aller vers un même point », *compétition* celle de « rivaliser avec d'autres pour atteindre ce point ». Il y a compétition quand l'utilisation d'une ressource en limite l'accès aux autres individus, qu'ils soient de la même espèce ou non. *Commensalisme* : les individus de deux espèces distinctes vivent ensemble sans dommage ni bénéfice pour chacun des partenaires. *Amensalisme* : les individus d'une espèce inhibent à leur proximité la multiplication, la reproduction, la croissance et/ou le développement de ceux d'une autre espèce. *Mutualisme* : les individus de deux espèces interagissent avec des bénéfices réciproques et sont interdépendants de manière plus ou moins stricte.
7. Sneath, P. H. & Sokal, R. R., *Numerical Taxonomy*, Freeman, 1973.
8. a) Ouvrage collectif, *Species Concepts and Phylogenetic Theory. A Debate* (Q. D. Wheeler & R. Meier, eds.), Columbia University Press, 2000 – b) Samadi, S. & Barberousse, A., The Tree of Life, the network, and the species, *BJLS* 89, 509-521, 2006.
9. a) Mayr, E., *Populations, espèces et évolution*, trad. Y. Guy, Hermann, 1974 – b) Génermont, J., L'évolution de la notion d'espèce de Cuénot à nos jours, *Bulletin de la Société zoologique de France* 120, 379-395, 1995 – Qu'est-ce qu'une espèce ? *Pour la Science* dossier hors-série *L'évolution*, 30-32, 1997 – c) Bouchard, F., Ernst Mayr et la définition des espèces, *La Recherche* dossier n° 33 *L'héritage Darwin*, 50-54, 2008.
10. Mallet, J., A species definition for the Modern Synthesis, *TEE* 10, 294-299, 1995.
11. Paterson, H. E. H., The recognition concept of species, in *Species and Speciation* (E. S. Vrba, ed.), 21-29, Pretoria, Transvaal Museum, 1985.
12. Templeton, A. R., The meaning of species and speciation : a genetic perspective, in *Speciation and its Consequences* (D. Otte & J. A. Endler, eds.), 3-27. Sinauer, 1989.
13. Levin, D. A., *The Origin, Expansion, and Demise of Plant Species*, Oxford University Press, 2000.
14. Van Valen, L., Ecological species, multispecies and oaks, *Taxon* 25, 233-239, 1976.

15. a) Swanson, W. J. & Vacquier, V. D., Reproductive protein evolution, *AREES* 33, 161-179, 2002 – b) Claw, K., Spermatozoïdes et ovules : une étonnante diversité, *Pour la Science* 439, 62-69, 2014.
16. Ramsey, J., Bradshaw, H. D. & Schemske, D. W., Components of reproductive isolation between the monkeyflowers *Mimulus lewisii* and *M. cardinalis* (Scrophulariaceae), *Evolution* 57, 1520-1534, 2003.
17. a) Haldane, J. B. S., Sex ratio and unisexual sterility in animal hybrids, *Journal of Genetics* 12, 101-109, 1922 – b) Orr, H. A., Haldane's rule, *AREES* 28, 195-218, 1997 – c) Masly, J. P. & Presgraves, D. C., High-resolution genome-wide dissection of the two rules of speciation in *Drosophila*, *PLoS Biology* 5(9), e243, 2007 – d) Ellegren, H. & Parsch, J., The evolution of sex-biased genes and sex-biased gene expression, *Nature Reviews of Genetics* 8, 689-698, 2007.
18. Coyne, J. A. & Orr, H. A., *Speciation*, Sinauer, 2004.
19. Figueiró, H. V. + 32 coauteurs, Genome-wide signatures of complex introgression and adaptive evolution of big cats, *Science Advances* 3 (7) : e1700299, 2017.
20. Benarroch, D., Claverie, J.-M., Raoult, D. & Shuman, S., Characterization of Mimivirus DNA topoisomerase IB suggests horizontal gene transfer between eukaryal viruses and bacteria, *Journal of Virology* 80, 314-321.
21. a) Miller, R., Échanges de gènes entre bactéries, *Pour la Science* 245, 61-65, 1998 – b) Nelson, K. E. + 28 coauteurs, Evidence for lateral gene transfer between Archaea and Bacteria from genome sequence of *Thermotoga maritime*, *Nature* 399, 323-329, 1999 – c) Boucher, Y. + 7 coauteurs, Lateral gene transfer and the origins of prokaryotic groups, *Annual Review of Genetics* 37, 283-328, 2003 – d) Thomas, C. M. & Nielsen, K. M., Mechanisms of, and barrier to, horizontal gene transfer between bacteria, *Nature Reviews, Microbiology* 3, 711-721, 2005.
22. a) Rayssiguier, C., Thaler, D. S. & Radman, M., The barrier to recombination between *Escherichia coli* and *Salmonella typhimurium* is disrupted in mismatch-repair mutants, *Nature* 342, 396-400, 1989 – b) Majewski, J. & Cohan, F. M., The effect of mismatch repair and heteroduplex formation on sexual isolation in *Bacillus*, *Genetics* 18, 13-18, 1998.
23. Cohan, F. M., What are bacterial species ? *ARM* 56, 457-487, 2002.
24. a) Ochman, H., Lawrence, J. G. & Groisman, E. A., Lateral gene transfer and the nature of bacterial innovation, *Nature* 405, 299-314, 2000 – b) Doolittle, W. F. & Papke, R. T., Genomics and the bacterial species problem, *Genome Biology* 7 :116, 2006 – c) Keeling, P. J. & Palmer, J. D., Horizontal gene transfer in eukaryotic evolution, *Nature Reviews Genetics* 9, 605-618, 2008 – d) Dagan, T. & Martin, W., Betting a better picture of microbial evolution en route to a network of genomes, *PRSLB* 364, 2187-2196, 2009 – e) Skippington, E. & Ragan, M. A., Lateral genetic transfer and the construction of genetic communities, *FEMS Microbiology Reviews* 35, 705-735, 2011 – f) Crisp, A. + 4 coauteurs, Expression of multiple horizontally acquired genes is a hallmark of both vertebrate and invertebrate genomes, *Genome Biology* 16 : 50, 2015.
25. a) Hotopp, J. C. D. + 19 coauteurs, Widespread lateral gene transfer from intracellular bacteria to multicellular eukaryotes, *Science* 317, 1753-1756, 2007 – b) Réf. n° 24 f.

26. a) Salzberg, S. L., White, O., Peterson, J. & Eisen, J. A., Microbial genes in the human genome: lateral transfer or gene loss ?, *Nature* 405, 299-304, 2000 – b) Réf. n° 24 f.
27. Field, J., Rosenthal, B. & Samuelson, J., Early lateral transfer of genes encoding malic enzyme, acetyl-CoA synthetase and alcohol dehydrogenase from anaerobic prokaryotes to *Entamoeba histolytica*, *Molecular Microbiology* 38, 446-455, 2000.
28. Novick, P., Smith, J. Ray, D. & Boissinot, S., Independent and parallel lateral transfer of DNA Transposons in tetrapod genomes, *Gene* 449, 85-94, 2010.

Chapitre 3

1. État d'un caractère : forme sous laquelle se présente ce caractère, quelle que soit l'échelle, moléculaire (chacun des nucléotides A, C, G et T ou U, ou aucun si délétion – acide aminé, 20 états possibles), phénétique (par exemple, dents semblables ou différenciées) ou écologique (par exemple, habitat aquatique ou terrestre).
2. D'abord publié en allemand, le livre de Willi Hennig s'est surtout fait connaître par la traduction en anglais : *Phylogenetic Systematics*, University of Illinois Press, 1966.
3. Darlu, P. & Tassy, P., *Reconstruction phylogénétique. Concepts et méthodes*, Masson, 1993.
4. Lecointre, G. & Le Guyader, H., *Classification phylogénétique du vivant*, tome 1, 3e éd. en 2006, et tome 2 en 2013, 4e éd. en 2016, Belin.
5. a) Thompson, J. N. : a) *The Coevolutionary Process*, The Chicago University Press, 1994 – b) *The Geographic Mosaic of Coevolution*, même éditeur, 2005.
6. Ouvrage collectif, *Tangled Trees. Phylogeny, Cospeciation, and Coevolution* (R. D. M. Page, ed.), The Chicago University Press, 2003.
7. Première réf. n° 11 du Chapitre 1.
8. Excoffier, L., Ce que nous dit la généalogie des gènes, *La Recherche* 302, 82-89, 1997.
9. Drayna, D., Les mutations fondatrices, *Pour la Science* 337, 36-41, 2005.
10. a) Cann, R. L., Stoneking, M. & Wilson, A. C., Mitochondrial DNA and human evolution, *Nature* 325, 31-36, 1987 – b) Wilson, A. & Cann, R., L'Afrique, berceau récent de l'Homme moderne, *Pour la Science* 176, 32-38, 1992.
11. a) Gibbons, A., L'horloge de l'évolution ne tourne pas rond, *La Recherche* 307, 40-42, 1998 – b) Strauss, E., Le tempo variable des horloges à ADN, *La Recherche* 321, 34-37, 1999 – c) Lopez, P., Les rouages grippés de l'horloge du vivant, *Pour la Science* dossier *Le temps des datations*, 34-38, 2004 – d) Ho, S. Y. W. & Larson, G., Molecular clocks : when times are a-changing, *Trends in Genetics* 22, 79-83, 2006 – e) Douzery, E. & Delsuc, F., Les horloges de l'évolution, *Pour la Science* 397, 102-107, 2010.
12. Wang, X. + 22 coauteurs, Specific inactivation of two immunomodulatory *SIGLEC* genes during human evolution, *PNAS* 109, 9935-9940, 2012.
13. Orlando, L., *L'anti-Jurassic Park. Faire parler l'ADN fossile*. Belin, 2005.
14. a) Rightmire, G. P., Human evolution in the Middle Pleistocene : the role of *Homo heidelbergensis*, *Evolutionary Anthropology* 6, 218-227, 1998 – b) Hublin, J.-J., Northwestern African Middle Pleistocene hominids and their bearing on the emergence of *Homo sapiens*, in *Human Roots : Africa and Asia in the Middle*

Pleistocene (L. Barham & K. Robson-Brown, eds), p. 99-121, Western Academic and Specialist Press Ltd, Bristol, 2001 – c) Hublin, J.-J. + 10 coauteurs, New fossils from Jebel Irhoud, Morocco and the pan-African origin of *Homo sapiens*, *Nature* 546, 289-292, 2017.
15. McDougall, I., Brown, F. H. & Fleagle, J. G., Stratigraphic placement and age of modern humans from Kibish, Ethiopa, *Nature* 433, 733-736, 2005.
16. Avise, J. C., *Phylogeography. The History and Formation of Species*, Harvard University Press, 2000.
17. a) Blondel, J, *Biogéographie. Approche écologique et évolutive*, Masson, 1995 – b) Cox, C. B. & Moore, P. D., *Biogeography. An ecological and evolutionary approach*, 7th ed. Blackwell, 2005.
18. Avise, J. C., *Molecular Markers, Natural History and Evolution*, Chapman & Hall, 1994.

Chapitre 4

1. Ouvrages collectifs : a) *Speciation and Its Consequences* (D. Otte & J. A. Endler, eds.), Sinauer, 1989 – b) *Endless Forms. Species and Speciation* (D. J. Howard & S. H. Berlocher, eds.), Oxford University Press, 1998 – c) *Speciation and Patterns of Diversity* (R. Butlin, J. Bridle & D. Schluter, eds.), Cambridge University Press, 2009.
2. a) Grant, V., *Plant Speciation*, 2nd ed., Columbia University Press, 1981 – b) King, M., *Species Evolution. The role of chromosome change*, Cambridge University Press, 1993 – c) Arnold, M. L., *Natural Hybridization and Evolution*, Oxford University Press, 1997 – d) Coyne, J. A. & Orr, H. A., *Speciation*, Sinauer, 2004.
3. a) Ridley, M., *Speciation*, in *Evolution*, 3rd ed., 384-422, Blackwell, 2004 – b) Futuyma, D. J., *Speciation*, in *Evolution*, 483-512, Sinauer, 2013 – c) Barton, N. H., *Species and Speciation*, in *Evolution*, N. H. Barton + 4 coauteurs, 619-655, Cold Spring Harbor Laboratory Press, 2007 – d) Ravigné, B. + 10 coauteurs, *La spéciation*, in *Biologie évolutive* (F. Thomas, T. Lefèvre & M. Raymond, dir.), 79-122, De Boeck CNRS, 2010 (2e éd. en 2016) – e) Chapitres VI.2 à VI.10 de l'ouvrage collectif *The Princeton Guide to Evolution* (J. B. Losos, editor in chief, D. A. Baum, D. J. Futuyma, H. E. Hoekstra, R. E. Lenski, A. J. Moore, C. J. Peichel, D. Schluter & M. C. Whitlock, coeditors), 498-568, Princeton University Press, 2017.
4. Goldschmidt, R., *The Material Basis of Evolution*, Yale University Press, 1940.
5. Réf. n° 15 du Chapitre 1.
6. Une mise au point ancienne, qui serait à actualiser : Rice, W. R. & Hostert, E. E., Laboratory experiments on speciation : what have we learned in 40 years ? *Evolution* 47, 1637-1653, 1993.
7. Voir Chapitre 1, page 66.
8. Durand, S. + 4 coauteurs, Rapid establishment of genetic incompatibility through natural epigenetic variation, *Current Biology* 22, 326-331, 2012.
9. Barnéoud, L., Un autre mécanisme d'apparition des espèces ? *La Recherche* 463, 46-47, 2012.
10. Barraclough, T. G., Speciation patterns, in Réf. n° 3 e, 498-505, 2017.

11. Phillimore, A., Geography, range evolution, and speciation, in Réf. n° 3 e, 506-513, 2017.
12. a) MacArthur, R. H. & Wilson, E. O., *The Theory of Island Biogeography*, Princeton University Press, 1967 – b) Réfs. n° 16 du Chapitre 3 – c) Rosenzweig, M., La biodiversité en équation, *La Recherche* dossier n° 28 *Biodiversité. Les menaces sur le vivant*, 20-24, 2007.

Chapitre 5

1. Bretagnolle, F. & Thompson, J. D., Gametes with the somatic chromosome number : mechanisms of their formation and role in the evolution of autopolyploid plants, *New Phytologist* 129, 1-22, 1995.
2. a) Stebbins, G. L., Self-fertilization and population variability in the higher plants, *TAN* 91, 337-354, 1957 – b) Grant, V., The regulation of recombination in plants, *CSHSQB* 23, 337-363, 1958.
3. a) Otto, S. P. & Whitton, J., Polyploid incidence and evolution, *Annual Review of Genetics* 34, 401-437, 2000 – b) Levin, D. A., *The Role of Chromosomal Change in Plant Evolution*, Oxford University Press, 2002 – c) Wood, T. E. + 5 coauteurs, The frequency of polyploidy speciation in vascular plants, *PNAS* 106, 13875-13879, 2009.
4. Sidow, A., Gen(om)e duplications in the evolution of early vertebrates, *Current Opinions in Genetics of Development* 6, 715-722, 1996.
5. Lynch, M. & Conery, J. S., The evolutionary fate and consequences of duplicate genes, *Science* 290, 151-1155, 2000.
6. Soltis, D. E. & Soltis, P. S., Molecular data and the dynamic nature of polyploidy, *Critical Reviews in Plant Sciences* 12, 243-273, 1993.
7. a) Lumaret, R., The role of polyploidy in the adaptive significance of polymorphism at the GOT I locus in the *Dactylis glomerata* complex, *Heredity* 52, 153-169, 1984 – b) Lumaret, R., Cytology, genetics and evolution in the genus *Dactylis*, *Critical Reviews in Plant Sciences* 7, 55-91, 1988.
8. Thompson, J. D. & Lumaret, R., The evolutionary dynamics of polyploidy plants : origins, establishment and persistence, *TEE* 7, 302-306, 1992.
9. Réf. n° 15 du Chapitre 1.
10. Stebbins, G. L., Polyploidy and the distribution of the arctic-alpine flora : new evidence and a new approach, *Botanica Helvetica* 94, 1-13, 1984.
11. a) Stebbins, G. L., Self-fertilization and population variability in the higher plants, *TAN* 91, 337-354, 1957 – b) Grant, V., The regulation of recombination in plants, *CSHSQB* 23, 337-363, 1958 – c) White, M. J. D., *Modes of Speciation*, W. H. Freeman, 1978 – d) Réfs. n° 2.
12. Arnold, M. L. : a) Natural hybridization as an evolutionary process, *AREES* 23, 237-261, 1992 – b) *Iris nelsonii* (Iridaceae) : origin and genetic composition of a homoploid hybrid species, *American Journal of Botany* 80, 577-583, 1993 – c) *Natural Hybridization and Evolution*, Oxford University Press, 1997 – d) *Evolution through Genetic Exchange*, Oxford University Press, 2006.
13. a) Rieseberg, L. H., Van Fossen, C. & Desrochers, A. M.. 1995. Hybrid speciation accompanied by genomic reorganization in wild sunflowers, *Nature* 375, 313-316, 1995 – b) Rieseberg, L. H. & Noyes, R. D., Genetic map-based studies of reticulate evolution in plants, *Trends in Plant Science* 3, 254-259, 1998 – c)

Ungerer, M. C. + 3 coauteurs, Rapid hybrid speciation in wild sunflowers, *PNAS* 95, 11757-11762, 1998 – d) Rieseberg, L. H., Chromosomal rearrangements and speciation, *TEE* 16, 351-358, 2001 – e) Rieseberg, L. H. + 8 coauteurs, Major ecological transitions in wild sunflowers facilitated by hybridization, *Science* 301, 1211-1216, 2003.
14. Buerkle, C. A. + 3 coauteurs, The likehood of homoploïd hybrid speciation, *Heredity* 84, 441-451, 2000.
15. Rieseberg, L. H., Hybrid origins of plant species, *AREES* 28, 359-389, 1997.
16. Wang, X.-R., Szmidt, A .E. & Savolainen, O., Genetic composition and diploid hybrid speciation of a high mountain pine, *Pinus densata*, native to the Tibetan plateau, *Genetics* 159, 337-346, 2001.
17. Ferguson, D. & Sang, T., Speciation through homoploid hybridization between allotetraploids in peonies (*Paeonia*), *PNAS* 98, 3915-3919, 2001.
18. In Réf. n° 12 d.
19. Schwartz, D. + 3 coauteurs, Host shift to an invasive plant triggers rapid animal hybrid speciation, *Nature* 436, 546-549, 2005.
20. DeMarais, B. D. + 4 coauteurs, Origin of *Gila seminuda* (Teleostei : Cyprinidae) through introgressive hybridization : implications for evolution and conservation, *PNAS* 89, 2747-2751, 1992.
21. a) Salazar, C. A. + 5 coauteurs, Hybrid incompatibility is consistent with a hybrid origin of *Heliconius heurippa* Hewitson from its close relatives, *Heliconius cydno* Doubleday and *Heliconius melpomene* Linnaeus. *JEB* 18, 247-256, 2005 – b) Mavárez, J. + 5 coauteurs, Speciation by hybridization in *Heliconius* butterflies, *Nature* 441, 868-871, 2006 – c) Mallet, J., Rapid speciation, hybridization and adaptive radiation in the *Heliconius melpomene* group, in Réf. n° 1 c du Chapitre 4, 177-194, Cambridge University Press, 2009.
22. Brower, A. V. Z., Hybrid speciation in *Heliconius* butterflies ? A review and critique of the evidence, *Genetica* 139, 589-609, 2011.
23. a) Cohan, F. M., Genetic exchange and evolutionary divergence in prokaryotes, *TEE* 9, 175-180, 1994 – b) Guttman, D. S., Recombination and clonality in natural populations of *Escherichia coli*, *TEE* 12, 16-22, 1997– c) Koonin, E. V., Makarova, K. S. & Aravind, L., Horizontal gene transfer in prokaryotes : quantification and classification, *ARM* 55, 709-742, 2001 – d) Gogarten, J. P. & Townsend, J. P., Horizontal gene transfer, genome innovation and evolution, *Nature Reviews, Microbiology* 3, 679-687, 2005.
24. a) Majewski, J. & Cohan, F. M., Adapt globally, act locally : the effect of selective sweeps on bacterial sequence diversity, *Genetics* 152, 1459-1474, 1999 – b) Cohan, F. M., Bacterial species and speciation, *Systematic Biology* 50, 513-524, 2001.
25. a) Huet, T. + 4 coauteurs, Genetic organization of a chimpanzee lentivirus related to HIV-1, *Nature* 345, 356-359 – b) Peeters, M. & Delaporte, É., Vingt-cinq ans après la découverte du virus du SIDA, des chercheurs identifient son réservoir naturel, *Communiqué de l'Institut de Recherche pour le Développement*, Paris, 2006 – c) Tolédano, É. + 3 coauteurs, Épidémiologie des virus de l'immunodéficience humaine (HIV), *Département de Biologie de l'École Normale Supérieure de Lyon*, 2008 – d) Faria, N. R. + 13 coauteurs, The early spread and epidemic ignition of HIV-1 in human populations, *Science* 346, 56-61, 2014.

Chapitre 6

1. Roux, C. + 5 coauteurs, Shedding light on the grey zone of speciation along a continuum of genomic divergence, *PLoS Biology* 14(12), 2016.
2. a) Turelli, M., Barton, N. H. & Coyne, J. A., Theory and speciation, *TEE* 16, 330-343, 2001 – b) Réf. n° 2 d du Chapitre 4.
3. Panhuis, T. M. + 3 coauteurs, Sexual selection and speciation, *TEE* 16, 364-371, 2001.
4. Orr, H. A., Masly, J. P. & Presgraves, D. C., Speciation genes, *Current Opinions in Genetics and Development* 14, 675-679, 2004.
5. a) Coyne, J. A. & Orr, H. A.,The evolutionary genetics of speciation, *PTRSLB* 353, 372-380, 1998 – b) Orr, H. A. & Irving, S., Complex epistasis and the basis of hybrid sterility in the *Drosophila pseudoobscura* Bogota-USA hybridization, *Genetics* 158, 1089-1100, 2001.
6. Turelli, M. & Orr, H. A., The dominance theory of Haldane's rule, *Genetics* 140, 389-402, 1995.
7. Bierne, N. + 4 coauteurs, Fitness landscapes support the dominance theory of post-zygotic isolation in the mussels *Mytilus edulis* and *M. galloprovincialis*, *PRSLB* 273, 1253-1260, 2006.
8. Schluter, D., Ecology and the origin of species, *TEE* 16, 330-343, 2001.
9. Marshall, J. L., Arnold, M. L. & Howard, D. J., Reinforcement : the road not taken. *TEE* 17, 558-563, 2002.
10. a) Réfs n° 1 à 3 du Chapitre 4 – b) Schilthuizen, M., *Grenouilles, mouches et pissenlits. Les mécanismes de la spéciation*, trad. N. Chevassus-au-Louis & Y. Sciama, Dunod, 2002.
11. Mitchell, G. & Skinner, J. D., On the origin, evolution and phylogeny of giraffes *Giraffa camelopardalis*, *Transactions of the Royal Society of South Africa* 58, 51-73, 2003.
12. Brown, D. M. + 9 coauteurs, Extensive population genetic structure in the giraffe, *BMC Biology* 5, 57, 2007.
13. Fennessy, J. + 8 coauteurs, Multilocus analyses reveal four giraffe species instead of one, *Current Biology* 26, 2543-2549, 2016.
14. a) Knowlton, N., Sibling species in the sea, *AREES* 24, 189-216, 1993 – b) Lessios, H. A., The first stage of speciation as seen in organisms separated by the Isthmus of Panama, in Réf. n° 1 b du Chapitre 4, 186-201, 1998 – c) Knowlton, N. & Weigt, L. A., New dates and new rates for divergence across the Isthmus of Panama, *PRSLB* 263, 2257-2263, 1998.
15. Ces crevettes, qui vivent en communautés, communiquent entre elles ou étourdissent leurs proies en émettant de très forts claquements par un dispositif particulier d'une des deux pinces. Certaines espèces sont sociales.
16. Hurt, C., Anker, A. & Knowlton, N., A multilocus simultaneous divergence across the Isthmus of Panama using snapping shrimps in the genus *Alpheus*, *Evolution* 63, 514-530, 2009.
17. Ces chromosomes, aisément observables au microscope chez les larves du 3e stade, sont de très grande taille et structurés en bandes de largeur et de densité variées où l'analyse génétique permet de localiser des gènes.

18. DeSalle, R., Giddings, L. V. & Templeton, A. R. : a) Mitochondrial DNA variability in natural populations of Hawaiian *Drosophila*. I. Methods and levels of variability in *D. silvestris* and *D. heteroneura* populations, *Heredity* 56, 75-85, 1986 – b) Mitochondrial DNA variability in natural populations of Hawaiian *Drosophila*. II. Genetics and phylogenetic relationships of natural populations of *D. silvestris* and *D. heteroneura*, *Heredity* 56, 87-96, 1986.
19. Byrne, K. & Nichols, R. A., *Culex pipiens* in London underground tunnels : differentiation between surface and subterranean populations, *Heredity* 82, 7-15, 1999.
20. La population du métro londonien est pour l'instant considérée comme une sous-espèce de *Culex pipiens*, dénommée *C. pipiens molestus* car elle présente des ressemblances avec *C. molestus*, espèce à large répartition en Europe et au Proche-Orient.
21. a) Antonovics, J., Evolution in closely adjacent plant populations. V. Evolution of self-fertility, *Heredity* 23, 219-238, 1968 – b) Marrs, R. H. & Proctor, J., The response of serpentine and non-serpentine *Agrostis stolonifera* to magnesium and calcium, *Journal of Ecology* 64, 953-964, 1976 – c) Macnair, M. R. & Gardner, M., The evolution of edaphic endemics, in Réf. n°1 b du Chapitre 4, 157-171, 1998.
22. Plus de 200 espèces du genre *Plasmodium* sont répertoriées, 11 infectent les humains, dont *P. falciparum*, responsable de la forme la plus grave du paludisme. Le cycle parasitaire se boucle en alternance sur deux hôtes : 1° un reptile, un oiseau ou un mammifère (rongeur ou primate), 2° une femelle de moustique – le plus souvent du genre *Anopheles*. La reproduction sexuée du parasite a lieu dans l'organisme de l'insecte.
23. Giraud, T., Speciation in parasites : host switching does not automatically lead to allopatry, *Trends in Parasitology* 22, 151-152, 2006.
24. Drès, M. & Mallet, J., Host races in plant-feeding insects and their importance in sympatric speciation, *PTRSLB* 357, 471-492, 2002.
25. a) Via, S., Bouck, A. C. & Skillman, S., Reproductive isolation between sympatric races of pea aphids. II. Selection against migrants and hybrids in the parental environments, *Evolution* 54, 1626-1637, 2000 – b) Via, S., Sympatric speciation in animals : the ugly duckling grows up, *TEE* 16, 381-390, 2001.
26. a) Hawthorne, D. J. & Via, S., Genetic linkage of ecological specialization and reproductive isolation in pea aphids, *Nature* 412, 904-907, 2001 – b) Via, S., Divergence hitchhiking and the spread of genomic isolation during ecological speciation-with-gene-flow, *PTRSLB* 367, 451-460, 2012.
27. Giraud, T. + 4 coauteurs, Speciation in fungi, *Fungal Genetics and Biology* 45, 791-802, 2008.
28. a) Skúlason, S., Noakes, D. L. G. & Snorrasson, S. S., Ontogeny of trophic morphology in four sympatric morphs of Arctic charr *Salvelinus alpinus* in Thingvallavatn, Iceland, *BJLS* 38, 281-301, 1989 – b) Ferguson, A. & Taggart, J. B., Genetic differentiation among the sympatric brown trout (*Salmo trutta*) populations of Lough Melvin, Ireland, *BJLS* 43, 221-237, 1991 – c) Schluter, D., Ecological causes of speciation, in Réf. n° 1 b du Chapitre 4, 114-129, 1998 – c) McCune, A. R. & Lovejoy, N. R., The relative rate of sympatric and allopatric speciation in fishes. Tests using DNA sequence divergence between sister species and among clades, même ouvrage,172-185 – d) Skúlason, S., Snorrasson, S. S. &

Jónsson, B., Sympatric morphs, populations, and speciation in freshwater fish with emphasis on arctic charr, in *Evolution of Biological Diversity* (A. E. Magurran & R. M. May, eds.), 70-92, Oxford University Press, 1999.
29. Gagnaire, P.-A. + 3 coauteurs, The genetic architecture of reproductive isolation during speciation-with-gene-flow in lake whitefish species pairs assessed by RAD sequencing, *Evolution* 67, 2483-2497, 2013.
30. Marques, D. A. + 6 coauteurs, Genomics of rapid incipient speciation in sympatric threespine stickleback, *PLoS Genetics* DOI: 10.371, 2016.
31. Parker, G. A. & Partridge, L., Sexual conflict and speciation, *PTRSLB* 353, 261-274, 1998.
32. a) Wen, J. W., Origin and evolution of the eastern Asian and eastern North American distinct distributions of flowering plants, *ARES* 30, 421-455, 1999 – b) Xiang, Q.-Y. + 3 coauteurs, Timing the eastern Asian-Eastern North American floristic disjunction : molecular clocks confirm paleontological estimates, *Molecular & Phylogenetic Evolution* 15, 462-472, 2000.
33. Patton, J. L. & da Silva, M. N. F., Rivers, refuges, and ridges. The geography of speciation of Amazonian mammals, in Réf. n° 1 b du Chapitre 4, 202-213, 1998.
34. a) Juberthie, C., Paleoenvironment and speciation in the cave beetle complex *Speonomus delarouzeei* (Coleoptera, Bathysciinae), *International Journal of Speleology* 17, 31-50, 1988 – b) Juberthie-Jupeau, L., Mating behaviour and barriers to hybridization in the cave beetle of *Speonomus delarouzeei* complex (Coleoptera, Catopidae, Bathysciinae), même revue 17, 51-63, 1988.
35. a) Givnish, T. J., Adaptive plant evolution on islands : classical patterns, molecular data, new insights, in *Evolution on Islands* (P. R. Grant, ed.), 281-304, Oxford University Press, 1998 – b) Givnish, T. J. + 9 coauteurs, Origin, adaptive radiation and diversification of the Hawaiians lobeliads (Asterales : Campanulaceae), *PRSLB* 276, 407-416, 2009.
36. Carson, H. L., Chromosomal sequences and inter-island colonizations in Hawaiian *Drosophila*, *Genetics* 103, 465-482, 1983.
37. a) Hey, J. & Kliman, R. M., Population genetics and phylogenetics of DNA sequence variation at multiple loci within the *Drosophila melanogaster* species complex, *MBE* 10, 804-822, 1993 – b) Kliman, R. M. & Hey, J., DNA sequence variation at the period locus within and among species of the *Drosophila melanogaster* species complex, *Genetics* 133, 375-387, 1993.
38. a) Louis, J. & David, J. R., Ecological specialization in the *Drosophila melanogaster* species subgroup : a case study of *D. sechellia*, *Acta Oecologica* 7, 215-229, 1986 – b) Legal, L., David, J. R. & Jallon, J.-M., Toxicity and attraction effects produced by *Morinda citrifolia* fruits on the *Drosophila melanogaster* complex of species, *Chemoecology* 3, 125-129, 1992.
39. Jones, C. D., The genetics of adaptation in *Drosophila sechellia*, *Genetica* 123, 137-145, 2005.
40. Mayr, E., *Evolution and the Diversity of Life : Selected Essays*, Harvard University Press, 1997.
41. Macnair, M. R., The genetic control of copper tolerance in the yellow monkey flower, *Mimulus guttatus*, *Heredity* 50, 283-293, 1983.
42. Ces espèces, à allure de souris, sont proches des hamsters et des gerbilles.

43. Avise, J. C. + 4 coauteurs, Mitochondrial DNA differentiation during the speciation process in *Peromyscus*, *MBE* 1, 38-56, 1983.
44. Savolainen, V. + 9 coauteurs, Sympatric speciation in palms on an oceanic island, *Nature* 441, 210-213, 2006.
45. Les cichlidés sont des poissons des lacs et cours d'eau tropicaux et subtropicaux, les mâles plus colorés que les femelles. Particularités : en plus des mâchoires, des plaques masticatrices situées dans le pharynx, régimes alimentaires très diversifiés.
46. Barluenga, M. + 4 coauteurs, Sympatric speciation in Nicaraguan crater lake cichlid fish, *Nature* 439, 719-723, 2006.
47. Seehausen, O. + 11 coauteurs, Speciation through sensory drive in cichlid fish, *Nature* 455, 620-626, 2008.
48. Kaneshiro, K. Y. & Boake, C. R. B., Sexual selection and speciation : issues raised by Hawaiian *Drosophila*, *TEE* 2, 207-213, 1987.
49. Brooks, D. R. & McLennan, D. A., *The Nature of Diversity. An Evolutionary Voyage of Discovery*, The University of Chicago Press, 2002.
50. a) Mattern, M. & McLennan, D. A., Phylogeny and speciation of felids, *Cladistics* 16, 232-253, 2000 – b) O'Brien, S. & Johnson, W., L'évolution des chats, *Pour la Science* 366, 62-67, 2008.
51. a) Bradshaw, H. D. + 3 coauteurs, Genetic mapping of floral traits associated with reproductive isolation in monkeyflowers (*Mimulus*), *Nature* 376, 762-765, 1995 – b) Bradshaw, H. D. + 3 coauteurs, Quantitative trait loci affecting differences in floral morphology between two species of monkeyflower (*Mimulus*), *Genetics* 149, 367-382, 1998 – c) Schemske, D. W. & Bradshaw, H. D., Pollinator preference and the evolution of floral traits in monkeyflowers (*Mimulus*), *PNAS* 96, 11910-11915, 1999.
52. Cobb, M. & Jallon, J.-M., Pheromones, mate recognition and courtship stimulation in the *Drosophila melanogaster* species sub-group, *Animal Behaviour* 39, 1058-1067, 1990.
53. Coyne, J. A., Crittenden, A. P. & Mah, K., Genetics of a pheromonal difference contributing to reproductive isolation in *Drosophila*, *Science* 265, 1461-1464, 1994.
54. Noor, M. A. F. & Coyne, J. A., Genetics of a difference in cuticular hydrocarbons between *Drosophila pseudoobscura* and *D. persimilis*, *Genetic Research* 68, 117-123, 1996.
55. a) Doi, M. + 4 coauteurs, A locus for female discrimination behavior causing sexual isolation in *Drosophila*, *PNAS* 98, 6714-6719, 2001 – b) Yamada, H., Matsuda, M. & Oguma, Y., Genetics of sexual isolation based on courtship song between two sympatric species, *Genetica* 116, 225-237, 2002.
56. Monti, L. + 3 coauteurs, A genetic analysis of some components of reproductive isolation between two closely related species, *Spodoptera latifascia* (Walker) and *S. decoinsi* (Lalanne-Cassou & Silvain) (Lepidoptera : Noctuidae), *JEB* 10, 121-143, 1997.
57. a) Otte, D., Speciation in Hawaiian crickets, in Réf. n° 1 a du Chapitre 4, 482-529, 1989 – b) Shaw, K. L., Polygenic inheritance of a behavioral phenotype : interspecific genetics of song in the Hawaiian cricket genus *Laupala*, *Evolution* 50, 256-266, 1996.

58. Ugy, J. A. C. + 3 coauteurs, Difference in plumage color used in species recognition between incipient species is linked to a single amino acid substitution in the melanocortin-1 receptor, *TEE* 174, 244-254, 2009.
59. Theis, K. R. + 7 coauteurs, Symbiotic bacteria appear to mediate hyena social odors, *PNAS* 110, 19832-19837, 2013.
60. a) Palumbi, S. R., Species formation and the evolution of gamete recognition loci, in Réf. n° 1 b du Chapitre 4, 271-278, 1998 – b) Mah, S. A., Swanson, W. J. & Vacquier, V. D., Positive selection in the carbohydrate recognition domains in sea urchin sperm receptor for egg jelly (suREJ) proteins, *MBE* 22, 533-541, 2005 – c) Plus general : Palumbi, S. R., Speciation and the evolution of gamete recognition genes : pattern and process, *Heredity* 102, 66-76, 2009.
61. a) Galindo, B. E. + 3 coauteurs, Full-length sequence of VERL, the egg vitelline envelope receptor for abalone sperm lysine, *Gene* 288, 111-117, 2002 – b) Galindo, B. E., Vacquier, V. D. & Swanson, W. J., Positive selection in the egg receptor for abalone sperm lysine, *PNAS* 100, 4639-4643, 2003.
62. Ces gènes encodent des protéines spécifiques qui, au cours du développement, déterminent l'identité de chaque région de l'embryon (Encadré 4, page 27).
63. a) Wu, C.-I. & Hollocher, H., Subtle is nature. The genetics of species differentiation and speciation, in Réf. n° 1 b du Chapitre 4, 339-351, 1998 – b) Ting, C.-T. + 3 coauteurs, A rapidly evolving homeobox at the site of a hybrid sterility gene, *Science* 282, 1501-1504, 1998 – c) Ting, C.-T., Tsaur, S.-H. & Wu, C.-I., The phylogeny of closely related species as revealed by the genealogy of a speciation gene, *Odysseus*, *PNAS* 97, 5313-5316, 2000 – d) Sun, S., Ting, C.-T. & Wu, C.-I., The normal function of a speciation gene, *Odysseus*, and its hybrid sterility effect, *Science* 305, 81-83, 2004 – e) Ting, C.-T. + 6 coauteurs, Gene duplication and speciation in *Drosophila* : evidence from the *Odysseus* locus, *PNAS* 101, 12232-12235, 2004 – f) Wu, C.-I. & Ting, C.-T., Genes and speciation, *Nature Reviews Genetics* 5, 114-122, 2004.
64. Presgraves, D. C. + 3 coauteurs, Adaptive evolution drives divergence of a hybrid inviability gene between two species of *Drosophila*, *Nature* 423, 715-719, 2003.
65. Petits poissons d'eau douce d'Amérique centrale appréciés des aquariophiles, sont dits « porte-glaive », le glaive désignant, chez les mâles, un prolongement effilé de la région ventrale de la nageoire caudale.
66. Schartl, M. + 4 coauteurs, Melanoma loss-a-function mutants in *Xiphophorus* caused by *Xmrk*-oncogene deletion and gene disruption by a transposable element, *Genetics* 153, 1385-1394, 1999.
67. a) Werren, J. H., *Wolbachia* and speciation, in Réf. n° 1 b du Chapitre 4, 245-260, 1998 – b) Rokas, A., *Wolbachia* as a speciation agent, *TEE* 15, 44-45, 2000 – c) Marshall, J. L., The *Allonemobius-Wolbachia* host-endosymbiont system : evidence for rapid speciation and against reproductive isolation driven by cytoplasmic incompatibility, *Evolution* 58, 2409-2425, 2004.
68. Les femelles pondent dans des asticots de certaines espèces de mouches.
69. Bruckert, R. M. & Bordenstein, S. R., The hologenomic basis of speciation : gut bacteria cause hybrid lethality in the genus *Nasonia*, *Science* 341, 667-669, 2013.
70. a) Réf. n° 2 b du Chapitre 4 – b) Spirito, F., The role of chromosomal change in speciation, in Réf. n° 1 b du même Chapitre, 320-329, 1998.

71. Boursot, P. + 3 coauteurs, The evolution of house mice, *AREES* 24, 119-152, 1993.
72. Klicka, J. & Zink, R. M., The importance of recent ice ages in speciation : a failed paradigm, *Science* 277, 1666-1669, 1997.
73. a) Barton, N. H. & Hewitt, G. M., Analysis of hybrid zones, *AREES* 15, 133-164, 1985 – b) Hewitt, G.M., Hybrid zones – natural laboratories for evolutionary studies, *TEE* 3, 158-166, 1988 – c) Hewitt, G.M., The division of species by hybrid zones, in Réf. n° 1 a du Chapitre 4, 85-110, 1989.
74. Szymura, J. M. & Barton, N. H. : a) Genetic analysis of a hybrid zone between the fire-bellied toads *Bombina bombina* and *Bombina variegata*, near Cracow in Southern Poland, *Evolution* 40, 1141-1159, 1986 – b) The genetic structure of the hybrid zone between the fire-bellied toads *Bombina bombina* and *Bombina variegata* : comparisons between transects and between loci, *Evolution* 45, 237-261, 1991.
75. a) Harrison, R. G. & Rand, D. M., Mosaic hybrid zones and the nature of species boundaries, in Réf. n° 1 a du Chapitre 4, 111-133, 1989 – b) Rand, D. M. & Harrison, R. G., Ecological genetics of a mosaic hybrid zone : mitochondrial, nuclear, and reproductive differentiation of crickets by soil type, *Evolution* 43, 432-449, 1989 – c) Ross, C. L. & Harrison, R. G., A fine-scale spatial analysis of the mosaic hybrid zone between *Gryllus firmus* and *Gryllus pennsylvanicus*, *Evolution* 56, 2296-2312, 2002.
76. Fontdevilla, A., Introgression and hybrid speciation via transposition, in *Evolution, From Molecules to Ecosystems*, A. Moya & E. Font, eds, 182-194, Oxford University Press, 2004.
77. Markow, T. A. & Hocutt, G. D., Reproductive isolation in Sonoran Desert *Drosophila*, in Réf. n° 1 b du Chapitre 4, 234-244, 1998.
78. a) Magurran, A. E., Population differentiation without speciation, In *Evolution of Biological Diversity*, A. E. Magurran & R. M. May, eds., 160-183, Oxford University Press, 1999 – c) Russell, S. T.& Magurran, A. E., Intrinsic reproductive isolation between Trinidadian populations of the guppy, *Poecilia reticulata*, *JEB* 19, 1294-1303, 2006.
79. Sauf un cas particulier : Alexander, H. J. & Breden, F., Sexual isolation and extreme morphological divergence in the Cumaná guppy : a possible case of incipient speciation, *JEB* 17, 1238-1254, 2004.
80. Kvist, L. + 5 coauteurs, Evolution and genetic structure of the great tit (*Parus major*) complex, *PRSLB* 270, 1447-1454, 2003.
81. a) Irwin, D. E., Bensch, S. & Price, T. D., Speciation in a ring, *Nature* 409, 333-337, 2001 – b) Irwin, D. E., Irwin, J. H. & Price, T. D., Ring species as bridges between microevolution and speciation, *Genetica* 112-113, 223-243, 2001 – c) Irwin, D. E. & Irwin, J. H., Circular overlaps : rare demonstrations of speciation, *Auk* 119, 596-602, 2002.
82. a) Curnoe, D., Thorne, A. & Coate, J., Timing and tempo of primate speciation, *JEB* 19, 59-65, 2006 – b) Étienne, R., S., Morlon, H. & Lambert, A., Estimating the duration of speciation from phylogenies, *Evolution* 68, 2430-2440, 2014.
83. Bonhomme, F., Combien de temps faut-il pour faire une espèce ? in *Qu'est-ce que la diversité de la vie ?*, 147-161, Université de tous les savoirs (Y. Michaud, coord.), Odile Jacob, 2003.

84. a) Coyne, J. A. & Orr, H. A., Patterns of speciation in *Drosophila* revisited, *Evolution* 51, 295-303, 1997 – b) Sasa, M., Chippendale, P. T. & Johnson, N. A., Patterns of postzygotic isolation in frogs, *Evolution* 52, 1811-1820, 1998.
85. Schemske, D. W., Biotic interactions and speciation in the tropics, in *Speciation and Patterns of Diversity*, in Réf. n° 1 c du Chapitre 4, 219-239, 2009.

Chapitre 7

1. Nom du navire britannique qui fit une mission scientifique autour du monde du 27 décembre 1831 au 2 octobre 1836.
2. a) Lack, D., *Darwin's Finches*, Cambridge University Press, 1947 – b) Grant, P. R., *Ecology and Evolution of Darwin's Finches*, Princeton University Press, 1986 – c) Grant, P., La sélection naturelle et les pinsons de Darwin, *Pour la Science* 170, 114-119, 1991 – d) Grant, P. R. & Grant, B. R., *How and Why Species Multiply. The Radiation of Darwin's Finches*, Princeton University Press, 2008 – e) De Panafieu, J.-B., Les pinsons des Galápagos, *La Recherche* dossier n° 33 *L'héritage Darwin*, 56-61, 2008.
3. Grant, P. R., *Adaptive radiation*, in Réf. 3 e du Chapitre 4, 561-568, 2017.
4. Ce sont des embérizidés et non des fringillidés comme les pinsons.
5. Podos, J., Correlate evolution of morphology and vocal signal structure in Darwin finches, *Nature* 109, 185-188, 2001.
6. Grant, B. R. & Grant, P. R., Hybridization and speciation in Darwin's finches. The role of sexual imprinting on a culturally transmitted trait, in Réf. n° 1 b du Chapitre 4, 404-422, 1998.
7. La *calmoduline*, polypeptide présent dans toutes les cellules animales et végétales où il est associé aux ions calcium (Ca^{2+}), participe à la régulation de divers processus cellulaires. La protéine *Bmp4* intervient dans la morphogenèse des os.
8. a) Abzhanov, A. + 4 coauteurs, Bmp4 and morphological variation of beaks in Darwin's finches, *Science* 305, 1462-1465, 2004 – b) Sinervo, B., Evodevo : Darwin's finch beaks, *Bmp4*, and the developmental origins of novelty, *Heredity* 94, 141-142, 2005 – c) Abzhanov, A. + 5 coauteurs, The calmodulin pathway and evolution of elongated beak morphology in Darwin's finches, *Nature* 442, 563-567, 2006.
9. Pratt, H. D. & Conant, S., *The Hawaiian Honeycreepers : Drepanididae*, Oxford University Press, 2005.
10. a) Losos, J. B. + 4 coauteurs, Contingency and determinism in replicated adaptive radiations of island lizards, *Science* 279, 2115-2118, 1998 – b) Jackman, T. + 3 coauteurs, Phylogenetic studies of convergent adaptive radiations in Caribbaean, in *Molecular Evolution and Adaptive Radiation* (T. J. Givnish & Sytsma, eds), p. 535-557, 1997, 2000 en paperback – c) Losos, J., Une histoire de lézards, *Pour la Science* 283, 52-57, 2001 – d) Losos, J. B., Adaptation and speciation in Greater Antillean anoles, in *Adaptive Speciation* (U. Dieckmann, M. Doebeli, J. A .J. Metz & D. Tautz, eds.), 335-343, Cambridge University Press, 2004 – e) Langerhans, R. B., Knouft, J. H. & Losos, J. B., Shared and unique features of diversification in greater Antillean *Anolis* ecomorphs, *Evolution* 60, 362-369, 2006 – f) Losos, J. B., *Lizards in an Evolutionary Tree*, Berkeley : University of California Press, 2009.
11. Aux deux extrêmes, petite taille et très longue queue pour les anoles des herbacées, grande taille et pattes plus courtes pour ceux de la canopée ; pour ceux

arboricoles, pattes en proportion plus longues chez les espèces vivant dans les arbres à grosses branches que chez celles des arbustes et arbrisseaux.

12. Schluter, D., *The Ecology of Adaptive Radiation*, Oxford University Press, 2000.

13. Ces nombres sont approximatifs, les recensements d'espèces étant incomplets. Le nombre de cichlidés du lac Victoria serait tombé à moins de 250 au cours des trois dernières décennies suite à l'introduction de la perche du Nil et l'augmentation de la pollution.

14. a) Meyer, A. + 3 coauteurs, Monophyletic origin of Lake Victoria cichlid fishes suggested by mitochondrial DNA sequences, *Nature* 347, 550-553, 1990 – b) Meyer, A., Phylogenetic relationships and evolutionary processes in East African cichlid fishes, *TEE* 8, 279-284, 1993 – c) Seehausen, O., *Lake Victoria Rock Cichlids : Taxonomy, Ecology, and Distribution*, Verduijn Cichlids, Zevenhuizen, 1996 – d) Reinthal, P. N., & Meyer, A., Molecular phylogenetic tests of speciation models in lake Malawi cichlid fishes, in *Molecular Evolution and Adaptive Radiation* Réf. n° 10 b, p. 375-390 – e) Stiassny, M. & Meyer, A., La naissance des espèces, *Pour la Science* 258, 70-75, 1999 – f) Seehausen, O., African cichlid fish : a model system in adaptive radiation research, *PRSB* 273, 1987-1998, 2006.

15. C'est le cas de nombreuses espèces du lac Victoria : le comportement sexuel est souvent tellement perturbé que les poissons s'apparient à un partenaire d'une autre espèce, d'où un effondrement de la fertilité, voire des hybridations entre espèces proches.

16. Schliewen, U. K., Tautz, D. & Pääbo, S., Sympatric speciation suggested by monophyly of crater lake cichlids, *Nature* 368, 629-632, 1994.

17. Dénommée *Macrohectopus branicki*, sa biomasse domine celle de tous les gammariens du lac. Ces petits crustacés, qui s'alimentent de plancton, sont consommés par des poissons, ils constituent un important maillon du réseau trophique du lac.

18. Sherbakov, D. Y. + 3 coauteurs, Evolutionary patterns of gammarids from Lake Baikal as inferred from nuclear DNA sequences, *Molecular Phylogenetics & Evolution* 10, 160-167, 1998.

19. a) Kaneshiro, K. Y., Speciation in Hawaiian *Drosophila*, *BioScience* 38, 258-263, 1988 – b) O'Grady, P. M., Magnacca, K. N. & Lapoint, R. T., Taxonomic relationships within the endemic Hawaiian Drosophilidae (Insecta : Diptera), *Records of the Hawaiian Biological Survey for 2008* (N. L. Evenhuis & L. Eldredge, eds.), Bishop Museum Occasional Papers 108, 1-34, 2010.

20. a) Baldwin, B. G. & Robichaux, R. H., Historical biogeography and ecology of the Hawaiian silversword alliance (Asteraceae), in *Hawaiian Biogeography* (W. W. Wagner & V. A. Funk, eds.), 259-287, Smithsonian Institution Press, 1995 – b) Baldwin, B. G. & Sanderson, M. J., Age and rate of diversification of the Hawaiian silversword alliance (Compositae), *PNAS* 95, 9402-9406, 1998.

21. Givnish, T. J. + 9 coauteurs, Origin, adaptive radiation and diversification of the Hawaiian lobeliads (Asterales : Campanulaceae), *PRLSB* 276, 407-416, 2009.

22. a) Hodges, S. A., rapid radiation due to a key innovation in columbines (Ranunculaceae : *Aquilegia*), in *Molecular Evolution and Adaptive Radiation* Réf. n° 10 b, p. 391-406 – b) Fulton, M. & Hodges, S., Floral isolation between *Aquilegia formosa* and *A. pubescens*, *PRSLB* 266, 2247-2252, 1999.

23. Mallet, J., Rapid speciation, hybridization and adaptive radiation in the *Heliconius melpomene* group, in Réf. n° 1 c du Chapitre 4, 177-194, 2009.
24. Schluter, D. : a) Ecological causes of adaptive radiation. *TAN* 148 (suppl.), S40-S64, 1996 – b) Ecology and the origin of species, *TEE* 16, 372-380, 2001.
25. a) Gavrilets, S A. & Vose, A., Dynamic patterns of adaptive radiation, *PNAS* 102, 18040-18045, 2005 – b) Gavrilets, S. & Losos, J. B., Adaptive radiation : contrasting theory with data, *Science* 323, 732-737, 2009 – c) Meyer, J. R. + 3 coauteurs, Overshooting dynamics in a model adaptive radiation, *PRSB* 278, 392-398, 2011.
26. Givnish, T. J., Adaptive radiation and molecular systematic, in *Molecular Evolution and Adaptive Radiation* Réf. n° 10 b, p. 1-54.
27. Funk, D. J., Investigating ecological speciation, in Réf. n° 1 c du Chapitre 4, 195-218, 2009.
28. a) Taylor, E. B., McPhail, J. D. & Schluter, D., History of ecological selection in sticklebacks : uniting experimental and phylogenetic approaches, in *Molecular Evolution and Adaptive Radiation* Réf. n° 10 b, p. 511-534 – b) McKinnon, J. S. & Rundle, H. D., Speciation in nature : the threespine stickleback model systems, *TEE* 17, 480-488, 2002.
29. a) Peichel, C. L. + 7 coauteurs, The genetic architecture of divergence between threespine stickleback species, *Nature* 414, 904-905, 2001 – b) Cole, N. J. + 3 coauteurs, Expression of limb initiation genes and clues to the morphological diversification of threespine stickleback, *Current Biology* 13, R951-R952, 2003 – c) Tickle, C. & Cole, N. J., Morphological diversity : taking the spine out of the three-spine stickleback, *Current Biology* 14, R422-R424, 2004.
30. C'est le gène *Ectodysplasin*, d'abord caractérisé chez notre espèce où ses mutations s'expriment par l'absence ou la réduction des dents, des cheveux, des sourcils et des glandes sudoripares.
31. C'est le gène *Pituitary homeobox 1* qui, chez les mammifères, encode un facteur de transcription contrôlant en particulier le développement de la région pelvienne et des membres postérieurs.
32. Jones, F. C. + 27 coauteurs, The genomic basis of adaptive evolution in threespine sticklebacks, *Nature* 484, 55-61, 2012.
33. Taylor, E. B. & McPhail, J. D., Evolutionary history of an adaptive radiation in species pairs of threespine sticklebacks (*Gasterosteus*) : insights from mitochondrial DNA, *BJLS* 66, 271-291, 1999.
34. Taylor, E. B. & McPhail, J. D., Historical contingency and ecological determinism interact to prime speciation sticklebacks, *Gasterosteus*, *PRLSB* 267, 2375-2384, 2000.
35. In Réf. n° 2 d du Chapitre 4.
36. Strecker, U., Description of a new species from Laguna Cichancanab, Yucatan, Mexico : *Cyprinodon suavium* (Pisces : Cyprinodontidae), *Hydrobiologia* 541, 107-115, 2005.

Chapitre 8

1. a) Lefèvre, T. + 3 coauteurs, *Évolution des interactions entre espèces*, in Réf. n° 3 d du Chapitre 6, 533-616 – b) Futuyma, D. J., *Evolution*, 3rd ed., chap. 19, *The Evolution of Interactions among Species*, 513-536, Sinauer, 2013.

2. Thompson, J. N. : a) *Interaction and Coevolution*, Wiley, The Chicago University Press, 2014 – b) *The Coevolutionary Process*, même éditeur, 1994 – c) *The Geographic Mosaic of Coevolution*, même éditeur, 2005.
3. Ouvrage collectif, *Tangled Trees. Phylogeny, Cospeciation, and Coevolution* (R. D. M. Page, ed.), The Chicago University Press, 2003.
4. Jousselin, E., Silvain, J.-F. & Kergoat, G., Scénarios évolutifs des interactions insectes-plantes, in *Interactions insectes-plantes* (N. Sauvion, P.-A. Calatayud, D. Thiéry & F. Marion-Poll, eds), 551-564, Éds IRD-Quæ, 2013.
5. Certaines des substances toxiques vis-à-vis des insectes sont utilisées comme insecticides, soit après simple extraction (roténone, pyrèthre), soit après les avoir modifiées pour les rendre plus actives (pyrétrinoïdes par exemple).
6. Assez semblable à celui présenté par Paul Ehrlich et Peter Raven, Butterflies and plants : a study in coevolution, *Evolution* 18, 586-608, 1964.
7. Évalué pour les substances défensives de plusieurs plantes, ce coût métabolique, qui diffère selon les espèces, reste inférieur au dixième du budget énergétique.
8. a) Flor, H. H., The complementary genic systems in flax and flax rust, *Advances in Genetics* 8, 29-54, 1956 – b) Hatchett, J. H. & Gallun, R. L., Genetics of the ability of the Hessian fly, *Mayetiola destructor*, to survive on wheats having different genes for resistance, *Annals of the Entomological Society of America* 63, 1400-1407, 1970 – c) Carton, Y., La coévolution, *La Recherche* 202, 1022-1031, 1988.
9. Un parasitoïde est un animal (insecte le plus souvent) dont la femelle pond un ou plusieurs œufs sur ou dans un autre animal qui sera consommé vivant par la ou les larves après l'éclosion de ceux-ci. Publications : a) Poirié, M. + 6 coauteurs, Drosophila resistance genes to parasitoids : chromosomal location and linkage analysis, *PRSLB* 267, 1417-1421, 2000 – b) Carton, Y. & Nappi, A. J., Immunogenetic aspects of the cellular immune response of Drosophila against parasitoids, *Immunogenetics* 52, 157-16, 2001 – c) Dupas, S., Carton, Y. & Poirié, M., Genetic dimension of the coévolution of virulence-resistance in Drosophila-parasitoid wasp relationships, *Heredity* 90 ,84-89, 2003.
10. a) Fenner, F. & Myers, K., Myxoma virus and myxomatosis in retrospect : the first quarter century of a new disease, in *Viruses and Environment* (E. Kurstak & K. Maramorosch, eds), 539-570, Academic Press, 1978 – b) Stewart, A. D., Logsdon, J. M. & Kelley, S. E., An empirical study of the evolution of virulence under both horizontal and vertical transmission, *Evolution* 59, 730-739, 2005.
11. a) Gandon, S. + 3 coauteurs, Imperfect vaccines and the evolution of pathogen virulence, *Nature* 414, 751-756, 2001 – b) André, J.-B. & Gandon, S., Vaccination, within-host dynamics, and virulence evolution, *Evolution* 60, 13-23, 2006.
12. a) Barth, F. G., *Insects and Flowers. The Biology of a Partnership*, trad. M. A. Biederman-Thorson, G. Allen & Unwin, 1985 – b) Pouvreau, A., *Les insectes pollinisateurs*, Delachaux & Niestlé, 2004.
13. a) Pellmyr, O. + 3 coauteurs, Evolution of pollination and mutualism in the yucca moth lineage, *TAN* 148, 827-847, 1996 – b) Segraves, K. A. & Pellmyr, O., Testing the out-of-Florida hypothesis on the origin of cheating in the yucca-yucca moth mutualism, *Evolution* 58, 2266-2279, 2004.
14. a) Réfs n° 12 – b) Borg-Karlson, A.-K., Chemical and ethological studies of pollination in the genus *Ophrys* (Orchidaceae), *Phytochemistry* 29, 1359-1387, 1990

– c) Schiestl, F. P., On a success of a swindle : pollination by deception in orchids, *Naturwissenschaften* 92, 255-264, 2005.
15. Gaskett, A. C., Winnick, C. G. & Herberstein, M. E., Orchid sexual deceit provokes ejaculation, *TAN* 171, E206-E212, 2008.
16. Les minuscules grains de pollen des orchidées sont agglomérés en deux pollinies, petites massues à base collante.
17. Moran, N. A. & Baumann, P., Phylogenetics of cytoplasmically inherited microorganisms of arthropods, *TEE* 9, 15-20, 1994.
18. Actifs fouisseurs, ils creusent des tunnels, des magasins et des nids. Une paire d'abajoues garnies de fourrure s'ouvrent à l'extérieur de la tête, d'où leur nom « gauphres à poches » au Québec.
19. Ils sont proches des poux mais leurs pièces buccales sont broyeuses et non piqueuses. La plupart des espèces vivent dans le plumage des oiseaux, quelques autres dans le pelage de mammifères.
20. a) Hafner, M. S. + 5 coauteurs, Disparate rates of molecular evolution in cospeciating hosts and parasites, *Science* 265, 1087-1090, 1994 – b) Hafner, M. S. + 3 coauteurs, Cophylogeny between pocket gophers and chewing lice, in Réf. n° 3, 195-220, 2003.
21. Taylor, J. & Purvis, A., Have mammals and their chewing lice diversified in parallel ? in Réf. n° 3, 240-261, 2003.
22. Johnson, K. P. & Clayton, D. H., Coevolutionary history of ecological replicates : comparing phylogenies of wing and body lice to columbiform hosts, in Réf. n° 3, 262-286, 2003.
23. Ce n'est pas le cas de la plupart des nombreuses variétés du figuier cultivé (*Ficus carica*) : les fleurs mâles sont rares ou absentes, les gamètes femelles se développent en graines par parthénogenèse. L'inflorescence charnue mûrit en formant une figue comestible.
24. a) Weiblen, G. D. & Bush, G. L., Speciation in fig pollinators and parasites, *Molecular Ecology* 11, 1573-1578, 2002 – b) Cook, J. M. & Rasplus, J.-Y., Mutualists with attitude : coevolving fig wasps and figs, *TEE* 18, 241-248, 2003.
25. Les *Glochidion*, des phyllanthacées (famille proche des euphorbiacées), sont des arbres et arbustes qui poussent surtout dans l'hémisphère austral de l'Ancien Monde, leurs fleurs sont pollinisées par les femelles de petits papillons du genre *Epicephala*, qui pondent dans les ovaires des fleurs. Les chenilles dévorent une certaine proportion des graines mais la pollinisation est assurée, comme pour les yuccas (Réf. n°13).
26. Kawakita, A. + 4 coauteurs, Cospeciation analysis of an obligate pollination mutualism : have *Glochidion* trees (Euphorbiaceae) and pollinating *Epicephala* moths (Gracillariidae) diversified in parallel ? *Evolution* 58, 2201-2214, 2004.
27. Dans les régions chaudes des Amériques et des Caraïbes, les grandes ouvrières des sociétés de fourmis attines des genres *Atta*, *Acromyrmex*, etc., découpent des feuilles, transportent les fragments dans le nid où elles les amassent en les imprégnant de salive et d'excréments, ce compost étant ensemencé par du mycélium de champignons basidiomycètes.
28. Hinkle, G. + 3 coauteurs, Phylogeny of the attine ant fungi based on analysis of small subunit ribosomal RNA gene sequences, *Science* 266, 1695-1697, 1994.

29. Chapela, I. H. + 3 coauteurs, Evolutionary history of the symbiosis between fungus-growing ants and their fungi, *Science* 266, 1691-1694, 1994.
30. In Réf. n° 3 : a) Huelsenbeck, J. P., Ranala, B. & Larget, B., A statistical perspective for reconstructing the history of host-parasite associations, 93-119 – b) Paterson, A. M., Palma, R. L. & Gray, R. D., Drowning on arrival, missing the boat, and X-events : how likely are sorting events ?, 287-309 – c) Clayton, D. H., Al-Tamini, S. & Johnson, K. P., The ecological basis of coevolutionary history, 310-341.

Chapitre 9

1. a) Corbet, G. B. & Clutton-Brock, J., Taxonomy and nomenclature, in *Evolution of domesticated animals* (I. L. Mason, ed.), 434-438, Longman, 1984 – b) Lherminier, P. : 1° In Réf. n° 1 de l'Introduction – 2° Peut-on parler d'espèces domestiques ?, *Bulletin de la Société Zoologique de France* 128, 315-324, 2003.
2. Dans les années 1920 et 1930, le botaniste et généticien russe Nikolaï Vavilov effectua de nombreuses missions dans le monde afin de rechercher l'origine des plantes cultivées. Réf. : Nabhan, G. P., *Aux sources de notre nourriture. Nikolaï Vavilov et la découverte de la biodiversité*, trad. J.-F. Caro, Éds Nevicata, 2010.
3. Souvent utilisé pour conférer une meilleure résistance aux plantes et aux animaux domestiqués.
4. a) Génermont, J., Aspects génétiques de la domestication, *Bulletin de la Société Zoologique de France* 128, 263-274, 2003 – b) Bœuf, G. + 10 coauteurs, L. Bernatchez, dir., *La domestication, in* Chapitre *Évolution induite par les activités anthropiques,* in *Biologie évolutive* (F. Thomas, T. Lefèvre & M. Raymond, dir.), 732-738, De Boeck, CNRS, 2010.
5. a) Postel-Vinay, O., Le chien, une énigme biologique, *La Recherche* 375, 30-37, 2004 – b) von Holdt, B. + 35 coauteurs, Genome-wide SNP and haplotype analyses reveal a rich history underlying dog domestication, *Nature* 464, 898-902, 2010.
6. a) Germonpré, M. + 6 coauteurs, Fossil dogs and wolves from Palaeolithic sites in Belgium, the Ukraine and Russia : osteometry, ancient DNA and stable isotopes, *Journal of Archaeological Science* 36, 473-490, 2009 – b) Ovodov, N. D. + 5 coauteurs, A 33,000-year-old incipient dog from the Altai mountains of Siberia : evidence of the earliest domestication disrupted by the Last Glacial Maximum, *PLoS One* 6(7), e22821, 2011 – c) Larson, G. + 19 coauteurs, Rethinking dog domestication by integrating genetics, archaeology, and biogeography, *PNAS* 109, 8878-8883, 2012 – d) Thalmann, O. + 30 coauteurs, Complete mitochondrial genomes of ancient canids suggest a European origin of domestic dogs, *Science* 342, 871-874, 2013 – e) 2015– e) Botigué, L. R. + 15 coauteurs, Ancient European dog genomes reveal continuity since the Early Neolithic, *Nature Communications* 8, 16082, 2017.
7. a) Shannon, L. M. + 25 coauteurs, Genetic structure in village dogs reveals a Central Asian domestication origin, *PNAS* 112, 13639-13644, 2015– b) Wang, G.-D. + 15 coauteurs, Out of southern East Asia : the natural history of domestic dogs across the world, *Cell Research* 26, 21-33, 2015.

8. a) Morey, D. F., L'origine du plus vieil ami de l'homme, *La Recherche* 288, 72-77, 1996 – b) Jouventin, P., La domestication du loup, *Pour la Science* 423, 42-49, 2013.
9. Jouventin, P., L'évolution de l'homme sur la piste du loup, *La Recherche* 498, 60-65, 2015.
10. Exemple de parthénogenèse, dite parthénocarpie (production de fruits sans graines). Réfs.: a) Kislev, M. E., Hartmann, A. & Bar-Yosef, O., Early domesticated fig in the Jordan Valley, *Science* 312, 1372-1374, 2006 – b) Musso, A., La figue avant le blé, *La Recherche* 400, 18, 2006.
11. a) Lev-Yadun, S. + 3 coauteurs, Comment on "Early domesticated fig in the Jordan Valley", *Science* 314, 1683, 2006 – b) Kislev, M. E. Hartmann, A. & Bar-Yosef, O., Response to comment on "Early domesticated fig in the Jordan Valley", *Science* 314, 1683, 2006.
12. Pernès, J., La génétique de la domestication des céréales, *La Recherche* 146, 910-919, 1983.
13. a) Londo, J. P. + 4 coauteurs, Phylogeography of Asian wild rice, *Oryza rufipogon*, reveals multiple independent domestications of cultivated rice, *Oryza sativa*, *PNAS* 103, 9578-9583, 2006 – b) Civáň, P. + 3 coauteurs, Three geographically separate domestications in Asian rice, *Nature Plants* 1, n° 15164, 2015.
14. a) Li, C., Zhou, A. & Sang, T., Rice domestication by reducing shattering, *Science* 311, 1936-1939, 2006 – b) Konishi, K. + 6 coauteurs, An SNP caused loss of seed shattering during rice domestication, *Science* 312, 1392-1396, 2006 – c) Lu, J. + 3 coauteurs, The accumulation of deleterious mutations in rice genomes : a hypothesis on the cost of domestication, *Trends in Genetics* 22, 126-131, 2006 – d) Fuller, D., Le riz domestiqué en Chine, *La Recherche* 447, 54-57, 2010 – e) Choi, J. Y. + 5 coauteurs, The rice paradox : multiple origins but single domestication in Asian rice, *MBE* 34, 969-979.
15. a) Willcox, G., De la cueillette à l'agriculture, *Pour la Science* 274, 36-40, 2000 – b) Salamini, F., La première céréale cultivée, *Pour la Science* 274 : 58-63, 2000 – c) Poulain, D., La domestication dans le règne végétal : regards d'un phytotechnicien sur le cas du blé. *Bulletin de la Société Zoologique de France* 128, 333-342, 2003 – d) Tanno, K.-I. & Willcox, G., How fast was wild wheat domesticated ?, *Science* 311, 1886, 2006.
16. Simons, K. J. + 6 coauteurs, Molecular characterization of the major wheat domestication gene *Q*, *Genetics* 172, 547-555, 2006.
17. Les caryotypes des téosintes et du maïs sont similaires ($2n$ = 10 paires de chromosomes), mais pas les génomes.
18. Dû à une protéine encodée par l'allèle *teosinte branched 1* (*tb1*) d'un gène ; la séquence d'ADN qui régule l'expression de ce dernier, très variable dans les populations de téosinte, est quasiment uniforme chez le maïs.
19. Caractères déterminés par l'allèle *teosinte glume architecture 1* (*tga1*) d'un autre gène.
20. a) Benz, B., La domestication du maïs, *La Recherche* 348, 25-29, 2001 – b) Matsuoka, Y. + 5 coauteurs, A single domestication for maize shown by multilocus microsatellite genotyping, *PNAS* 99, 6080-6084, 2002 – c) Doebley, J., The genetics of maize evolution, *Annual Review of Genetics* 38, 37-59, 2004 – d) Wang, H. + 8

coauteurs, The origin of naked grains of maize, *Nature* 436, 714-719, 2005 – e) Clark, R. M + 4 coauteurs, A distant upstream enhancer at the maize domestication gene tb1 has pleiotropic effects on plant and inflorescent architecture, *Nature Genetics* 38, 594-597, 2006.
21. a) Cornille, A. & 4 coauteurs, The domestic and evolutionary ecology of apples, *Trends in Genetics* 30, 57-65, 2014 – b) Giraud, H., Cornille, A. & Giraud, T., Les pérégrinations du pommier domestique, *Pour la Science* 439, 36-41, 2014.
22. Mullins, M. G., Bouquet, A. & Williams, L. E., *Biology of grapevine*, Cambridge University Press, 1992.
23. a) Gautier, A., *La Domestication. Et l'homme créa ses animaux*, Éds Errance, 1990 – b) Clutton-Brock, J., *A Natural History of Domesticated Mammals*, 2nd ed., Cambridge University Press, 1999 – c) Digard, J.-P., La révolution domestique, in *La plus belle histoire des animaux* (4 auteurs), 97-154, Seuil, 2000 – d) Vigne, J.-D., *Les origines de la culture. Les débuts de l'élevage*, Le Pommier/Cité des sciences et de l'industrie, 2004.
24. a) Digard, J.-P., *L'Homme et les animaux domestiques : anthropologie d'une passion*, Fayard, 1990 – b) Même auteur, La domestication animale revisitée par l'anthropologie, *Bulletin de la Société Zoologique de France* 128, 283-296, 2003.
25. a) Manceau, V. + 3 coauteurs, Systematics of the *Capra* genus inferred from mitochondrial sequence data, *Molecular & Phylogenetic Evolution* 13, 504-510, 1999 – b) Pidancier, N. + 3 coauteurs, Evolutionary history of the genus *Capra* (Mammalia, Artiodactyla) : discordance between mitochondrial DNA and Y-chromosome phylogenies, *Molecular & Phylogenetic Evolution* 40, 739-749, 2006 – c) Naderi, S. + 12 coauteurs, The goat domestication process inferred from large-scale mitochondrial DNA analysis of wild and domestic individuals, *PNAS* 105, 17659-17664, 2008.
26. Peters, J., von den Driesch, A. & Helmer, D., The upper Euphrates-Tigris basin : cradle of agro-pastoralism ?, in *The first steps of animal domestication. New Archaeological approaches* (J. D. Vigne, J. Peters & D. Helmer, eds.), Oxbow Books, 2005.
27. Loftus, R. T. + 3 coauteurs, Evidence for two independent domestications of cattle, *PNAS* 91, 2757-2761, 1994.
28. a) Jansen, T. + 7 coauteurs, Mitochondrial DNA and the origin of the domestic horse, *PNAS* 99, 10905-10910, 2002 – b) Achilli, A. + 21 coauteurs, Mitochondrial genomes from modern horses reveal the major haplogroups that underwent domestication, *PNAS* 109, 2449-2454, 2012 – c) Orlando, L. + 55 coauteurs, Recalibrating *Equus* evolution using the genome sequence of an early Middle Pleistocene horse, *Nature* 499, 74-78, 2013.
29. Gaunitz, C. + 46 coauteurs, Ancient genomes revisit the ancestry of domestic and Przewalski's horse, *Science Report* DOI:10.1126, 2018.
30. a) Schubert, M. + 35 coauteurs, Prehistoric genomes reveal the genetic foundation and cost of horse domestication, *PNAS* 111, E5661-E5669, 2015 – b) Librado, P. + 32 coauteurs, Ancient genomic changes associated with domestication of the horse, *Science* 356, 442-445, 2017.
31. Rossel, S. + 5 coauteurs, Domestication of the donkey : timing, processes and indicators, *PNAS* 105, 3715-3720, 2008.

32. Giuffra, E. + 5 coauteurs, The origin of the domestic pig : independent domestication and subsequent introgression, *Genetics* 154, 1785-1791, 2000.
33. Larson, G. + 12 coauteurs, Worldwide phylogeography of wild boar reveals multiple centers of pig pigmentation, *Science* 307, 1618-1621, 2005.
34. a) Guilaine, J. & Vigne, J.-D., Le chat, l'homme et la souris, *La Recherche* 378, 54-56, 2004 – b) O'Brien, S. & Johnson, W., L'évolution des chats, *Pour la Science* 366, 62-67, 2008 – c) Driscoll, C. + 3 coauteurs, Les premiers chats apprivoisés, *Pour la Science* 384, 64-70, 2009 – d) Ottoni, C. + 29 coauteurs, The palaeogenetics of cat dispersal in the ancient world, *Nature Ecology & Evolution* 1, 0139, 2017.
35. Vigne, J.-D. + 11 coauteurs, Earliest "domestic" cats in China identified as Leopard cat (*Prionailurus bengalensis*), *PLoS One* 11(1), DOI:10.1371, 2016.
36. Montague, M. J. + 24 coauteurs, Comparative analysis of the domestic cat genome reveals genetic signatures underlying feline biology and domestication, *PNAS* 111, 17230-17235, 2014.
37. Les abeilles mellifiques (*Apis mellifera*) sont exploitées de diverses manières dans le monde mais pas vraiment domestiquées, leur reproduction n'étant pas contrôlée – sauf si on pratique l'insémination artificielle de jeunes reines vierges –, leurs colonies se perpétuent fort bien à l'état sauvage, les essaims s'établissant dans des abris naturels.
38. La population mondiale s'est d'abord accrue lentement et par à-coups à cause des guerres, des famines et des épidémies : estimée à 50 millions il y a 5 000 ans, elle n'était que 5 fois supérieure vers l'an 1000. Puis elle a augmenté de manière quasi-exponentielle à partir de l'an 1300, atteignant 500 millions vers 1500, 1,5 milliard en 1800. En grande partie grâce aux avancées de l'hygiène au sens le plus large, équipements publics compris, l'effectif global est passé de 2 milliards vers 1925 à environ 7,5 en 2018.

Chapitre 10

1. Digard, J.-P., Réf. n° 24 du précédent chapitre.
2. Le transfert d'un ou quelques gènes d'une espèce dans le génome d'une autre espèce par les techniques de la transgenèse n'amorce nullement un processus de spéciation : les organismes génétiquement modifiés ne sont pas des sources potentielles de nouvelles espèces. Il en est de même des modifications ponctuelles des génomes, de plus en plus précises grâce à l'outil d'édition qu'est CRISPR-Cas9.
3. a) Ouvrage collectif : *Species Invasions. Insight into Ecology, Evolution, and Biogeography* (D. F. Sax, J. J. Stachowicz & S. D. Gaines, eds), Sinauer, 2005 – b) Tassin, J., *Plantes et animaux venus d'ailleurs : une brève histoire des invasions biologiques*, Éds Orphie, CIRAD, 2010 – e) Ouvrage collectif, *Encyclopedia of biological invasions* (D. Simberloff & M. Rejmánek, eds.), University of California Press, 2011 – c) Nentwig, W., *Espèces invasives. Plantes, animaux et micro-organismes*, trad. J.-P. Airoldi, Presses polytechniques et universitaires romandes, 2012.
4. a) Scholtz, G. + 7 coauteurs, Parthenogenesis in an outsider crayfish, *Nature* 421, 806, 2003 – b) Martin P. + 4 coauteurs, The enigmatic Marmorkrebs (marbled crayfish) in the parthenogenetic form of *Procambarus fallax* (Hagen, 1870), *Contributions to Zoology* 79, 107-118, 2010.

5. Vogt, G. + 8 coauteurs, The marbled crayfish as a paradigm for saltational speciation by autopolyploidy and parthenogenesis in animals, *Biology Open*, 1-12, bio.014241, doi: 10.1242, 2015.
6. À La Jolla, San Diego, en Californie.
7. Les mycoplasmes n'ont pas de paroi, aussi sont-ils sensibles aux chocs osmotiques.
8. Fraser, C. M. + 28 coauteurs, The minimal gene complement of *Mycoplasma genitalium*, *Science* 27, 397-403, 1995.
9. Celui du bactériophage ΦX174, Réf. : Smith, H. O. + 3 coauteurs, Generating a synthetic genome by whole genome assembly : ΦX174 bacteriophage from oligonucleotides, *PNAS* 100, 15440-15445, 2003.
10. a) Gibson, D. G. + 17 coauteurs, Complete chemical synthesis, assembly, and cloning of a *Mycoplasma genitalium* genome, *Science* 319, 1215-1220, 2007 – b) Gibson, D. G. + 23 coauteurs, Creation of a bacterial cell controlled by a chemically synthesized genome, *Science* 329, 52-56, 2010.
11. a) Hutchinson III, C. A. + 22 coauteurs, Design and synthesis of a minimal bacterial genome, *Science* 351, 1414-1416, 2016 – b) Bailly, S., Le génome réduit à sa plus simple expression, *La Recherche* 463, 6-7, 2016.
12. Malyshev, D. A. + 7 coauteurs, A semi-synthetic organism with an extended genetic alphabet, *Nature* 509, 385-388, 2014.
13. Annaluru, N. + 79 coauteurs, Total synthesis of a functional designer eukaryotic chromosome, *Science* 334, 55-58, 2014.
14. De nombreuses publications sur ce thème. Synthèses : a) Primack, R. B., Leconte, J. & Sarrazin, F., *Biologie de la conservation*, Dunod, 2012 – b) Gauthier-Clerc, M., Mesléard, F. & Blondel, J., *Sciences de la conservation*, De Boeck, 2014.
15. a) *La Recherche*, n° spécial 34, *Neandertal. Enquête sur une disparition*, 2006 – b) *La Recherche*, dossier n° 431, *Neandertal : pourquoi a-t-il disparu ?*, 30-43, 2009 – c) Wong, K., Le crépuscule de l'homme de Neandertal, *Pour la Science* 386, 28-33, 2009.

Notes et références bibliographiques des Encadrés

Encadré 3

1. Mais le corps de divers animaux aquatiques comprend des microalgues symbiotiques.
2. Certains virus, comme Sputnik, parasitent de gros virus, Réf. : Klinger, C., Sputnik, premier virus de virus, *La Recherche* 426, 36-39, 2009.

Encadré 4

1. a) Nüsslein-Volhard, C., De l'œuf à l'embryon, *Pour la Science* hors-série *Les sociétés cellulaires*, 44-49, 1998 – b) Gehring, W., *La drosophile aux yeux rouges. Gènes et développement*, trad. M. Blanc, Odile Jacob, 1999 – c) Davidson, E. H. + 24 coauteurs, A genomic regulatory network for development, *Science* 295, 1669-1678, 2002 – d) Carroll, S. B., Grenier, J. K. & Weatherbee, S. D., *From DNA to Diversity. Molecular Genetics and the Evolution of Animal Design*, 2nd ed., Blackwell, 2005.
2. a) Kramer, E. M. & Hall, J. C., Evolutionary dynamics of genes controlling floral development, *Current Opinion in Plant Biology* 8, 13-18, 2005 – b) Causier, B. + 6 coauteurs, Evolution in action : following function in duplicated floral homeotic genes, *Current Biology* 15, 1509-1512, 2005 – c) Mazliak, P., *Le déterminisme de la floraison. Contrôles génétiques et épigénétiques*, De Boeck, 2013 – d) Chen, Q. + 5 coauteurs, *FLOWERING LOCUS T* mRNA is synthesized in specialized companion cells in *Arabidopsis* and Maryland Mammoth tobacco leaf veins, *PNAS* 115, 2830-2835, 2018.

Encadré 5

1. Evans, J. D., Shearman, D. C. A. & Oldroyd, B. P., Molecular basis of sex determination in haplodiploids, *TREE* 19, 1-3, 2004.
2. a) Boualem, A. + 10 coauteurs, A cucurbit androecy gene reveals how unisexual flowers develop and dioecy emerges, *Science* 350, 688-691, 2015 – b) Debroise, A., Le mystérieux sexe des fleurs, *La Recherche* 520, 55-58, 2017.
3. D'où des effets distincts en cas d'anomalie : formation d'intersexués chez les vertébrés (taux d'androgènes trop bas), de mosaïques sexuelles chez les insectes (corps avec des secteurs mâles et femelles juxtaposés).
4. Holleley, C. E. + 8 coauteurs, Sex reversal triggers the rapid transition from genetic to temperature dependent sex, *Nature* 523, 79-82, 2015.
5. a) Stouthamer, R., Breewer, J. A. G. & Hurst, G. D. D., *Wolbachia pipientis* : microbial manipulation of arthropod reproduction, *Annual Review of Microbiology* 53, 71-102, 1999 – b) Vavre, F., La bactérie *Wolbachia*, parasite féministe, *Pour la Science* 297, 34-39, 2002.
6. Pomiankovski, A., Intragenomic conflict, in *Levels of Selection in Evolution* (L. Keller, ed.), 121-152, Princeton University Press, 1999.

Encadré 7

1. a) Green, R. E. + 55 coauteurs, A draft sequence of the Neandertal genome, *Science* 328, 710-722, 2010 ; résumé : Constans, N., Un peu de Neandertal dans notre ADN, *La Recherche* 443, 8-10, 2010 – b) Reich, D. + 14 coauteurs, Denisova

admixture and the first modern human dispersals into Southeast Asia and Oceania, *The American Journal of Human Genetics* 89, 516-526, 2011 – c) Meyer, M. + 33 coauteurs, A high-coverage genome sequence from an archaic Denisovan individual, *Science* 338, 222-226, 2012 – d) Degioanni, A. & Condemi, S., Neandertal, *Sapiens* et Denisova racontés par leurs gènes, in *Pour la Science* dossier n° 76, *L'homme de Neandertal et l'invention de la culture*, 20-25, 2012 – e) Prüfer, K. + 44 coauteurs, The complete genome sequence of a Neanderthal from the Altai Mountains, *Nature* 505, 43-49, 2013 – f) Hammer, M., Le métissage des espèces humaines, *Pour la Science* 430, 58-64, 2013 – g) Sankararaman, S. + 7 coauteurs, The genomic landscape of Neanderthal ancestry in present-day humans, *Nature* 507, 354-357, 2014 – h) Hawks, J., Nous ne sommes pas que des *Homo sapiens*, *La Recherche* 491, 28-33, 2014 – i) Fu, Q. + 28 coauteurs, Genome sequence of a 45,0000-year-old modern human from western Siberia, *Nature* 514, 445-449, 2014 – j) Hawks, J., *Homo sapiens* est né d'un métissage, *La Recherche*, hors-série n° 17, *L'odyssée de l'homme. Le scénario de nos origines se précise*, 64-69, 2016 – k) Kuhlwilm, M. + 21 coauteurs, Ancient gene flow from early modern human into Eastern Neandertals, *Nature* 530, 429-433, 2016 – l) Hammer, M., Une espèce mosaïque, in *Pour la Science* dossier n° 94, *Évolution. La saga de l'humanité*, 86-91, 2017 – m) Prüfer, K. + 35 coauteurs, A high-coverage Neandertal genome from Vindija Cave in Croatia, *Science* DOI: 10.116, 2017.
2. Entretien de Lluis Quintana-Murci, L. avec Florence Rosier, La sélection naturelle a avantagé une réponse inflammatoire réduite, *La Recherche* 521, 4-8, 2017.
3. a) Danneman, M. & Kelso, J., The contribution of Neandertals to phenotypic variation in modern humans, *The American Journal of Human Genetics*, 101, 578-589, 2017 – b) Réf. n°1 m.
4. Réfs n° 1 d, h, j & l.
5. Jégou, B. + 4 coauteurs, Meiotic genes are enriched in regions of reduced archaic ancestry, *MBE* 34, 1974-1980, 2017.
6. Mendez, F. L. + 10 coauteurs, African American paternal lineage adds an extremely ancient root to the human *Y* chromosome phylogenetic tree, *The American Journal of Human Genetics*, 92, 454-459, 2013.

Encadré 8

1. a) Florio, M. + 4 coauteurs, A single splice site mutation in human-specific *ARHGAP11B* causes basal progenitor amplification, *Science Advances* 2, e1601941, 2016 – b) Bohler, S., Une mutation génétique qui a profité au cerveau d'*Homo sapiens*, *Pour la Science* 473, 8, 2017.
2. Ces filaments cytoplasmiques font partie du « cytosquelette » des cellules.
3. Les ventricules cérébraux, un médian et deux latéraux, sont des cavités internes emplies de liquide.
4. La capacité crânienne moyenne d'*H. sapiens* est d'environ 1 400 cm^3, celle d'*H. neanderthalensis* lui est supérieure, et ce, en rapport avec la plus grande masse corporelle.
5. La phylogénie des espèces issues d'*Homo erectus* est discutée.

Encadré 9

1. Détails *in* Réf. n° 15 du Chapitre 1.
2. a) Novak, S. J., Soltis, D. E. & Soltis, P. S., Ownbey's Tragopogons : 40 years later, *American Journal of Botany* 78, 1586-1600, 1991 – b) Soltis, P. S. & Soltis, D. E., Multiple origins of the allotetraploid *Tragopogon mirus* (Compositae) : rDNA evidence, *Systematic Botany* 16, 407-413, 1991.
3. Lim, K. Y. + 3 coauteurs, Parental origin and genome evolution in the allopolyploid *Iris versicolor*, *Annals of Botany* 100, 219-224, 2007.

Encadré 10

1. In Réf. n° 15 du Chapitre 1.
2. Henry, Y. & de Buyser, J., L'origine des blés, *Pour la Science* dossier hors-série *De la graine à la plante*, 60-62, 2000.

Encadré 11

1. Les épidémies autres que la peste, bien que désignées par le même nom, étant écartées, la peste dite « de Justinien » a fait de 25 à 50 millions de victimes en Europe de 541 à 767 en une quinzaine d'épisodes. La peste noire du Moyen Âge, apparue en Chine en 1331, a gagné une grande partie de l'Europe puis le Maghreb à partir de 1347, faisant de 40 à 100 millions de victimes en Europe. De nombreuses récidives ont eu lieu localement pendant plus de trois siècles.
2. a) Achtman, M. + 5 coauteurs, *Yersinia pestis*, the cause of plague, is a recently emerged clone of *Yersinia pseudotuberculosis*, *PNAS* 96 : 14043-14048, 1999 – b) Hinnebusch, B. J. + 5 coauteurs, Role of Yersinia toxin in survival of *Yersinia pestis* in the midgut of the flea vector, *Science* 296 : 733-738, 2002 – c) Hinchliffe, S J + 9 coauteurs, Application of DNA microarrays to study the evolutionary genomics of *Yersinia pestis* and *Yersinia pseudotuberculosis*, *Genome Research* 13 : 2018-2029, 2003 – d) Achtman, M. + 16 coauteurs, Microevolution and history of the plague bacillus, *Yersinia pestis*, *PNAS* 101 : 17837-17842, 2004 – e) Chain, P. S. G. + 22 coauteurs, Insights into the evolution of *Yersinia pestis* through whole-genome comparison with *Yersinia pseudotuberculosis*, *PNAS* 101 : 13826-13831, 2004.
3. Hinnebusch, B. J., Chouikha, I. & Yi-Cheng Sun, Ecological opportunity, evolution, and the emergence of flea-borne plague, *Journal of Infection and Immunity* 84 :1932-1940, 2016.

Encadré 12

1. Feder, J. L., Chilcote, C. A. & Bush, G. L., The geographic pattern of genetic differentiation between host associated populations of *Rhagoletis pomonella* (Diptera : Tephritidae) in the eastern United States and Canada, *Evolution* 44, 570-594, 1990.
2. Prokopy, R. J. + 3 coauteurs, Behavioral evidence for host races in *Rhagoletis pomonella* flies, *Oecologia* 76, 138-147, 1988.
3. Dambroski H. R. + 5 coauteurs, The genetic basis for fruit odor discrimination in *Rhagoletis* flies and its significance for sympatric host shifts, *Evolution* 59, 1963-1964, 2005.
4. Feder, J. L., The effects of parasitoids on sympatric host races of *Rhagoletis pomonella* (Diptera : Tephritidae), *Ecology* 76, 801-813, 1995 – b) Feder, J. L. + 3

coauteurs, Intra- and interspecific competition and host race formation in the apple maggot fly, *Rhagoletis pomonella* (Diptera : Tephritidae), *Oecologia* 101, 416-425, 1995 – c) Feder, J. L., The apple maggot fly, *Rhagoletis pomonella.* Flies in the face of conventional wisdom about speciation ?, in *Endless Forms. Species and Speciation* (D. J. Howard & S. H. Berlocher, eds.), 130-144, Oxford University Press, 1998.
5. Feder, J. L. + 4 coauteurs, Evidence for inversion polymorphism related to sympatric host race formation in the apple maggot fly, *Rhagoletis pomonella, Genetics* 163, 939-953, 2003.
6. Michel, A. P. + 5 coauteurs, Widespread genomic divergence during sympatric speciation, *PNAS* 107, 9724-9729, 2010.

Encadré 13

1. Ces lacs ont été isolés il y a quelque 6 000 ans.
2. Turner, B. J. + 3 coauteurs, Reproductive isolation among endemic pupfishes (*Cyprinodon*) on San Salvador Island, Bahamas : microsatellite evidence, *BJLS* 95, 566-582, 2008.
3. Martin, C. H. & Wainwright, P. C., Trophic novelty is linked to exceptional rates of morphological diversification in two adaptive radiations of *Cyprinodon* pupfish, *Evolution* 65, 2197-2212, 2011.
4. Martin, C. H. & Wainwright, P. C., Multiple fitness peaks on the adaptive landscape drive adaptive radiation in the wild, *Science* 339, 208-211, 2013.

Encadré 14

1. D'après la comparaison de séquences homologues de gènes nucléaires et de l'ADN mitochondrial d'individus prélevés dans les populations actuelles des deux sous-espèces.
2. Butlin, V. R., What do hybrid zones in general, and the *Chorthippus parallelus* in particular, tell us about speciation ?, in *Endless Forms. Species and Speciation* (D. J. Howard & S. H. Berlocher, eds.), 367-378, Oxford University Press, 1998.

Encadré 15

1. Ferris, S. D. + 4 coauteurs, Mitochondrial DNA evolution in mice, *Genetics* 105, 681-721, 1983.
2. a) Gyllensten, U. B., Wharton, D. & Wilson, A. C., Maternal inheritance of mitochondrial DNA in mice, *Nature* 352, 255-257, 1985 – b) Raufaste, N. + 8 coauteurs, Inferences of selection and migration in the Danish house mouse hybrid zone, *BJLS* 84, 593-616, 2005 – c) Macholán, M. + 7 coauteurs, Genetic analysis of autosomal and X-linked markers across a mouse hybrid zone, *Evolution* 61, 746-771, 2007 – d) Teeter, K. C. + 9 coauteurs, Genome-wide patterns of gene flow across a house mice hybrid zone, *Genetics Research* 18, 67-76, 2008.

Encadré 16

1. Sætre, G.-P. + 5 coauteurs, A sexually selected character displacement reinforces premating isolation, *Nature* 387, 589-592, 1997.
2. Sætre, G.-P. + 6 coauteurs, Sex chromosome evolution and speciation in *Ficedula* flycatchers, *PRSLB* 270, 53-59, 2003.

Encadré 17

1. Présentation et discussion *in* Mayr, E., *Populations, espèces et évolution*, trad. Y. Guy, Hermann, 1974.
2. a) Liebers, D., de Knijff, P. & Helbig, A. J., The herring gull complex is not a ring species, *PRSLB* 271, 893-901, 2004 – b) Liebers-Helbig, D. + 3 coauteurs, The Herring Gull complex (*Larus argentatus-fuscus-cachinnans*) as a model group for recent holarctic vertebrate radiations, in *Evolution in Action* (M. Glaubrecht, ed.), 351-371, Springer, 2004.

Encadré 18

1. Brawand, D. + 75 coauteurs, The genomic substrate for adaptive radiation in African cichlid fish, *Nature* 513, 375-381, 2014.
2. Meyer, A., Cichlidés, les clés d'une spectaculaire évolution, *Pour la Science* 463, 44-50, 2016.

Encadré 19

1. La sève brute, solution minérale, circule dans les vaisseaux du xylème. La sève élaborée issue de la photosynthèse, riche en substances organiques, circule dans un autre tissu, le phloème.
2. Un court-circuit se fait dans un organe particulier, la chambre filtrante.
3. McCutcheon, J. P. & Moran, N. A., Parallel genomic evolution and metabolic interdependence in an ancient symbiosis, *PNAS* 104, 19392-19397, 2007.
4. Le génome de *Sulcia muelleri* est l'un des plus petits de tous les organismes cellulaires.

Encadré 20

1. a) Belyaev, D. K., Destabilizing selection as a factor in domestication, *Journal of Heredity* 70, 301-308, 1979 – b) Trut, L. N., Early canid domestication : the farm-fox experiment, *American Scientist* 87, 160-169, 1999 – c) Trut, L., Oskina, I. & Kharlamova, A., Animal evolution during domestication : the domesticated fox as a model, *BioEssays* 31, 349-360, 2009.
2. Trut, L. & Dugatkin, L. A., Comment transformer un renard en chien, *Pour la Science* 479, 65-71, 2017.
3. Jouventin, P., Un renard n'est pas un loup, in Réf. précédente, p. 69.

Encadré 21

1. Mazoyer, M. & Roudart, L., *Histoire des agricultures du monde. Du néolithique à la crise contemporaine*, Seuil, 1997 et 2002.
2. Pinhasi, R., Fort, J. & Ammerman, A. J., Tracing the origin and spread of agriculture in Europe, *PLoS Biology* 3 (12), e410, 2005.

Glossaire

Abréviations : adj. : adjectif – *n. f.* : nom du genre féminin – *n. m.* : nom masculin – *v.* : verbe.

Ne sont définis que les termes ou expressions qui reviennent plus d'une fois dans le Texte et les Encadrés.

Acides nucléiques : polymères linéaires de nucléotides (voir ce mot).

ADN : acide désoxyribonucléique.

Allèles, *n. m.* : variants d'un même gène.

Allopatrie, *n. f.* : situation où des populations ou des espèces ne vivent pas dans le même espace. Voir *sympatrie*. Se décline en l'adjectif *allopatrique*.

Allopolyploïde, *adj.* (ou *n. m.*) : cellule ayant les chromosomes de deux espèces proches suite à leur hybridation. Par extension, organisme, population ou espèce ayant des cellules allopolyploïdes.

Anthropique, *adj.* : relatif à notre espèce.

Arbre phylogénétique : diagramme exprimant les relations de parenté entre espèces issues d'une même espèce ancestrale hypothétique.

ARN : acide ribonucléique.

Autofécondation, *n. f.* : fécondation par des gamètes produits par le même individu hermaphrodite (voir ce terme).

Autopolyploïde, *adj.* (ou *n. m.*) : cellule ayant plus de deux jeux de chromosomes suite à un ou plusieurs doublements de la garniture chromosomique propre à l'espèce. Par extension, organisme, population ou espèce ayant des cellules autopolyploïdes.

Autosomes, *n. m.* : tous les chromosomes du caryotype (voir ce mot) autres que celui ou ceux qui interviennent dans la détermination du sexe (voir *hétérochromosomes*).

Autotrophe (sous-entendu *pour le carbone*), *adj.* ou *n. m.* : qui effectue la synthèse de ses molécules organiques de manière autonome à partir du CO_2, soit en utilisant l'énergie de la lumière (*photosynthèse*), soit grâce à l'oxydoréduction de substances minérales (*chimiosynthèse*). Antonyme : *hétérotrophe*.

Bases nucléiques : petites molécules azotées constitutives des nucléotides. Au nombre de cinq, l'adénine, la cytosine, la guanine, la thymine et l'uracile.

Benthique, *adj.* : vivant sur le fond ou dans les sédiments du fond des mers, des cours d'eau ou des pièces d'eau douce.

Biocénose, *n. f.* : communauté de tous les organismes des différentes espèces qui vivent dans un même espace où les conditions abiotiques dominantes sont uniformes, le *biotope*.

Biodiversité, *n. f.* : diversité du vivant aux niveaux spécifique (richesse en espèces, leur diversité, leur abondance relative), intraspécifique (différences entre clones et populations) et supraspécifique (interactions au sein des biocénoses, composition et structure de celles-ci). La diversité humaine, tant culturelle que biologique, est considérée à part.

Biogéographie, *n. f.* : étude de la répartition géographique des espèces vivantes et du passé.

Biotique, *adj.* : s'applique à tout ce qui est vivant, par opposition à *abiotique*.

Biotope, *n. m.* : l'espace où vivent les individus des différentes espèces de la biocénose (voir ce mot et *habitat*).

Caryotype, *n. m.* : chez les eucaryotes, ensemble des chromosomes individualisés d'une cellule, par exemple lors d'une mitose ou d'une méiose (voir ces termes).

Centromère, *n. m.* : dans les cellules des eucaryotes, petite région du chromosome dont la chromatine est très condensée.

Chimiosynthèse, *n. f.* : biosynthèse de substances organiques ne nécessitant pas la lumière. Voir *autotrophe*.

Chloroplaste, *n. m.* : organite des cellules des eucaryotes contenant de la chlorophylle, siège de la *photosynthèse*.

Chromatides, *n. f.* : lors de la mitose et de la méiose, ce qui résulte du dédoublement du ou des bras de chaque chromosome, le centromère fissionnant plus tard.

Chromatine, *n. f.* : chez les eucaryotes, complexe d'ADN et de protéines, dont les histones, à l'état plus ou moins diffus dans le noyau. Se condense en chromosomes au début de la mitose et de la méiose.

Chromosome, *n. m.* : 1° chez les eucaryotes, l'un des éléments individualisés après condensation de la chromatine ; 2° chez les bactéries et les archées, « chromosome » désigne par extension le complexe d'ADN et de protéines associées.

Cline, *n. m.* : changement graduel d'une ou de plusieurs caractéristiques des génotypes et/ou des phénotypes des individus d'une espèce dans l'espace de répartition de celle-ci.

Clone, *n. m.* : progéniture d'un individu s'étant reproduit selon un mode monoparental ; par extension, tous les descendants de cet individu.

Code génétique : règle qui définit la correspondance entre un triplet de nucléotides d'ARN et un acide aminé lors du processus de traduction (voir ce terme).

Coévolution, *n. f.* : processus selon lequel les changements génétiques et phénotypiques dans une population d'une espèce *X* sont consécutifs à ceux dans la population d'une espèce *A*, les individus de *A* et de *X* étant en interaction étroite ou exclusive.

Consanguinité, *n. f.* : des individus sont dits consanguins si leur mère et leur père ont un ancêtre commun, voire plusieurs, dans une ou quelques-unes des générations antérieures.

Cospéciation, *n. f.* : processus de spéciation d'une espèce *X* corrélé à celui de la spéciation d'une espèce *A*, les individus de *A* et de *X* étant en interaction étroite ou exclusive.

Dérive, *n. f.* : abréviation de *dérive génétique aléatoire*, particularités de l'évolution des génotypes dans les populations ayant un faible effectif pendant une ou quelques générations.

Descendance, *n. f.* : tous les individus des générations successives issus d'un seul ancêtre (clone) ou d'un couple d'ancêtres (reproduction biparentale). Ne pas confondre avec *progéniture* (voir ce mot).

Déséquilibre gamétique : dans une population, effets sur les fréquences des génotypes du fait que les allèles de deux ou plusieurs gènes ne se ségrègent pas de manière indépendante lors de la méiose.

Diaspores, *n. f.* : formes de dispersion d'un clone, d'une population, d'une espèce.

Dimorphisme sexuel : ensemble des caractères qui différencient les mâles des femelles.

Diploïde, *adj.* : ayant deux garnitures de chromosomes, donc deux jeux de gènes – sauf pour le ou les hétérochromosomes.

Dominant, *adj.* : dans une cellule ou un organisme diploïde *hétérozygote* (voir ce mot) un allèle est dit dominant quand il est le seul à s'exprimer dans le phénotype, l'allèle récessif ne s'exprimant pas.

Écosystème, *n. m.* : unité fonctionnelle constituée par tous les individus d'une biocénose et leur environnement abiotique (voir *biocénose*).

Effet de fondation : conséquences génétiques de l'immigration d'un petit nombre d'individus dans un espace où l'espèce était absente.

Élément transposable : segment génomique susceptible d'être déplacé.

Empreinte parentale, *n. f.* : chez certaines espèces à reproduction biparentale, seul l'un des deux allèles parentaux est exprimé au cours du développement, l'expression de l'autre étant réprimée.

Encoder, *v.* : désigne le fait que la séquence nucléotidique d'un gène détermine celle polypeptidique d'une protéine après transcription puis traduction selon les règles du code génétique.

Endémique, *adj.* : ne vivant que dans un espace limité, celui-ci plus ou moins bien circonscrit par les biogéographes.

Enzyme, *n. f.* : catalyseur des réactions biochimiques intracellulaires constitué d'une protéine à laquelle est éventuellement associée une petite molécule non protéique ou un ion métallique.

Épigénétique, *adj.* ou *n. f.* : qui se rapporte aux modifications de gènes et/ou aux protéines associées sans que les séquences nucléotidiques et/ou polypeptidiques soient elles-mêmes modifiées.

Espèces cryptiques : espèces jumelles (voir ci-après) ne différant que par le génome.

Espèce fille : espèce qui s'est individualisée à partir d'une espèce mère, ou après hybridation de deux espèces mères.

Espèces jumelles : espèces dont les individus se ressemblent beaucoup mais qui diffèrent par certains traits du phénotype, par les chromosomes et par le génome. Sont souvent décelées par le fait que leurs individus ne se croisent pas entre eux s'ils sont mis en présence et/ou si leurs hybrides d'un seul sexe ou des deux sont stériles.

Espèce mère : espèce à partir de laquelle s'est (se sont) individualisée(s) une ou deux espèces filles.

Espèces sœurs : espèces qui se sont individualisées à partir d'une même espèce mère.

Éthologie, *n.* : science qui étudie le comportement au sens le plus large.

F_1 : hybrides de première génération – F_2 : de deuxième génération.

Fécondité, *n. f.* : effectif de la progéniture d'un couple (reproduction biparentale) ou d'un individu (r. monoparentale).

Fertilité, *n. f.* : aptitude à se reproduire.

Flux géniques : transferts d'allèles entre populations d'une même espèce suite aux migrations suivies d'intégration.

Gamète, *n. m.* : chez les organismes pluricellulaires, cellule spécialisée haploïde apte à la fécondation.

Gène, *n. m.* : information contenue dans une séquence d'un polymère linéaire – en général de l'ADN, de l'ARN chez certains virus – qui encode la synthèse d'un ARN ou d'un polypeptide, et qui est transmise au fil des générations.

Génétique des populations : étude, dans différentes conditions, de la transmission des allèles d'un ou de quelques gènes et de leurs effets sur les phénotypes.

Génétique quantitative : étude, dans différentes conditions, de la transmission des traits du phénotype déterminés par plusieurs gènes.

Génome, *n. m.* : ensemble de tous les gènes d'un organisme ; pour une espèce, constellation de tous ces ensembles individuels.

Génotype, *n. m.* : 1° au sens restreint, l'assortiment de deux allèles du même gène ou de quelques gènes d'un individu diploïde ; 2° au sens large, caractéristiques génétiques d'un individu. Se décline en l'adjectif *génotypique*.

Genre, *n. m.* : ensemble de deux ou plusieurs espèces qui se ressemblent suffisamment pour qu'il soit considéré comme un taxon naturel par les spécialistes.

Habitat, *n. m.* : type de milieu où vivent habituellement les individus d'une même espèce à un certain stade de leur cycle de vie ou pendant tout ce cycle (voir *biotope*).

Haploïde, *adj.* : ayant une seule garniture de chromosomes, donc n'ayant qu'un seul jeu de gènes. Voir *diploïde*.

Haplotype, *n. m.* : suite d'allèles de quelques ou plusieurs gènes qui ne se recombinent pas au cours des méioses et de ce fait restent associés au fil des générations.

Héritabilité, *n. f.* : pour un trait du phénotype, part de la variance phénotypique qui est déterminée par la variance génotypique ; au sens restreint, concerne seulement la variance génotypique additive.

Hermaphrodisme, *n. m.* : aptitude pour un organisme à produire des gamètes mâles et des gamètes femelles, soit simultanément, soit de manière séquentielle.

Hétérochromosomes, *n. m.* : chez les espèces qui en sont pourvues, chromosomes du caryotype diploïde qui diffèrent selon le sexe.

Hétérotrophe, *adj.* ou *n. m.* : qui tire matière et énergie de la consommation des molécules organiques provenant d'autres organismes. Antonyme : *autotrophe*.

Hétérozygote, *adj.* : dans une cellule ou un organisme diploïde, situation où les deux allèles du gène considéré sont différents. Antonyme : *homozygote*.

Histones, *n. f.* : protéines associées à l'ADN dans la chromatine des cellules des eucaryotes.

Homologue, *adj.* : sont homologues des structures – organe, séquence nucléique ou polypeptidique – qui, par des changements au cours de l'évolution, dérivent d'une même structure ancestrale.

Homozygote, *adj.* : dans une cellule ou un organisme diploïde, situation où les deux allèles du gène considéré sont semblables. Antonyme : *hétérozygote*.

Horloge moléculaire : par analogie avec un système d'horlogerie, expression du rythme de l'évolution moléculaire le long des branches d'un arbre phylogénétique.

Hôte, *n. m. ou adj.* : individu hébergeant des parasites ou des symbiontes. S'applique aussi aux espèces.

Introgression, *n. f.* : intégration de segments du génome d'une espèce dans celui d'une autre espèce à la suite d'hybridations et de rétrocroisements.

Le « presque vivant » : l'ensemble des corpuscules infectieux – virus, virusoïdes, viroïdes, prions –, qui ne peuvent se multiplier qu'aux dépens de cellules ou d'êtres cellulaires.

Le vivant : l'ensemble des êtres cellulaires.

Méiose, *n. f.* : chez les eucaryotes, processus par lequel les cellules *diploïdes* deviennent *haploïdes* (voir ces mots) et au cours duquel se produisent des échanges entre segments de certains chromosomes homologues d'origine maternelle et paternelle.

Mitochondrie, *n. f.* : élément structuré du cytoplasme de la très grande majorité des cellules des eucaryotes dans lequel s'effectuent les réactions de la respiration cellulaire.

Mitose, *n. f.* : chez les eucaryotes, processus au cours duquel deux noyaux identiques et avec le même nombre de chromosomes sont formés à partir du noyau d'une cellule. La mitose est le plus souvent à l'origine, après division de la cellule mère, de deux cellules semblables. Voir *méiose*.

Monophylétique, *adj.* : comprenant toutes les espèces – et seulement elles – qui descendent d'une même espèce ancestrale présumée.

Mutation, *n. f.* : modification brusque et imprévisible affectant le génome d'un virus ou l'un des génomes d'une cellule à un quelconque niveau structural (nucléotide, gène…, chromosome, caryotype chez les eucaryotes).

Mutation à effet neutre : mutation n'ayant aucun effet ou très peu d'effet sur la viabilité des individus, leur fertilité et leur fécondité.

Mutualisme, *n. m.* : association à bénéfices réciproques entre organismes de deux ou de quelques espèces.

Niche écologique : tout ce qui se rapporte : 1° aux conditions du milieu permettant le développement, la survie et la reproduction des individus, 2° à la manière dont ils acquièrent leurs ressources au cours du cycle de vie, 3° à leur fonction au sein des biocénoses où ils vivent, c'est-à-dire à leur place dans le réseau des interactions entre espèces. Ne pas confondre avec *habitat* ou *biotope* (voir ces mots).

Nucléotide, *n. m.* : monomère d'acide nucléique. Constitué d'une base nucléique liée à un sucre à 5 atomes de carbone (ribose ou désoxyribose), lui-même lié à un phosphate.

Parasitisme, *n. m.* : association temporaire ou durable entre individus d'une espèce hôte *A*, qui en subissent les coûts, et ceux d'une espèce parasite *X*, qui en tirent profit.

Parasitoïde, *n. m. ou adj.* : animal (insecte le plus souvent) d'une espèce *X* dont la femelle pond un ou plusieurs œufs sur ou dans un animal d'une espèce *A* qui va être consommé vivant par la ou les larves de *X*.

Parthénogenèse, *n. f.* : mode de reproduction monoparentale où les gamètes femelles se développent sans qu'ils soient fécondés.

Phénétique, *adj. ou n. f.* : qui se rapporte aux phénotypes des individus d'un clone, d'une population ou d'une espèce.

Phénotype, *n. m.* : 1° pour un individu, ensemble des caractères visibles directement (morphologie, taille, coloration et ses motifs) ou après dissection (anatomie, y compris à l'échelle microscopique), certains biologistes y incluant les traits du mode de vie et du comportement ; 2° en génétique des populations, utilisé dans le sens restreint : un (ou quelques) traits du phénotype des individus porteurs d'un allèle particulier (ou de quelques allèles). Se décline en l'adjectif *phénotypique*.

Phylogénie, *n. f.* : relation de parenté présumée entre espèces. Se décline en l'adjectif *phylogénétique*.

Phylogéographie, *n. f.* : étude phylogénétique d'espèces proches ou de populations en rapport avec leur répartition géographique.

Photosynthèse, *n. f.* : biosynthèse de substances organiques s'effectuant à la lumière.

Plancton, *n. m.* : la multitude d'organismes de petite taille, mobiles ou immobiles, qui vivent en suspension dans les eaux marines et les eaux douces.

Plasmides, *n. m.* : chez les bactéries et les archées, minuscules génomes cytoplasmiques distincts du génome du « chromosome ». Connus chez certains eucaryotes.

Pléiotropie, *n. f.* : désigne le fait qu'un même gène s'exprime par deux ou plusieurs traits du phénotype distincts et sans lien apparent entre eux.

Polypeptide, *n. m.* : polymère linéaire d'acides aminés.

Population, *n. f.* : pour une espèce à reproduction biparentale, ensemble des individus vivant dans un même espace et susceptibles de se reproduire entre eux (voir *clone*).

Progéniture, *n. f.* : tous les individus engendrés par un couple ou un individu : c'est la descendance de première génération (voir *descendance*).

Protéome, *n. m.* : l'ensemble des protéines caractérisant un type cellulaire ou une espèce (voir *transcriptome*).

Protiste, *n. m.* : micro-organisme eucaryote.

Récessif, *adj.* : dans une cellule ou un organisme diploïde *hétérozygote* (voir ce mot) un allèle est dit récessif quand il ne s'exprime pas dans le phénotype, au contraire de l'allèle dominant (voir ce mot).

Recombinaison génétique : échange de segments homologues entre une des chromatides maternelles et une des chromatides paternelles lors de la méiose (*voir ce mot*) ou après des transferts horizontaux de segments génomiques.

Relicte, *adj. ou n. f.* : se dit d'une population ou d'une espèce dont l'espace de répartition s'est fortement restreint suite un important changement climatique.

Ribosomes, *n. m.* : la multitude des corpuscules du cytoplasme sur lesquels sont synthétisés les polypeptides.

Séquençage, *n. m.* : détermination des séquences de nucléotides d'un gène ou d'un génome, ou des séquences d'acides aminés d'un polypeptide.

Séquence, *n. f.* : ordre linéaire dans lequel sont disposés les nucléotides d'un gène ou d'un génome, ou les acides aminés d'un polypeptide.

Spéciation, *n. f.* : processus d'individualisation d'une nouvelle espèce.

Spéciations buissonnantes : réitération de spéciations dans un taxon monophylétique, souvent avec une forte dimension adaptative (en anglais *adaptive radiation*).

Spores, *n. f.* : formes de résistance et/ou de dissémination de certains organismes. Dans plusieurs taxons, alternent avec une phase sexuée dans le cycle de vie.

Surdominance sélective : situation où la valeur sélective des individus hétérozygotes est supérieure à celle de chacun des homozygotes.

Symbiose, *n. f.* : association mutualiste étroite et durable entre individus d'une espèce hôte et organismes de plus petite taille, les *symbiontes*.

Sympatrie, *n. f.* : situation où des populations ou des espèces vivent dans le même espace. Se décline en l'adjectif *sympatrique* (voir *allopatrie*).

Systématique, *n. f.* : étude des espèces en vue de leur classification.

Taxinomie (ou taxonomie), *n. m.* : système de dénomination des taxons jusqu'à l'espèce.

Taxon, *n. m.* : groupe d'organismes qui, du fait qu'ils présentent un certain nombre de caractères communs, forment une catégorie bien définie de la classification.

Traduction, *n. f.* : synthèse d'un polypeptide à partir d'une molécule d'ARN dit *messager*.

Trait, *n. m.* : caractéristique du phénotype ou du comportement d'un individu, ou des individus d'une population ou d'une espèce.

Transcription, *n. f.* : synthèse d'une molécule d'ARN à partir d'une séquence d'ADN.

Transcrit, *n. m.* : macromolécule d'ARN issue de la transcription d'un gène.

Transcriptome, *n. m.* : l'ensemble des transcrits d'ARN caractérisant un type cellulaire ou une espèce (voir *protéome*).

Valeur sélective : en génétique des populations, caractérise les taux de survie et de reproduction de l'ensemble des individus porteurs d'un allèle (ou de quelques allèles) particulier(s) comparés aux mêmes taux de l'ensemble des individus porteurs d'un autre allèle (ou des autres allèles), et ce, entre deux générations successives.

Variance, *n. f.* : mesure par des méthodes statistiques de la variation au sein d'une population.

Variant, *n. m.* : 1° allèle qui se différencie des autres du même gène par la séquence nucléotidique ; 2° individu qui se différencie des autres de la même espèce.

Vicariante, *adj.* : se dit d'une espèce dont les populations ont été disjointes par un événement géologique ou climatique majeur.

Zygote, *n. m.* : chez les organismes pluricellulaires, cellule diploïde résultant de la fécondation. Pour les animaux, c'est l'œuf fécondé.

Table des matières

Remerciements

Par leur enseignement et leur expérience, mes maîtres puis mes anciens collègues m'ont appris à quel point le vivant est changeant, que l'on peut en reconstruire l'histoire, mais qu'il s'avère illusoire d'en prédire l'évolution. Les remercier tous exigerait d'en dresser une trop longue liste.

Je remercie particulièrement toutes les personnes du Laboratoire de Biologie et Génétique Évolutives, devenu en 2006 Laboratoire Évolution, Génomes et Spéciation, du Centre National de la Recherche Scientifique à Gif-sur-Yvette, où j'ai effectué mes recherches pendant une décennie.

Sciences aux éditions L'Harmattan

Dernières parutions

LE VÉGÉTAL DANS L'INDUSTRIE CHIMIQUE
Stratégies et développement
Szydlowski Léa – Préface de Claude Roy
Avec le concours du CLUB des bio-économistes et de l'Association Chimie du Végétal
L'industrie chimique utilise essentiellement le pétrole et le gaz comme matières premières. Quelle autre ressource, riche en carbone, permet de venir en renfort de la chimie ? Le végétal. Renouvelable, productible localement, moins polluant, il est bien perçu par le consommateur et riche en propriétés inédites capables de créer des produits innovants à forte valeur ajoutée. Cet ouvrage présente les stratégies mises en place pour introduire la chimie du végétal dans le paysage industriel.
(Coll. Développement durable, 19.00 euros, 182 p.)
ISBN : 978-2-343-12870-2, ISBN EBOOK : 978-2-14-005288-0

LES ILLUSIONS D'OPTIQUE
Une introduction à la pensée quantique du quotidien
Bolot Xavier
Nous observons dans nos pensées des hésitations, des oscillations entre des vues diverses, des superpositions de sentiments, des intrications d'influences, des incertitudes de variables observées, de même que des intentions et des actions hors de toute logique. Ces schémas mentaux sont connus grâce à la physique quantique. Ils sont également là quand nous voulons comprendre la complexité des domaines dans lesquels nous sommes immergés, par exemple en illusions d'optique, arts, physique, etc., qui semblent liés aux structures neuronales. Nos découvertes révéleraient les schémas inconscients du traitement de nos perceptions.
(Coll. Pour Comprendre, 20.50 euros, 188 p.)
ISBN : 978-2-343-13164-1, ISBN EBOOK : 978-2-14-005083-1

VOLCANOLOGUE
Bardintzeff Jacques-Marie
En retraçant l'expérience réussie de sa vocation scientifique, l'auteur nous offre également, dans ce livre tout en couleurs et très illustré, une véritable initiation à la géologie et la volcanologie. Dans son récit, il nous révèle les réalités d'un métier hors du commun qui suscite des vocations autant qu'il continue de soulever des passions. Cet ouvrage permet de le suivre dans le feu de l'action, au fil d'un texte illustré de plus de 150 photographies et enrichi de 19 encadrés portant sur le volcanisme et les sciences de la Terre (illustré de plus de 150 photographies et en couleurs).
(25.00 euros, 176 p.)
ISBN : 978-2-343-12326-4, ISBN EBOOK : 978-2-14-004519-6

DRAGONS FURIEUX
Les avions spatiaux chinois
Coué Philippe
Les prochaines navettes spatiales pourraient être chinoises ! Pendant longtemps, la Chine se bornait à mettre sur orbite des satellites. La technique s'est perfectionnée et a élevé les ambitions de l'empire du Milieu jusqu'au lancement de ses premiers cosmonautes et sondes d'exploration.

Les ingénieurs chinois réussiront-ils à surmonter les obstacles techniques sur lesquels buttent encore leurs collègues des autres puissances spatiales ? L'aérospatiale chinoise pourrait bientôt aboutir à des réalisations concrètes tant civiles que militaires.
(Coll. Penser le temps présent, 22.00 euros, 214 p.)
ISBN : 978-2-343-12112-3, ISBN EBOOK : 978-2-14-004461-8

ONTOGÉNÈSE ET VARIATIONS GÉNÉTIQUES DE L'ARCHITECTURE DU SYSTÈME RACINAIRE DES MONO ET DICOTYLÉDONES MODÈLES
Varin Sébastien
Dans un contexte de changements globaux mondiaux, les plantes modèles sont prévues pour servir comme aide importante dans la compréhension du développement, de mécanismes de communications, de la production d'énergies, biocarburants, matériaux, aliments à partir des plantes. Interface biologique majeure au rôle clef dans un grand nombre de processus et en raison de sa sensibilité à l'environnement, le système racinaire sera présenté puisqu'il démontre une plasticité considérable mais contrainte génétiquement. Cette synthèse correspond au deuxième point d'une étude constituée de quatre tomes.
(26.50 euros, 254 p.)
ISBN : 978-2-343-10045-6, ISBN EBOOK : 978-2-14-003146-5

PLASTICITÉ ET INSTABILITÉ DÉVELOPPEMENTALE
Concept en biologie – Exemple des végétaux
Varin Sébastien
La plasticité est une idée introduite par Woltereck en 1909, juste après la séparation conceptuelle du génotype et du phénotype par Johannsen. Depuis, le caractère plastique des traits et le caractère évolutif du phénomène de plasticité ont été négligés. Or, Darwin l'avait prédit en signalant qu'il n'avait pas suffisamment insisté sur le rôle de l'environnement dans sa théorie de l'évolution. Cette étude est basée sur une rétrospective clarifiée du concept de Plasticité dans le monde animal et végétal. Cette synthèse correspond au premier point d'une étude constituée de quatre tomes.
(30.00 euros, 290 p.)
ISBN : 978-2-343-10046-3, ISBN EBOOK : 978-2-14-003147-2

IMPLICATION DES BACTÉRIES SOLVANTOGÈNES ET RHIZOBACTÉRIES ÉMETTRICES DE COV DANS LES CHANGEMENTS GLOBAUX ET LA PLASTICITÉ
Varin Sébastien
Les composés organiques volatils participent à des phénomènes perturbant les équilibres de l'atmosphère et contribuent aux changements globaux. Ils sont surtout émis par les sources biogènes. Ce livre est le quatrième point d'une étude composée de quatre tomes. Il s'intègre parfaitement dans une optique philosophique de biomimétisme. Il présente : les connaissances actuelles des échanges d'informations médié par des volatils entre les bactéries, les plantes et mammifères comme l'homme, et enfin, les perspectives techniques du concept de Plasticité des organismes dans ce contexte de changements globaux.
(45.00 euros, 542 p.)
ISBN : 978-2-343-10043-2, ISBN EBOOK : 978-2-14-003264-6

RHIZOBACTÉRIES ET PGPR ÉMETTRICES DE COMPOSÉS ORGANIQUES VOLATILS ET IMPLICATION PERMACULTURALE-AGRO-ÉCOLOGIQUE
Varin Sébastien
Les systèmes agricoles durables (biodynamie, agroforesterie, agroécologie et permaculture) reposent sur une cohérence milieu-système très forte, où le contexte pédoclimatique a une grande importance. L'équilibre de ce milieu vivant et complexe dépend de celui des hommes, des animaux, des plantes et des micro-organismes du sol. Ces derniers représentent une importante part de la biodiversité de la planète. C'est à ce compartiment vivant et aux effets des rhizobactéries sur la plasticité des plantes, qu'est consacré ce livre correspondant au troisième point d'une étude constituée de quatre tomes.
(35.50 euros, 344 p.)
ISBN : 978-2-343-10044-9, ISBN EBOOK : 978-2-14-003265-3

BAROMÈTRES, MACHINES PNEUMATIQUES ET THERMOMÈTRES
Chez et autour de Pascal, d'Amontons et de Réaumur
Locqueneux Robert
Cet ouvrage présente à la fois une histoire et une anthologie des travaux de quelques physiciens qui ont conçu et fabriqué des baromètres, des machines à vide et des thermomètres, instruments qui, en leur temps (XVIe et XVIIIe siècles), furent des inventions nouvelles. Les travaux de trois auteurs sont privilégiés : Pascal, Amontons et Réaumur avec une remise en contexte de leurs ouvrages, des événements qui les motivent, des travaux qui les inspirent, des questions qu'ils se posent et des phénomènes qu'ils veulent interpréter.
(Coll. Acteurs de la Science, 21.00 euros, 204 p.)
ISBN : 978-2-343-04995-3, ISBN EBOOK : 978-2-336-37182-5

MILLE ANS D'ASTRONOMIE ET DE GÉOPHYSIQUE
D'Aristote au haut Moyen Âge
De Felice Pierre
Le ciel et la terre sont observés depuis la plus haute antiquité. Ne disposant pas d'instruments de mesure appropriés, les hommes proposent des explications incluant l'action divine ou s'en affranchissant. D'Aristote (IVe siècle avant J.-C.) jusqu'à Isidore de Séville (VIe-VIIe siècles après J.-C.), les auteurs grec, latin, médiéval ont compilé et décrit les connaissances de leur temps sur les astres, les phénomènes atmosphériques et géophysiques en tentant de démythifier le monde qui les entoure. Ce livre illustre aussi le difficile processus de naissance de la connaissance.
(Coll. Acteurs de la Science, 14.00 euros, 128 p., Illustré en noir et blanc)
ISBN : 978-2-343-03816-2, ISBN EBOOK : 978-2-336-36544-2

CE MONDE QUI VIENT
Sciences, matérialisme et posthumanisme au XXIe siècle
Basquiat Jean-Paul - Préface de Paul Basquiat
Le monde qui vient sera ce que nous en ferons. Encore faut-il avoir le courage de regarder l'avenir en face. C'est à cet effort salutaire que cet opuscule invite le lecteur. Appuyé sur les recherches les plus pointues, il propose de décrypter sous tous ses aspects le monde nouveau porté par l'évolution des sciences et des techniques.
(Coll. Questions contemporaines, 10.00 euros, 66 p.)
ISBN : 978-2-343-05055-3, ISBN EBOOK : 978-2-336-36475-9

MANUEL DES PROBABILITÉS OU MATHÉMATIQUES DE L'INCERTAIN
Laloire Jean-Claude - Préface de Michel Delecroix
Ce manuel présente les aspects pratiques de l'analyse des données et les aspects théoriques des probabilités. Cela permet à la fois de comprendre les phénomènes observés, d'en déduire une prévision et ainsi de se projeter vers l'avenir avec un maximum de sécurité. Les méthodes proposées s'appliquent aussi bien aux sciences humaines qu'aux sciences biologiques et médicales et sont mises en pratique à l'aide de nombreux exercices corrigés.
(48.00 euros, 504 p.)
ISBN : 978-2-343-04627-3, ISBN EBOOK : 978-2-336-36043-0

LA VALEUR DE L'ESPÈCE
La biodiversité en questions
Lherminier Philippe
Philippe Lherminier est généticien; il propose de s'interroger sans faux-semblant sur la valeur de l'espèce. Que perd-on lorsqu'une espèce s'éteint ? Quelle valeur disparaît ? Il y a de multiples réponses : l'espèce vaut parce qu'elle est utile ou inutile, abondante ou rare, connue ou inconnue, ancienne ou récente, proche ou lointaine, ressemblante ou différente de l'homme, comprise ou mystérieuse.
(Coll. Acteurs de la Science, 13.50 euros, 128 p.)
ISBN : 978-2-343-04141-4, ISBN EBOOK : 978-2-336-35913-7

QUESTIONNEMENTS D'UN OCÉANOGRAPHE
Une immersion dans le monde de la recherche et les questions éthiques qu'elle soulève
Pichevin Thierry
Ce livre décrit de l'intérieur le travail de recherche en océanographie physique de Thierry Pichevin, son contexte, ses méthodes et ses enjeux procurant ainsi au lecteur une immersion dans le quotidien d'un chercheur. D'autre part, il procède à l'analyse éthique rigoureuse des questionnements rencontrés, tout en montrant que tout chercheur peut être confronté à des questionnements comparables.
(22.00 euros, 226 p.)
ISBN : 978-2-343-03444-7, ISBN EBOOK : 978-2-336-35786-7

À L'OMBRE DES FORÊTS
Usages, images et imaginaires de la forêt
Sous la direction de Philippe Billet, Claire Harpet et Jean-Philippe Pierron
Qu'est-ce qu'une forêt ? De quoi sont faites les forêts ? Nous construisons tous une image de la forêt empreinte de vécus et d'imaginaires, procédant d'une accumulation de souvenirs, de connaissances et de représentations médiatiques et institutionnelles. A l'aune d'une prise de conscience de la finitude des ressources naturelles et du changement climatique, il est fondamental de savoir ce que la «forêt» veut dire.
(Coll. Éthique, droit et développement durable, 26.00 euros, 248 p.)
ISBN : 978-2-343-02807-1, ISBN EBOOK : 978-2-336-35819-2

UN BOTANISTE AUTOUR DU MONDE
Afrique, Amérique, Australie
Delange Yves
L'auteur, botaniste, nous invite à la découverte des différents milieux naturels peu connus des Européens, notamment ceux encore peu altérés par la civilisation et caractéristiques de formations extrêmement riches sur le plan de la diversité biologique, tels que les mattorales ou hauts plateaux mexicains, le bush, le veld et le fynbos en Afrique australe, ou encore le mulga, le mallee et la jarrah forest australiens.
(Coll. Biologie, écologie, agronomie, 25.00 euros, 256 p.)
ISBN : 978-2-343-03492-8, ISBN EBOOK : 978-2-336-35415-6

CHERCHEURS, ÉTHIQUES ET SOCIÉTÉS
L'avenir de l'avenir
Patrice Thierry
Peu appréhendée par les décideurs, la biologie conditionnera nos sociétés, les rapports entre les hommes, entre eux et l'environnement. Le monde de la recherche est mal connu, parfois mal aimé ou craint. Il semble donc utile d'instituer un débat pour préciser les objectifs, les moyens, l'information et la vulgarisation, la propriété des résultats et l'appréhension des conséquences de la recherche en biologie.
(Coll. Ethique et pratique médicale, 31.00 euros, 298 p.)
ISBN : 978-2-296-57790-9, ISBN EBOOK : 978-2-296-50418-9

CAMILLE ARAMBOURG. UN PALÉONTOLOGUE, DE L'ALGÉRIE À L'AFRIQUE PROFONDE
Hadjouis Djillali - Préface de Yves Coppens
Depuis les plaines sahéliennes d'Oran à la Vallée de l'Omo en Éthiopie, en passant par les côtes du littoral atlantique, jusqu'au Moyen-Orient, Camille Arambourg aura fait connaître, au cours de ses recherches, non seulement les fossiles de l'Afrique mais également ceux des autres régions du monde. Ce livre retrace le parcours de cet homme qui identifia plus de 230 taxons (familles, genres, espèces) de mammifères et de poissons.
(Coll. Acteurs de la Science, 25.00 euros, 242 p.)
ISBN : 978-2-296-96391-7

Structures éditoriales du groupe L'Harmattan

L'Harmattan Italie
Via degli Artisti, 15
10124 Torino
harmattan.italia@gmail.com

L'Harmattan Hongrie
Kossuth l. u. 14-16.
1053 Budapest
harmattan@harmattan.hu

L'Harmattan Sénégal
10 VDN en face Mermoz
BP 45034 Dakar-Fann
senharmattan@gmail.com

L'Harmattan Cameroun
TSINGA/FECAFOOT
BP 11486 Yaoundé
inkoukam@gmail.com

L'Harmattan Burkina Faso
Achille Somé – tengnule@hotmail.fr

L'Harmattan Guinée
Almamya, rue KA 028 OKB Agency
BP 3470 Conakry
harmattanguinee@yahoo.fr

L'Harmattan RDC
185, avenue Nyangwe
Commune de Lingwala – Kinshasa
matangilamusadila@yahoo.fr

L'Harmattan Congo
67, boulevard Denis-Sassou-N'Guesso
BP 2874 Brazzaville
harmattan.congo@yahoo.fr

L'Harmattan Mali
Sirakoro-Meguetana V31
Bamako
syllaka@yahoo.fr

L'Harmattan Togo
Djidjole – Lomé
Maison Amela
face EPP BATOME
ddamela@aol.com

L'Harmattan Côte d'Ivoire
Résidence Karl – Cité des Arts
Abidjan-Cocody
03 BP 1588 Abidjan
espace_harmattan.ci@hotmail.fr

L'Harmattan Algérie
22, rue Moulay-Mohamed
31000 Oran
info2@harmattan-algerie.com

L'Harmattan Maroc
5, rue Ferrane-Kouicha, Talaâ-Elkbira
Chrableyine, Fès-Médine
30000 Fès
harmattan.maroc@gmail.com

Nos librairies en France

Librairie internationale
16, rue des Écoles – 75005 Paris
librairie.internationale@harmattan.fr
01 40 46 79 11
www.librairieharmattan.com

Librairie l'Espace Harmattan
21 bis, rue des Écoles – 75005 Paris
librairie.espace@harmattan.fr
01 43 29 49 42

Lib. sciences humaines & histoire
21, rue des Écoles – 75005 Paris
librairie.sh@harmattan.fr
01 46 34 13 71
www.librairieharmattansh.com

Lib. Méditerranée & Moyen-Orient
7, rue des Carmes – 75005 Paris
librairie.mediterranee@harmattan.fr
01 43 29 71 15

Librairie Le Lucernaire
53, rue Notre-Dame-des-Champs – 75006 Paris
librairie@lucernaire.fr
01 42 22 67 13

www.ingramcontent.com/pod-product-compliance
Lightning Source LLC
LaVergne TN
LVHW011253061026
849535LV00005B/1249